RECHERCHES EXPÉRIMENTALES
sur
LA VÉGÉTATION

PAR

GEORGES VILLE.

DOSAGE DE L'AMMONIAQUE DE L'AIR,
ABSORPTION DE L'AZOTE DE L'AIR PAR LES PLANTES,
AVEC 3 PLANCHES.
(1853)

TROISIÈME ÉDITION

PARIS,

GAUTHIER-VILLARS ET FILS, IMPRIMEURS-LIBRAIRES
DU BUREAU DES LONGITUDES, DE L'ÉCOLE POLYTECHNIQUE,
Quai des Grands-Augustins, 55.

1897

[illegible]

[illegible]

[illegible]

[illegible]

[illegible]

[illegible]

[illegible]

RECHERCHES EXPÉRIMENTALES

SUR

LA VÉGÉTATION.

OUVRAGES DU MÊME AUTEUR (¹).

Recherches expérimentales sur la végétation. Rôle des nitrates. 1 vol. grand in-8, avec planches.

La Production végétale et les engrais chimiques. — Grandes conférences de Vincennes. 1 vol. grand in-8, avec planches.

Les Engrais chimiques. — Entretiens donnés au champ d'expériences de Vincennes (en 3 volumes in-12), avec planches :
      I.   Les principes;
      II. Les cultures spéciales;
      III. Le fumier et le bétail.

L'École des engrais chimiques. 8ᵉ édition, 1897. 1 vol. in-12, avec planche.

Enquête sur l'emploi des engrais chimiques. 1 vol. in-12.

L'Analyse de la terre par les plantes. 1 vol. in-4, avec planches en couleurs.

Le propriétaire devant sa ferme délaissée. 1 vol. in-12.

Les Conférences de Bruxelles. 1 vol. in-12.

Conférences diverses. In-12 :
      La production agricole définie par la Science.
      La crise agricole devant la Science.
      La maladie de la pomme de terre.
      La betterave et la législation des sucres.
      L'Agriculture par la Science et le Crédit.
      Le renchérissement de la vie.
      De la situation nouvelle faite à l'Agriculture.
      De la puissance de production de la famille agricole dont la loi protège le foyer.
      La conquête du Soleil.
      Ce que je réclame pour l'Agriculture.
      Les champs d'expériences.

(¹) Engel dépositaire, 91, rue du Cherche-Midi.

RECHERCHES EXPÉRIMENTALES

SUR

LA VÉGÉTATION

PAR

GEORGES VILLE

**DOSAGE DE L'AMMONIAQUE DE L'AIR,
ABSORPTION DE L'AZOTE DE L'AIR PAR LES PLANTES**

AVEC 3 PLANCHES.

(1853)

TROISIÈME ÉDITION.

PARIS,

GAUTHIER-VILLARS ET FILS, IMPRIMEURS-LIBRAIRES
DU BUREAU DES LONGITUDES, DE L'ÉCOLE POLYTECHNIQUE,
Quai des Grands-Augustins, 55.

1897

PRÉFACE

DE LA TROISIÈME ÉDITION.

L'homme assez heureux pour arracher à la nature quelqu'un de ses secrets est sûr de ne pas mourir tout entier; il se survit dans son œuvre et dans celle de ses continuateurs. Cette récompense s'accentue encore quand les découvertes qui la méritent ajoutent à leur caractère scientifique de conduire à des conséquences immédiatement applicables au développement de l'humanité et, dans ce cas, l'heureux auteur est assuré de la perpétuité accordée à son propre nom comme à son œuvre.

Georges Ville appartient à la pléiade de ces découvreurs, et le travail qu'il a mené à bien se traduit en effet par les deux résultats primordiaux d'une notion dont la Philosophie naturelle s'est accrue et d'une ressource dont les moyens pratiques de l'humanité se sont enrichis.

Depuis ses premiers débuts dans la voie des recherches scientifiques et jusqu'à la fin de sa vie, le grand chimiste qui vient de disparaître n'a jamais

séparé ces deux faces de ses travaux : la série des
pratiques agricoles qu'il a préconisées, l'usage des
engrais chimiques qu'il a fait accepter partout, sont
inspirés par cette tournure spéciale de son esprit,
aussi généreux au point de vue social que génial au
point de vue scientifique.

Ce n'est évidemment pas ici la place d'analyser
l'œuvre de Georges Ville, exposée en détail dans les
pages qui suivent et même résumée dans ses grands
traits, par l'auteur lui-même, dans des préfaces pieu-
sement conservées. Mais il semble très utile d'en
faire ressortir quelques points, auxquels il s'est atta-
ché plus spécialement et qu'il y a lieu de dégager des
parties voisines, parce qu'ils leur sont trop intime-
ment associés dans le livre pour sauter dès l'abord
aux yeux du lecteur. Ils confirment les assertions qui
viennent d'être émises.

Sans aucun doute, le fait le plus essentiel dans
l'œuvre de Georges Ville, celui d'où bien d'autres
ont découlé comme des conséquences logiques, c'est
la faculté de certains végétaux, fort nombreux, de
fixer directement l'azote de l'air, de faire entrer ce
gaz dans la composition même de leur substance
propre et de le mettre par conséquent dans la condition favorable pour pénétrer dans la constitution
du tissu des animaux.

C'est une découverte immense et qui non seulement change les idées qu'on s'était faites de la

Physiologie végétale, mais encore modifie notre conception de l'équilibre du monde, élargit et ennoblit la notion que nous nous faisons du but final des conditions terrestres.

On peut dire que le travail de Georges Ville est venu compléter le travail de Lavoisier sur la composition de l'atmosphère, et qu'il l'a singulièrement perfectionné en le rattachant à un système universel infiniment plus satisfaisant pour notre esprit.

Suivant le fondateur de la Chimie, l'azote contenu dans l'air et dont le nom, présenté avec tant de précautions oratoires, consacre le rôle physiologiquement passif, n'est pas autre chose qu'un corps inerte, presque dépourvu d'affinités, et qui dilue le gaz vital ou oxygène qui, sans lui, userait très vite, en les excitant à l'excès, les organes respiratoires de l'homme et des animaux.

Georges Ville, au contraire, nous enseigne que l'atmosphère est en réalité le mélange de deux atmosphères distinctes, aussi actives l'une que l'autre, mais destinées à deux buts différents : l'une, faite d'oxygène, est propre à la respiration des animaux et des végétaux; l'autre, faite d'azote, est propre à la nutrition des plantes. Chacune a le degré de concentration convenable et rien ne peut être regardé comme inerte, comme surajouté en manière de correctif à un premier mécanisme, dont les parties diverses n'eussent point, sans cela, fonctionné parfaitement. N'est-ce pas d'une plus haute et plus satisfaisante philosophie et n'y a-t-il pas entre les deux conceptions un progrès gigantesque réalisé?

Aussi, la découverte de Georges Ville, trop imprévue pour ne pas contrarier des idées préconçues, trop grande pour ne pas susciter des mouvements de jalousie et d'envie, n'a-t-elle pas été acceptée facilement. Bien loin de là, et l'on a commencé par la nier purement et simplement.

Il est même très singulier que la négation ait trouvé son porte-parole le plus actif dans un savant réputé pour la sûreté de ses analyses et dont les chimistes se sont bornés à répéter l'opinion sans songer même à la vérifier. Boussingault a vraiment pris à tâche de contrecarrer Georges Ville et de faire admettre que les plantes ne sauraient assimiler la moindre trace d'azote empruntée à l'océan aérien. On pourrait d'autant plus s'étonner de la persistance de cette opposition que l'Académie des Sciences ayant nommé, dès 1854, une Commission pour procéder à une expérience de contrôle, cette Commission, dont Chevreul était le rapporteur, « n'hésita pas à conclure en faveur de la thèse de M. Georges Ville, contre la thèse contraire de M. Boussingault ».

La discussion, ainsi ouverte et qui s'est continuée de longues années, a été vraiment lamentable, les contradicteurs ne se plaçant jamais dans les conditions de l'inventeur et paraissant oublier, pour la circonstance, les principes les plus élémentaires de la recherche de la vérité. L'appareil employé dès 1853 par Georges Ville est un modèle et la précision des résultats qu'il a fournis n'a jamais été dépassée. Pourquoi, au lieu de l'adopter, s'attacher à introduire des conditions différentes? Le but n'était-il donc pas de voir clair dans la question et y avait-il intérêt à confondre à tout prix un adversaire? Pendant bien des années la victoire fut aux opposants, mais combien comparable à l'une de ces funestes victoires de la politique où la vérité ne saurait rien avoir à faire et qui ne durent qu'autant que leurs partisans apparents ont intérêt à les maintenir !

Mais un jour vint où tout le monde dut reconnaître que la fixation d'azote par les plantes de culture est un fait réel, ce qui ne fut d'ailleurs aucunement une raison pour proclamer la sûreté de vue du savant qui le premier avait fait cette grande découverte.

Il se trouva que le phénomène est peut-être plus compliqué qu'il n'avait semblé tout d'abord et cette complication rendit quelque espoir de salut aux personnes qui craignent bien moins de méconnaître la vérité que d'être convaincues d'inexactitudes. On venait, en effet, de constater que dans la terre végétale pullulent ces micro-organismes auxquels Sédillot avait proposé d'appliquer le nom de *microbes* maintenant si employé, et M. Berthelot était autorisé à proclamer, suivant sa très belle expression, que « la terre est quelque chose de vivant ». Parmi les bactéries du sol arable, il en est qui fixent l'azote de l'atmosphère comme d'autres fixent le carbone : un physiologiste russe, M. Winogradsky, est parvenu à isoler et à cultiver ces microbes maintenant bien connus.

Avec le moindre esprit de justice on se serait empressé de remarquer que ces petits êtres étant des plantes, leur découverte venait purement et simplement confirmer l'assertion générale de Georges Ville. Bien loin de là : on s'attacha avec ardeur, comme à un argument qui détruirait le mérite de celui-ci, à répéter que si les végétaux supérieurs assimilent de l'azote c'est par l'intermédiaire de micro-organismes plus ou moins identiques aux précédents. Et c'est avec un zèle qui contraste bien singulièrement avec les résistances précédentes qu'on accepta les résultats publiés par MM. Willfarth et Hellriegel. D'après eux, les plantes qui comme le trèfle absorbent l'azote atmosphérique sont atteintes d'une sorte d'invasion microbienne qui se traduit par l'apparition sur leurs racines de nodosités caractéristiques; mais, malgré l'intérêt de ces notions qui concernent surtout le mécanisme du phénomène constaté, elles ne sauraient diminuer, et bien au contraire, l'importance capitale de la découverte. Du reste, le rôle de ces microbes, tout constaté qu'il soit, n'est peut-être pas aussi universel qu'on s'est cru autorisé d'abord à le croire, et l'on a des indices qu'il s'allie avec des phénomènes différents concourant au même but.

Quand Georges Ville faisait ses analyses de 1854, dont la précision n'a jamais été surpassée, personne ne se doutait de l'existence des microbes; leur intervention, enfin reconnue, ne modifie pas plus l'essence de la réaction que l'intervention de telle ou telle force physique (chaleur ou électricité) ou celle de telle ou telle substance accessoire (humidité ou autre).

Malgré son importance extraordinaire, l'histoire de l'assimilation de l'azote par les plantes n'est qu'un chapitre dans la série des travaux de Georges Ville, et c'est l'ensemble bien plus vaste de ses recherches sur l'alimentation des plantes qu'il faut embrasser pour avoir une idée de la portée totale de son œuvre scientifique. Avant lui, on avait vu dans le sol l'élément nourricier des récoltes; il montre qu'il faut faire de plantes bien choisies une véritable nourriture de la terre et c'est là le principe même de la *sidération*, doctrine aussi féconde pratiquement que propre à provoquer l'enthousiasme des esprits larges, par son caractère de haute philosophie.

C'est, en somme, la justification de la vieille pratique des « engrais verts », mais c'est la lumière jetée sur un point difficile jusque-là à dégager des pures superstitions si fréquentes en culture. La plante apparaît comme un laboratoire merveilleux où non seulement se prépare une série de substances spéciales, mais où encore de la force s'emmagasine prête à se manifester de nouveau dans des conditions convenables. C'est la *conquête du Soleil,* suivant l'expression de Georges Ville, que réalise la sidération et cette conquête, conduite méthodiquement, doit se traduire par un enrichissement énorme de la terre et une augmentation proportionnée de ses produits. Nous reviendrons dans un moment sur ce point de vue.

Auparavant, il importe, dans ce coup d'œil rapide sur une œuvre dont l'analyse demanderait un volume tout entier, de signaler un complément des études précédentes, où se retrouvent avec une intensité maîtresse les qualités du vrai naturaliste.

Il s'agit des informations si complètes et si précises que la plante est capable de fournir, à titre de simple réactif, quant au sol qui la nourrit.

Ici, le plan de recherche était si grand qu'un seul homme ne fût jamais parvenu à le parcourir et qu'il fallût faire appel à une vraie légion de collaborateurs. Georges Ville la trouva dans l'armée des instituteurs primaires, si dévouée au bien public et bien préparée à la tâche qu'on lui demandait d'accepter. Grâce à l'appui de l'Administration, qui malheureusement et pour des motifs que nous n'avons pas à apprécier, n'eut pas une suffisante durée, Georges

Ville put pendant un temps recevoir de tous les points de la France des résultats fournis par les *champs d'expériences* qu'il avait adjoints aux Écoles primaires et qui promettaient de procurer tous les éléments d'une Carte agronomique de notre pays que toutes les nations eussent eu à cœur d'imiter.

Étendant encore les bornes d'un programme déjà si vaste, l'auteur rêvait de constater les rapports et les différences d'une semblable carte avec la carte exclusivement géologique du sous-sol; la tentative faite pour quelques départements avait fourni des aperçus pleins de promesses et qui seront, sans aucun doute, repris un jour.

C'est par son poids, par le nombre de ses graines, par les dimensions et la couleur de ses feuilles, que la plante nous renseigne sur les qualités du sol et, dans cette direction, elle fait preuve d'une sensibilité qu'aucun réactif inerte ne saurait égaler. Il se trouve en effet que, parmi les substances renfermées dans la terre et que révèle l'analyse chimique, la plupart ne sont que partiellement assimilables par l'organisme vivant et dans une proportion que n'indique en rien la quantité totale. On peut facilement imaginer un sol renfermant en abondance les corps les plus essentiels à la vie botanique, mais dans un état qui les rendrait impropres à servir d'aliment : l'analyse chimique ne donnerait que des chiffres sans application à l'évaluation de la fertilité. Quelques grains abandonnés dans la terre en diront bien vite beaucoup plus long, surtout si l'on peut comparer les plantes produites à des spécimens de la même espèce obtenus précédemment dans des conditions déterminées.

C'est là l'idée même des *types analyseurs* de Georges Ville, idée qui certainement sera reprise, parce qu'elle est aussi pratique que scientifique et qu'elle permettra même au paysan le moins lettré d'étudier sa terre et de la perfectionner. L'auteur a su donner à ces « types » la forme la plus commode : chacun d'eux concerne un végétal spécial, pomme de terre, blé, maïs, etc. Des croquis indiquant la dimension des pieds dans différents terrains et de petits rectangles peints de différentes nuances de vert dont chacune est soigneusement définie, permettent, d'après la teinte des feuilles obtenues, de reconnaître, sans analyse et d'un seul coup d'œil, quel principe essentiel manque au sol.

Le principe de ce procédé si efficace et si commode se rattache, malgré son apparence modeste, aux considérations les plus élevées de la Physiologie végétale : on ne peut en séparer en effet la découverte des *dominantes* agronomiques qui en est la vraie origine, et cette découverte a eu pour conséquence la doctrine maintenant universellement acceptée et appliquée des engrais chimiques.

Les expériences ont conduit invariablement à cette

notion, déjà observée mais non encore expliquée par la pratique agricole, que le même sol ne convient pas aux diverses cultures et que la raison de cette inégalité, loin d'être entièrement du domaine des propriétés physiques de la terre, tient avant tout à la présence ou à l'absence, dans sa composition chimique, de telle ou telle substance parfaitement définie.

C'est ainsi que la prospérité du blé est liée à l'abondance de l'azote, celle de la pomme de terre à la plus grande proportion de la potasse, celle du maïs à la richesse en phosphate de chaux; et c'est ce que l'auteur exprime de la façon la plus complète et la plus heureuse en disant que le blé est *à dominante d'azote*, la pomme de terre *à dominante de potasse*, le maïs *à dominante de phosphate de chaux*. Il résulte de là que si l'on veut augmenter la production du blé dans un champ, il n'y a pas lieu de mettre dans la terre un engrais quelconque, mais au contraire un mélange de substances nutritives où prédomineront les matières azotées. A chaque culture conviendra un engrais spécial et il faudra établir le « menu alimentaire » qui lui correspond.

En somme, c'est une analogie de plus entre les deux règnes organiques et l'on peut s'étonner qu'on n'y ait pas songé plus tôt. Donner le fumier de ferme et rien que lui à toutes les plantes, c'est comme si, dans une ménagerie, on donnait à tous les animaux une pâtée banale renfermant le mélange de tout ce qui peut être alimentaire : viande, pain, herbes, fruits, graines, etc.; chacun des élèves dégagerait comme il le pourrait de ce chaos ce dont il saurait tirer parti, mais il est évident que les conditions de son existence seraient très inférieures à celles qu'on sait lui faire en lui administrant, séparé de tout mélange, le régime qui lui convient. L'emploi des engrais chimiques réalise sensiblement la même chose, et il n'y a pas à s'étonner des résultats très supérieurs qui sont obtenus.

Les contre-coups de cette méthode sont nombreux; de proche en proche ils se répercutent jusque dans l'économie générale des Sociétés humaines, et c'est ce que Georges Ville aimait tout spécialement à développer. A la place du fumier de ferme qui, selon lui, ne contient que bien peu de matière directement utilisable, il enrichit le sol, par la sidération (et en conséquence de cette conquête du Soleil citée tout à l'heure), de l'azote qui en est une des substances les plus fondamentales; avec la pluie, dont les eaux seront convenablement aménagées, il le fournit des matières atmosphériques solubles; pour le reste, il va chercher, dans leurs gisements naturels, les phosphates, les sels de chaux et de potasse, les autres sels indispensables et les dépose là où ils peuvent servir. Et non seulement la terre ainsi cultivée va rendre bien plus que que par les anciennes pratiques, mais la surface cultivable va être augmentée de tout ce qui était consacré à des prairies dont le but principal était la fabrication du fumier et qu'on réduira à ce qui est nécessaire à la production de la viande.

Georges Ville, emporté par ses vues sur l'avenir, traduisait avec éloquence ces dispositions nouvelles en chiffres qui substituaient l'abondance universelle aux duretés du temps présent. La question sociale était résolue sans crise et ce résultat réjouissait encore plus son âme généreuse que la trouvaille d'une grande vérité scientifique n'avait ravi son cerveau de penseur.

Nul ne sait ce que l'avenir réserve à ces vastes conceptions, personne ne peut dire jusqu'à quelle limite les espérances de Georges Ville seront réalisées; mais il y a d'autant moins d'imprudence à croire que l'humanité comprendra son nom dans la liste de ses bienfaiteurs, que déjà de vastes surfaces de territoire ont bénéficié des méthodes nouvelles, aussi bien à l'étranger, comme en Russie, que dans notre propre pays.

Nous ne pouvons songer, il faut le répéter, à donner de l'œuvre entière de Georges Ville même un résumé succinct, et notre but est surtout, en constatant la sûreté avec laquelle il a démontré plusieurs faits fondamentaux de la Physique naturelle, de préserver sa mémoire du tort que voudraient lui faire les voleurs de découvertes. A mesure que le temps s'écoulera et que s'éteindront les causes des mesquines jalousies ou des froissements qui ont opposé au succès des idées de Georges Ville les plus résistants obstacles, on verra se dégager et s'affirmer les titres de gloire de notre illustre compatriote.

STANISLAS MEUNIER,
Professeur au Muséum d'Histoire naturelle.

29 juillet 1897.

A MONSIEUR ROULAND

SÉNATEUR

GOUVERNEUR DE LA BANQUE DE FRANCE.

Monsieur le Gouverneur,

Lorsque le département de l'Instruction publique était confié à votre vigilante sollicitude, les portes du Muséum d'Histoire naturelle me furent ouvertes par la fondation de la chaire de Physique végétale.

Pour justifier cette création nouvelle auprès de l'Empereur et devant l'opinion, vous disiez :

« Il importerait que les éléments multiples que la végétation concentre en elle-même fussent, dans leur ensemble, l'objet d'un enseignement synthétique qui ferait connaître l'influence de chacun d'eux, à quelque science qu'il faille en demander compte. Le progrès de l'Agriculture exigerait surtout qu'il en fût ainsi. »

En inscrivant votre nom en tête de ce livre, je cède à deux sentiments : je voudrais justifier, si c'est possible, la confiance dont vous m'avez honoré, et vous renouveler l'expression de mes sentiments invariables de reconnaissance et d'affection.

GEORGES VILLE.

Paris, le 4 décembre 1867.

PRÉFACE

DE LA DEUXIÈME ÉDITION.

I.

Les études, que je présente pour la seconde fois
au public, remontent à une époque déjà loin de
nous (les premières datent de 1849 et les dernières
s'arrêtent à 1857), et cependant elles me semblent
n'avoir rien perdu de leur à-propos. Au contraire.

Les questions agricoles ont acquis, en effet, depuis
quelques années, une importance qu'on était loin
de leur accorder en 1849. Tout ce qui se rattache
de près ou de loin à l'exploitation du sol éveille
aujourd'hui un intérêt qui ne s'épuise ni ne se ralentit.
C'est une conséquence naturelle du régime économique qui a prévalu en France. Avec la liberté du
commerce, en effet, une nation ne peut être florissante qu'à la condition de faire mieux que les autres
nations auxquelles ses marchés sont ouverts. Or,
comme à part les métaux et les combustibles, toutes
les matières premières qui alimentent l'industrie vien-

nent de l'agriculture, l'agriculture est devenue la véritable base sur laquelle repose la prospérité publique. De là l'émulation qui sollicite tous les peuples de l'Europe et du nouveau monde à donner à leur industrie agricole une constitution assez puissante pour n'avoir rien à craindre de la concurrence étrangère.

Tant que les méthodes de culture fondées sur l'emploi du fumier de ferme ont donné des produits rémunérateurs, l'agriculture a trouvé dans les traditions du passé des préceptes qui *répondaient à tous ses besoins*. Mais lorsque l'aiguillon et plus tard la menace de la concurrence étrangère ont commencé à se faire sentir, alors il est devenu manifeste qu'il n'était plus possible de s'en tenir aux anciens procédés de culture et qu'il fallait de toute nécessité recourir à une importation permanente d'engrais. Mais où les prendre? comment les composer? d'après quelles données en fixer le prix et en régler l'usage? Et puis, était-il bien sûr qu'en dehors des détritus végétaux et animaux il existât des engrais que l'on pût substituer au fumier sans s'exposer à épuiser le sol? A ces préoccupations devenues très pressantes, la Science, qui poursuivait dans le silence l'étude de la formation des végétaux, est venue à point nommé calmer les alarmes que ces incertitudes faisaient naître, et nous fournir les moyens de parer à toutes les éventualités.

Aujourd'hui la production des végétaux, en tant qu'il s'agit des besoins de la pratique agricole, est un problème complètement résolu. Nous connaissons dans ce qu'elles ont de plus essentiel les conditions qui en règlent l'essor. Le sujet n'est pas épuisé, parce que la raison humaine n'en épuise aucun; mais, je le répète, ce que nous savons suffit amplement à toutes les nécessités avec lesquelles la pratique est aux prises.

La Science nous enseigne, elle fait plus, elle prouve que la fertilité dépend de la présence dans le sol d'un petit nombre de produits invariables, et que si le fumier se montre lui-même si efficace, c'est à leur présence qu'il le doit; les agents dont il s'agit sont à l'égard du fumier ce que la quinine est à l'égard du quinquina, la source de son action et de ses bons effets.

Mais quel immense horizon s'ouvre devant nous, si nous considérons que ces agents qui sèment à leur suite l'abondance et alimentent les sources de la vie sous toutes les formes, existent dans la nature à l'état de dépôts géologiques d'une puissance incalculable.

Lorsque l'agriculture veut tirer de son propre fonds à la fois les grains qu'elle exporte et le fumier qui doit servir à les produire, ses moyens d'action se trouvent fatalement renfermés dans des limites qu'elle ne peut dépasser.

Avec le fumier seul il est impossible d'atteindre

économiquement les rendements maximum, qui sont pourtant les seuls rémunérateurs, et dans la grande généralité des cas, alors qu'on affecte à la prairie la moitié de la surface cultivée, c'est à grand'peine si l'on peut disposer de 10 à 12000 kilogrammes de fumier par hectare et par an. Or dans ces conditions les rendements sont nécessairement faibles et les bénéfices plus que problématiques.

Sous l'empire de ce régime, les denrées de première nécessité se maintiennent à un prix très élevé, la population ne peut prendre qu'un essor relativement restreint, par cette raison sans appel, que la somme de matière qui alimente la vie se trouve inévitablement limitée.

Avec les nouveaux modes de culture, cette situation change complètement : aucune entrave ne peut arrêter désormais notre action. J'ai dit que les agents de fertilisation sur lesquels ils reposent forment des gisements inépuisables : rien ne peut donc en restreindre l'emploi.

Dans le passé on avait érigé en axiome cette proposition que, pour faire de la bonne culture, il fallait de la prairie, du bétail et du fumier. Or remarquez que cette proposition est à la fois une hérésie agricole et un non-sens économique.

L'agriculteur, qui n'emploie que du fumier et rien que du fumier, épuise sa terre. Car d'où vient le fumier? Du fonds. L'usage du fumier atténue les pertes que le sol a subies, mais il ne les répare pas. Lorsqu'on exporte de la viande, la perte est moindre que lorsqu'on exporte des grains, mais il y a toujours perte. Je le répète donc : cet axiome, dont on a fait jusqu'ici la base et comme le palladium de l'agriculture, n'est en réalité qu'un expédient. Il n'a sa raison d'être et sa justification que dans le cas très exceptionnel où la prairie est arrosée par un cours d'eau limoneux qui rend à la terre, en agents de fertilité, l'équivalent de ce qu'elle a perdu ; mais ce cas, étant une exception, ne saurait faire loi.

Je vais plus loin, en disant que la culture fondée sur l'emploi exclusif du fumier est aussi un non-sens économique. En effet, supposez le cas d'une terre de fertilité moyenne, rendant sur le pied de 8 à 10 hectolitres de froment par hectare, et calculez ce qu'il faut de temps et d'argent pour l'amener à produire 25 à 30 hectolitres avec du fumier, et vous reculerez devant les sacrifices que cette amélioration entraînerait. Avec les nouveaux engrais, le résultat est immédiat, la progression soudaine et le bénéfice immédiat aussi. Or, si nous remarquons qu'outre le bénéfice on augmente dès la première année les ressources en paille, n'est-il pas évident qu'au lieu de faire de la viande pour avoir du blé, il y a un avantage manifeste à renverser l'ordre préconisé jusqu'ici et à commencer par faire du blé à l'aide d'une importation d'engrais pour avoir un bénéfice d'abord, puis de la paille et enfin du fumier? L'épuisement du sol ne cesse donc que lorsqu'il y a réellement importation d'engrais, et la solution qui nous est imposée par la force des choses, c'est de recourir de plus en plus à l'emploi de ces agents nouveaux, dont la Science nous a révélé à la fois l'existence et les fonctions, et dont la pratique tend à faire un usage de jour en jour plus étendu sous le nom d'*engrais chimiques*.

J'ai exposé ailleurs les règles qu'il faut suivre lorsqu'on appelle à son aide ces agents précieux. Aujourd'hui je me propose un but tout différent.

La Science à notre époque est animée d'une double ambition : elle pense, et il faut s'en louer, que toute vérité nouvelle doit aboutir à un résultat utile et pratique, et que tant qu'elle n'y a pas réussi sa tâche est incomplète.

« L'humanité semble avoir compris aujourd'hui
» que son but est, non plus la contemplation passive,
» mais le progrès et l'action; ces idées pénètrent de
» plus en plus profondément dans les sociétés, et le
» rôle actif des Sciences expérimentales s'étend aux
» Sciences historiques et morales elles-mêmes. On
» a compris qu'il ne suffit pas de rester spectateur
» inerte du bien et du mal, en jouissant de l'un et se
» préservant de l'autre. La morale moderne aspire
» à un rôle plus grand : elle recherche les causes,
» veut les expliquer et agir sur elles; elle veut en un
» mot dominer le bien et le mal, faire naître l'un et

» le développer, lutter avec l'autre pour l'extirper
» et le détruire. On le voit donc, c'est une tendance
» générale, et le souffle scientifique moderne est
» éminemment conquérant et dominateur. »

Ces fières et mâles paroles, sorties de la plume de
l'un des représentants les plus glorieux de la Science
de nos jours, M. Claude Bernard, expriment mieux
que je ne l'aurais pu faire les sentiments, les préoccupations auxquels j'ai cédé en publiant les *Conférences* de Vincennes et mes nouveaux *Entretiens
agricoles,* en un mot le désir de contribuer à perfectionner nos moyens de production, à les étendre,
afin d'arriver à réduire le prix des denrées de première nécessité. Le caractère à la fois général et pratique de ces deux publications s'explique par leur
destination; mais, bornée à des œuvres de cet ordre,
ma tâche ne serait qu'à moitié remplie à mes yeux.
Pour donner aux procédés pratiques une impulsion
irrésistible, il nous faut remonter à la source des
vérités premières. Pénétré de la croyance que les
progrès de l'industrie naissent tous des notions nouvelles qu'il nous est donné d'acquérir sur les forces
et les phénomènes de la nature, nous croyons que
reculer nos connaissances dans le domaine de la
Science pure est le moyen le plus sûr de servir la
cause du progrès et de féconder certainement le
champ des applications utiles.

La présente publication est née de cette pensée.

Après avoir coordonné d'après un plan systématique
tout ce qui m'a paru devoir ou pouvoir servir les
intérêts de la pratique agricole, je tente une œuvre
d'un ordre tout différent. J'ai résolu de reprendre
en sous-œuvre et par le détail l'étude du travail de
la végétation, de définir les influences et les conditions qui s'y rapportent, autant qu'il dépendra de
ma faiblesse, sans me préoccuper des questions d'intérêts publics ou privés qui peuvent s'y rattacher ou
en dépendre. Chaque question est donc appelée à
devenir ainsi l'objet d'une sorte de monographie
destinée à justifier dans une certaine mesure les
données pratiques sur lesquelles reposent les *Conférences* et les *Entretiens*.

Malgré la variété presque infinie de ses productions, le règne végétal ne met en œuvre que 14 corps
ou éléments différents. Tout ce qui naît et a vécu
sous l'empire des lois de la végétation les contient
et n'a vécu qu'à ce prix. Pour la définir dans ses
agents, il nous faut donc déterminer la nature
de ces 14 éléments; pour pénétrer les conditions
virtuelles de leur activité, il nous faut connaître les
formes souvent multiples sous lesquelles ils sont assimilables. Pour nous élever à la connaissance des lois
qui commandent à ce travail et en règlent les produits, il nous faut démêler le jeu des forces dont les
végétaux sont le siège et dans lesquelles leur activité
se résout. Si l'on fait volontairement abstraction de

la dernière partie de ce programme, c'est-à-dire des
forces mises en jeu, pour ne s'attacher qu'aux agents
matériels qu'elles animent, on est amené tout d'abord
à s'enquérir de leur origine et de la mesure dans
laquelle nous pouvons nous les procurer.

Or, je commencerai cette étude par l'azote considéré dans ses rapports avec le monde végétal, et je
me demande quelle en est la source. Vient-il du sol
ou de l'air, ou des deux à la fois? Est-il vrai notamment que l'azote élémentaire de l'air soit indispensable à l'exercice et au maintien de la vie végétale?
De ces trois questions, qui sont solidaires, la dernière l'emporte de beaucoup sur les deux autres,
et par les difficultés que sa solution oppose à nos
investigations, et par les questions théoriques qui
s'y rattachent. Pour ce motif, c'est par elle que je
commencerai; je reproduis donc la proposition qui
est appelée à devenir le fond de ma thèse princi-
pale : Est-il vrai que l'azote de l'air soit une des
conditions de la vie végétale? — Il y a quinze ans
que j'ai répondu par l'affirmative. Quoique fondée
sur un grand nombre d'expériences dont plusieurs
étaient très importantes à mes yeux, cette solution
ne fut pas favorablement accueillie : elle rencontra
même une opposition générale et presque systématique; je suis amené pourtant à l'affirmer de nouveau dans toute son intégrité. Les preuves que j'in-
voquais à l'origine sont restées intactes à mes yeux :

je dirai même qu'elles ont reçu de la pratique une confirmation qui se renouvelle tous les jours. Quant à l'opposition que j'ai rencontrée, qu'il me soit permis de rappeler d'où elle est venue, sur quels témoignages elle s'appuyait et sous quels subterfuges elle est réduite à s'abriter aujourd'hui.

II.

Lorsque je résolus, en 1849, de déterminer, par des expériences certaines, dans quelle mesure et sous quelle forme l'air contribue à fournir de l'azote aux plantes, on admettait, sur la foi des recherches publiées, en 1838, par M. Boussingault, que c'était sous trois formes principales : par les poussières que l'air tient en suspension, par l'ammoniaque dont il contient de faibles traces, et enfin par l'azote lui-même qui forme les quatre cinquièmes de notre atmosphère.

Suivant M. Boussingault, les plantes que l'on cultive dans le sable calciné accusent toujours un excédent d'azote dont l'atmosphère a fait les frais. Il est vrai que ses expériences étaient loin d'être probantes et irréprochables. On pouvait remarquer, en premier lieu, que dans tous les faits invoqués par M. Boussingault le poids des récoltes n'atteignait guère que deux ou trois fois celui de la semence, et que les plantes avaient à peine dépassé la période de la germination, pendant laquelle elles vivent aux dépens de la substance de leurs graines.

Ce n'est pas ici le lieu d'insister sur les causes qui devaient nuire aux cultures de M. Boussingault. Cet ordre de considérations nous ferait perdre de vue l'objet principal que nous devons avant tout nous proposer. Nous ne mentionnerons donc qu'à titre de simples indications de faits ce qui devait amener, à nos yeux, d'inévitables mécomptes. L'emploi de pots de porcelaine dans lesquels la végétation n'est jamais prospère : circonstance qu'à son insu M. Boussingault avait aggravée en remplissant les pots avec du sable calciné, sans prendre la précaution de placer au fond des débris de brique, pour établir une sorte de drainage et laisser pénétrer l'air à l'intérieur. Lorsqu'on néglige ces précautions, le sable se tasse et durcit, les racines se développent mal, et l'on n'obtient que des rudiments de plantes. Il en est tout autrement si au drainage dont je viens de parler on ajoute le soin de n'employer que des pots de terre poreuse, portant à la partie inférieure des fentes de $0^m,005$ de largeur, et si l'on place ces pots au centre d'une cuvette plate, à moitié remplie d'eau distillée.

Dans ces nouvelles conditions, l'air pénètre à l'intérieur des pots, la couche de brique est maintenue humide par une nappe d'eau qui, à raison de son exposition à l'air, ne peut croupir, et la végétation est infiniment plus prospère.

Mais revenons aux expériences de M. Boussingault. Elles avaient péremptoirement établi que les plantes cultivées dans du sable calciné empruntent de l'azote à l'atmosphère. Le doute n'était plus possible que sur un point : la forme sous laquelle cet azote est absorbé. On avait le choix, ai-je dit, entre trois sources : les poussières, l'ammoniaque et l'azote de l'air à l'état élémentaire.

Lorsque je résolus de reprendre sur des bases nouvelles l'étude de cette question, il me parut que je devais d'abord m'enquérir du degré d'importance de ces trois causes avant de songer à déterminer la part qui pouvait leur revenir dans le phénomène que je m'étais proposé d'approfondir.

Les poussières? Peut-on sérieusement avoir la pensée de faire dépendre un grand phénomène d'une cause tout à la fois si éventuelle et si précaire? *A priori* la raison s'y refuse. Cependant, je résolus de me soustraire à leur influence dans le dispositif des expériences que j'avais conçues, en faisant passer l'air destiné aux plantes à travers un filtre de coton cardé, ou de filaments d'amiante calcinés.

L'ammoniaque? Cette fois, la supposition avait plus de vraisemblance. En 1849 on ne savait pas, ou du moins on savait mal, qu'il y a un grand nombre de végétaux sur lesquels les sels ammoniacaux n'ont pas d'action, si tant est qu'ils n'en aient pas une décidément nuisible. Sous l'empire de cette préoccupation que les sels ammoniacaux produisent dans beaucoup de cas des effets comparables aux matières animales dont les engrais attestent chaque jour la haute efficacité, on fut amené à donner à une ancienne opinion de Th. de Saussure plus d'importance qu'elle n'en méritait certainement.

Saussure avait fait la remarque qu'une dissolution de sulfate d'alumine, abandonnée au contact de l'air, laisse déposer, au bout de quelques jours, des cristaux d'alun ammoniacal. A l'origine la dissolution n'en contenait pas. Pour expliquer la formation des cristaux d'alun, il fallait qu'il fût intervenu de l'ammoniaque. Quelle pouvait en être la source, si ce n'est l'atmosphère qui, seule, avait eu accès sur la dissolution?

Donnant à cette observation une importance de premier ordre, M. Liebig en déduisit ces deux conséquences : que l'atmosphère contient de l'ammoniaque au nombre de ses constituants fondamentaux, et que ce produit d'origine atmosphérique est la source où les végétaux puisent l'azote qui est indispensable à leur formation.

Sans nier qu'il pût en être ainsi, il me parut nécessaire cependant de fixer, par une investigation directe, la dose réelle d'ammoniaque qui est contenue dans l'air, avant de lui assigner un rôle précis à l'égard de la végétation.

Une chose m'avait toujours frappé dans les tentatives faites avant moi pour fixer ce point délicat de la composition de notre atmosphère : c'était l'insuffisance du volume d'air sur lequel on avait opéré et l'absence de tout contrôle pour vérifier les résultats obtenus. Je m'attachai donc principalement à éviter ces deux écueils, et ce ne fut qu'après avoir arrêté une méthode qui satisfît à ces conditions que j'en tentai l'application à l'objet spécial que je m'étais proposé.

Dès mes premiers dosages, l'ammoniaque recueillie se trouva en quantité si faible, qu'il me vint aussitôt à l'esprit des doutes sur le rôle qu'on lui attribuait dans la végétation.

Cette quantité se trouve, en effet, comprise entre 0,000000016 et 0,000000027, ou, pour employer des chiffres qui parlent mieux à l'esprit, entre 16 et 32 grammes d'ammoniaque pour *un million* de kilogrammes d'air.

Et veuillez remarquer qu'il ne s'agit pas ici d'un dosage isolé, mais de la moyenne de 16 dosages, opérés tant dans l'intérieur de Paris qu'à la campagne, en agissant sur des volumes d'air qui se sont élevés jusqu'à 70000 litres. Enfin, pour donner une idée de la délicatesse et de la sûreté de la méthode à laquelle j'avais eu recours, je puis dire que $0^{gr},00890$

d'ammoniaque ayant été ajoutés à un grand volume d'air, on en a retrouvé et dosé $0^{gr},00886$, ce qui fixe à $0^{gr},00004$ la délicatesse du procédé.

Préparé par ces études préliminaires, auxquelles j'avais ajouté un grand nombre d'essais de culture dans le sable calciné, afin de m'éclairer sur les conditions les plus favorables au succès de la végétation dans ces conditions anormales, j'abordais enfin le problème principal.

A l'exemple de M. Boussingault, je semai des graines dans des sols composés de toutes pièces avec des matériaux connus et dont l'azote, sous toutes les formes, avait été rigoureusement banni. Je fis plus, j'enfermai les plantes dans des cages vitrées, que traversait sans interruption un courant d'air dont le volume était rigoureusement déterminé chaque jour. Dans ces conditions, les plantes accusèrent un excédant d'azote dépassant de plusieurs milliers de fois l'ammoniaque que l'atmosphère aurait pu y introduire. Il ne pouvait être question des poussières ; j'ai expliqué comment on s'en était garanti. Je dirai même que plus tard, afin de raffermir le témoignage de cette première expérience, avant de donner accès à l'air dans l'intérieur des cloches, on le soumit à une véritable épuration au moyen de l'acide sulfurique et du bicarbonate de soude, afin d'en exclure irrévocablement à la fois les corpuscules de toute nature qu'il pouvait tenir en suspension et l'ammo-

niaque elle-même. Or, dans ces nouvelles conditions, les résultats furent exactement les mêmes. Les
plantes, venues dans cet air privé de tout produit
azoté autre que d'azote gazeux, accusèrent un excédant d'azote sur celui de la graine. Comment nier,
devant un tel concours de preuves, le rôle de l'azote
de l'air dans la nutrition végétale ?

Dans le cours de mes recherches je fus amené
cependant à reconnaître qu'il y avait un cas, un seul,
où l'azote de l'air n'était pas assimilé : celui où les
plantes étaient placées dans une atmosphère stagnante et confinée. Mais ce cas, fort intéressant en lui-
même, ne pouvait atténuer en rien la précédente conclusion, puisqu'il ne se présente pas dans la nature.

Toutefois cette conclusion ne fut pas accueillie
avec faveur. M. Boussingault, dont elle confirmait les
premiers travaux, s'en constitua l'adversaire irrécon-
ciliable. Mais avant de parler de son opposition et de
montrer à quelles inconcevables variations elle l'a
conduit, qu'il me soit permis de rappeler les développements que des recherches ultérieures devaient
donner à mes premières propositions.

L'état gazeux n'est pas la seule forme sous laquelle
l'azote est assimilé par les végétaux; les sels ammoniacaux et les nitrates le sont aussi, et avec plus de
facilité encore. Sans entrer dans le détail de tous les
faits qu'il m'a été donné de constater à cet égard, je
rappellerai cependant comment ces nouvelles expé-

riences m'ont ramené par une autre voie à ma première conclusion.

Dans un sol de sable calciné, les plantes n'absorbent pas toutes l'azote de l'air au même degré.
Ainsi, de la part du froment, ou de la graine de
cresson, l'absorption est constante; avec le tabac et
le colza, au contraire, elle n'a lieu qu'à de certaines
conditions; ce fait mérite d'être expliqué.

Lorsqu'une plante doit tirer de l'air et de l'eau la
totalité des éléments organiques (carbone, hydrogène, oxygène et azote) que sa formation réclame,
elle a besoin, pour s'assimiler l'azote à l'état élémentaire, d'être pourvue au préalable d'un nombre suffisant de feuilles. Il faut donc qu'elle trouve dans la
graine les moyens de les acquérir; si cette condition
n'est pas remplie, la plante ne s'assimile pas l'azote
de l'air. Comment en serait-il autrement?

Il y a toujours absorption lorsque la plante est
cultivée dans la bonne terre, parce que les produits
azotés du sol suppléent à l'insuffisance de ceux de la
graine. Mais lorsque le sol n'est que du sable calciné,
faute de ces produits, il peut arriver et il arrive souvent que les feuilles n'atteignent pas le développement voulu pour absorber l'azote libre de l'air. Dans
ces conditions précaires, il n'est pas rare de voir le
développement de la plante, d'abord ralenti, finir par
s'arrêter complètement. Il n'y a rien là qui doive
nous surprendre.

Dès qu'il est question de culture dans le sable
calciné, les plantes se partagent donc en deux caté-
gories bien distinctes, celles qui trouvent dans leur
graine de quoi pourvoir à la formation d'un premier
jet de feuilles, vivaces et bien organisées, et celles
qui, faute de cette ressource, ne peuvent dépasser le
travail circonscrit de la germination. Le froment
appartient essentiellement à la première catégorie,
alors que le tabac et le colza appartiennent à la
seconde; et ce qui prouve que la différence tient bien
à la cause que j'indique, c'est que si, au lieu de semer
dans le sable calciné (amendé de tous les minéraux
voulus) une graine de tabac, on y transplante un pied
de tabac venu dans la bonne terre, la plante y pro-
spérera aussi bien que le froment et acquerra même
une quantité d'azote supérieure à celle fixée par cette
dernière plante. On peut arriver au même résultat
par une autre voie. En effet, que l'on ajoute au sable
une petite quantité de nitre, ce sel étant très assimilable supplée à l'insuffisance de l'azote de la graine,
et la plante dépasse sans effort la période de la germination. Mais, dans cette dernière condition, deux
cas peuvent encore se présenter. Si la quantité de
nitre est trop faible, le colza et le tabac s'en assimilent
l'azote, mais ne vont point au delà. Élève-t-on la
dose, la récolte accuse un excédant considérable
d'azote dont le nitre ne peut plus rendre compte.

Ces expériences comparatives prouvent encore

que l'assimilation de l'azote atmosphérique ne commence qu'à partir d'une certaine période, et qu'au delà on ne peut l'expliquer ni par les poussières de l'air, ni par les traces d'ammoniaque qu'on y a constatées, puisqu'il dépend de l'opérateur de la faire naître ou de l'empêcher en réglant la dose de nitre qu'il ajoute au sable du sol. Ces expériences sont donc conformes aux premières, et nous ramènent à la même conclusion.

J'ai pu démontrer par une autre voie que l'azote est nécessaire à la vie des plantes.

Les matières d'origine animale exercent sur la végétation une influence des plus utiles, et c'est comme source d'azote qu'elles agissent. Si l'on ajoute de la gélatine, par exemple, à du sable calciné, la végétation s'y montre plus active que dans le sable pur; les plantes accusent invariablement un gain d'azote. Or, soit qu'on l'attribue à l'engrais ou à l'atmosphère, on est forcé de s'avouer qu'une partie a été absorbée à l'état d'azote élémentaire. Voici comment :

Lorsqu'une matière azotée se décompose, son azote se partage en trois parts : l'une se dégage de l'air à l'état d'ammoniaque, l'autre s'y dégage à l'état d'azote élémentaire, la troisième reste dans le sol. Or si les plantes venues dans de telles conditions accusent une quantité d'azote précisément égale à ce que l'engrais a perdu à l'état d'émanations dans l'air, il est évident qu'une partie a été absorbée à l'état de gaz élémentaire. Arrivons maintenant aux objections.

Dans l'ordre des dates, M. Boussingault se présente l'un des premiers parmi mes contradicteurs. On ne peut manquer de se demander comment, ayant affirmé que l'azote de l'air était absorbé par les végétaux, il a pu se résoudre à nier ce qu'il avait lui-même enseigné. Il me semble qu'on peut en trouver l'explication dans l'un des côtés les plus saillants de sa nature. M. Boussingault appartient à cette classe d'esprits circonspects et habiles qui n'affirment jamais qu'à demi et toujours un peu le pour et le contre.

J'ai dit qu'en 1838 il avait admis l'absorption de l'azote à l'état élémentaire; mais ce que je n'ai pas dit et ce qu'il faut que j'ajoute pourtant, c'est que M. Dumas, parlant au nom de l'Académie des Sciences, n'avait point hésité à élever cette opinion à la hauteur d'une vérité nouvelle, et voici dans quels termes :

« On a été involontairement tenté de croire que
» l'azote demeurait passif dans les phénomènes de
» la nutrition végétale, car on sait que l'azote pris à
» l'état gazeux ne contracte de combinaison qu'avec
» beaucoup de peine. On n'avait pas réfléchi suffi-
» samment à la facilité avec laquelle l'azote dissous
» contracte, au contraire, des combinaisons éner-

» giques; on n'avait point songé non plus aux cir-
» constances qui se présentent dans les pâturages
» des hautes montagnes, où chaque année on extrait
» tant d'azote pour l'engrais des bestiaux et la pro-
» duction du laitage, et où, néanmoins, l'azote ne
» peut guère parvenir que par l'air atmosphérique
» lui-même.....

    » AINSI IL DEMEURE PROUVÉ QUE LE TRÈFLE S'EMPARE
» DE L'AZOTE DE L'AIR ET TOUT PORTE A CROIRE QUE
» CE PHÉNOMÈNE EST GÉNÉRAL. » (*Comptes rendus de
l'Académie des Sciences*, t. VI, p. 131.)

Il est vrai que six mois plus tard, sans répudier
ses premiers résultats, M. Boussingault atténue les
conclusions que nous venons de rapporter. Il dit :
« Mes recherches semblent donc établir que dans
» plusieurs conditions certaines plantes sont aptes
» à puiser de l'azote dans l'air, mais dans quelles
» circonstances, à quel état l'azote se fixe-t-il? C'EST
» CE QUE NOUS IGNORONS ENCORE.

    » En effet, l'azote peut entrer directement dans
» l'organisme des plantes, si leurs parties vertes sont
» aptes à le fixer. Cet élément peut encore être porté
» dans les végétaux par l'eau toujours aérée qui est
» aspirée par les racines. Enfin, il est possible,
» comme le pensent plusieurs physiciens, qu'il existe
» dans l'air une infiniment petite quantité de vapeurs
» ammoniacales. »

La pensée fondamentale subsiste encore, mais on

voit poindre dans ces lignes le germe de la transition
à l'aide de laquelle l'auteur pourra plus tard passer
de l'affirmation à la négation avec l'espoir de n'être
pas accusé de versatilité.

Entre les expériences de M. Boussingault et les
miennes, il y avait cette différence radicale que, à
part un cas dont le succès avait été douteux, M. Boussingault avait toujours opéré à l'air libre alors que
je m'étais servi d'un appareil fermé, que traversait
un courant d'air pur de tout produit adventif,
poussières, ammoniaque, etc. Les plantes ayant
toujours accusé un excédant notable d'azote dans
ces conditions plus rigoureuses, la première conclusion de M. Boussingault se trouvait par cela même
fortifiée.

On devait donc s'attendre à voir M. Boussingault
s'applaudir de cet appui inattendu et si nécessaire?
En aucune façon. L'année suivante (1852), il lisait
à l'Académie des Sciences un volumineux Mémoire
dans lequel il répétait jusqu'à dix-sept fois, avec une
sorte d'ostentation, cette conclusion que je transcris
textuellement : « L'AZOTE DE L'AIR N'EST PAS ABSORBÉ
» PAR LES PLANTES. » Ajoutons, il est vrai, que les
nouvelles expériences de l'auteur concluent en réalité
contre lui, et confirment au contraire une des propositions que j'avais formulées dès l'origine. J'ai dit,
en effet, il y a un moment, que les plantes cultivées
dans une atmosphère stagnante et confinée n'ac-

cusent jamais aucun excédant d'azote (*voir* la note de la page 7 du texte). Or, toutes les expériences de M. Boussingault avaient eu lieu dans ces conditions précaires et défectueuses. Il avait eu, par un entraînement inexplicable, l'idée malheureuse d'instituer des cultures dans des ballons fermés de 6 à 10 litres de capacité. Or, je le demande, que peut-on attendre d'une plante dans de telles conditions? Il avait eu l'idée plus malheureuse encore de restreindre le poids du sable servant de sol à 60 ou 120 grammes, et c'est dans un sol aussi exigu qu'il semait des haricots et des pois! Mais il y a plus. Tout le monde sait qu'une plante cultivée à contre-saison ne prend qu'un développement incomplet; que le froment semé au mois de mai ou juin ne produit qu'une touffe d'herbe; que le colza semé au mois d'avril monte en fleurs immédiatement après la germination. Eh bien, la plupart des expériences de M. Boussingault ont été faites dans ces conditions défavorables.

Mais ce n'est pas tout encore, pour qu'une plante prospère, il faut que ses racines trouvent dans le sol un espace en rapport avec le développement qu'elles doivent prendre; or, dans ses expériences de 1851-52 qui ont été le point de départ de son opposition, M. Boussingault n'a employé que 15, 20, 30, et une seule fois 142 grammes de sable. Le contenu d'une coquille de noix!

Autre objection : à cette quantité si réduite de sable, il ajoutait, à titre d'amendement minéral, depuis 1 gramme jusqu'à 10 grammes de cendre de fumier. Mais comme ces cendres contiennent 50 pour 100 environ de sels alcalins, et que pour amener du sable au degré d'imbibition voulue, il faut l'humecter avec 20 pour 100 de son poids d'eau, la quantité de liquide employé n'étant alors que de 8 à 10 grammes, la dose excessive des alcalis contenus dans les cendres en faisait une dissolution toxique.

Ces expériences ne pouvaient donc aboutir qu'à des résultats négatifs :

1° Parce que l'air était confiné;

2° Parce que les plantes étaient semées le plus souvent à contre-saison;

3° Parce que la masse du sol était insuffisante;

4° Parce que la dose des cendres ajoutées comme amendement était trop forte (¹).

Et la preuve que dans de telles conditions la végétation devait rester précaire nous est fournie par le rendement, dont l'auteur lui-même nous a donné le relevé suivant :

(¹) « Suivant le volume du sol on ajoutait depuis 1 jusqu'à 10 grammes de » fumier et le plus souvent de la cendre provenant de plusieurs graines sur » lesquelles l'expérience était faite. » (*Agronomie, Chimie agricole et Physio-* » *logie,* t. I, p. 8).

Culture dans une atmosphère confinée.				*Culture dans une atmosphère renouvelée.*		
	Poids				**Poids**	
	de la semence.	de la récolte.			de la semence.	de la récolte.
	^{gr}	^{gr}			^{gr}	^{gr}
1851. Haricot nain....	0,78	1,87		Haricot nain........	0,72	2,00
1851. Avoine.........	0,37	0,54		Haricot nain........	0,75	2,84
1852. Haricot flageolet.	0,53	0,89		Lupin..............	0,34	2,14
1853. Lupin..........	0,62	1,82		Haricot nain........	1,51	5,15
1853. Haricot nain....	0,79	2,35				

Culture à l'air libre.

1851. Haricot nain....................	$0^{gr},65$	$2^{gr},62$
1851. Cresson alénois................	$0^{gr},50$	$2^{gr},25$

A qui persuadera-t-on que des récoltes qui égalent à peine deux ou trois fois le poids de la graine sont des résultats normaux sur lesquels il est permis de s'appuyer pour expliquer ce qui a lieu dans la nature, où les rendements dépassent dans une proportion incommensurable ceux que nous venons de rapporter? Je répète que ces résultats n'autorisent pas les conclusions que l'auteur en a tirées. Ce qui va suivre est encore plus inattendu.

Surpris d'un changement que rien n'avait pu me faire pressentir, je crus devoir faire remarquer à M. Boussingault que ses nouvelles opinions étaient en opposition avec celles qu'il avait publiées en 1838. M. Boussingault se récria contre l'injustice de cette allégation, affirmant que jamais il n'avait avancé rien de pareil à ce que je lui faisais dire. Citons ses paroles :

« L'auteur de la Communication imprimée dans

» le *Compte rendu* de la précédente communication
» (M. Ville) M'A FAIT UNE SINGULIÈRE SITUATION. En
» effet, je n'ai pas à me défendre d'une attaque qui
» serait dirigée contre mes travaux; loin de là, j'ai
» à me défendre D'AVOIR FAIT UNE DÉCOUVERTE. On le
» voit, la situation est nouvelle. Ainsi mes recherches
» de 1837 auraient établi de la manière la plus posi-
» tive le fait de l'assimilation de l'air par les plantes.
» JE CROIS, MOI, QUE DANS TOUT CECI, SI J'AI CONSTATÉ
» QUELQUE CHOSE, C'EST QUE L'AZOTE QUI EST A L'ÉTAT
» GAZEUX DANS L'AIR N'A PAS ÉTÉ FIXÉ PAR LA VÉGÉ-
» TATION DE MES DERNIÈRES EXPÉRIENCES. » (*Comptes
rendus de l'Académie des Sciences,* t. XXXVIII,
p. 717.)

Il est vrai que cet incident fut relevé par la presse
scientifique avec une sévérité qui est trop à sa louange
pour que je n'en fixe pas le souvenir par une citation.

« Non, le dernier Mémoire de M. Boussingault n'a
» pas eu pour résultat de confirmer, mais de nier ses
» anciens travaux. Donc, M. Boussingault, bon gré,
» mal gré, est atteint et convaincu d'avoir laissé dire,
» en 1837, de la manière la plus positive, qu'il avait
» découvert, établi et prouvé l'assimilation de l'azote
» de l'air par les plantes.

» Il y a plus, c'est cette prétendue découverte qui
» a ouvert à M. Boussingault les portes de l'Aca-
» démie; il n'est devenu si vite membre de l'Institut
» que parce qu'on a cru qu'il l'avait faite. Le premier

» rapport de M. Dumas a eu pour effet immédiat,
» prévu et voulu évidemment, de faire inscrire son
» nom, séance tenante, sur la liste des candidats
» pour la place devenue vacante par la mort de
» M. Tessier. C'était la première fois qu'on lui faisait
» cet honneur, et il figurait au sixième rang, après
» MM. de Gasparin, Lecler-Thouin, Vilmorin, Au-
» doin, Huerne de Pommeuse. Dans la séance qui
» suit celle où fut lu le second rapport de M. Du-
» mas, il est devenu candidat encore; mais cette fois,
» au premier rang, et huit jours après, le 28 jan-
» vier 1839, il a été proclamé membre de la Section
» d'Économie rurale en remplacement de M. Huzard.
» Jamais la marche d'un vainqueur n'avait été aussi
» rapide, aussi éclatante; c'est que jamais une dé-
» couverte n'avait été tant exaltée. L'assimilation
» de l'azote par les plantes devait amener pour
» M. Boussingault, d'ailleurs très digne de cette fa-
» veur, l'assimilation de la gloire académique.

» Ce simple rétablissement des faits suffit sura-
» bondamment à renverser tout l'échafaudage du
» dernier Mémoire de M. Boussingault; car, quand
» il est admis qu'il fait jour, comment prouver et éta-
» blir en même temps qu'il fait nuit?... Trois pro-
» positions résument le débat qui s'est élevé entre
» M. Boussingault et M. Ville :

» 1° Le fait de l'assimilation de l'azote gazeux de
» l'air par les plantes s'est produit en 1837, et

» quoique la démonstration de M. Boussingault fût
» incomplète, avec de tels caractères d'évidence,
» entouré d'un tel ensemble de confirmation irréfra-
» gable, qu'il a été accepté avec un enthousiasme si
» raisonnable et si raisonné qu'il y a plus que de la
» témérité à venir aujourd'hui le révoquer en doute;

» 2° La méthode d'expérimentation suivie par
» M. Boussingault, dans ses premières expériences,
» a été crue et proclamée si rationnelle et si sûre
» dans ses dispositions fondamentales, si exacte dans
» ses résultats, que maintenant surtout que M. Ville
» l'a si *humblement* complétée, si habilement dégagée
» de toutes les objections qu'on pourrait lui faire
» encore, il ne peut plus rester l'ombre d'un doute
» sur la réalité absolue du fait qu'elle devait mettre
» en évidence;

» 3° Enfin, la nouvelle méthode suivie par M. Bous-
» singault est aussi mauvaise que sa première mé-
» thode est bonne en la supposant complète; les nou-
» velles expériences sont aussi nulles et aussi stériles,
» quant aux conclusions qu'on en peut tirer, que ses
» premières expériences bien interprétées étaient
» probantes et fécondes. » (Abbé Moigno, *Cosmos*,
t. IV, p. 561 et suivantes.)

Depuis cette époque, M. Boussingault a publié
d'autres expériences exécutées dans des conditions
moins défectueuses, mais presque toujours à contre-
saison. Elles sont moins défectueuses que les précé-

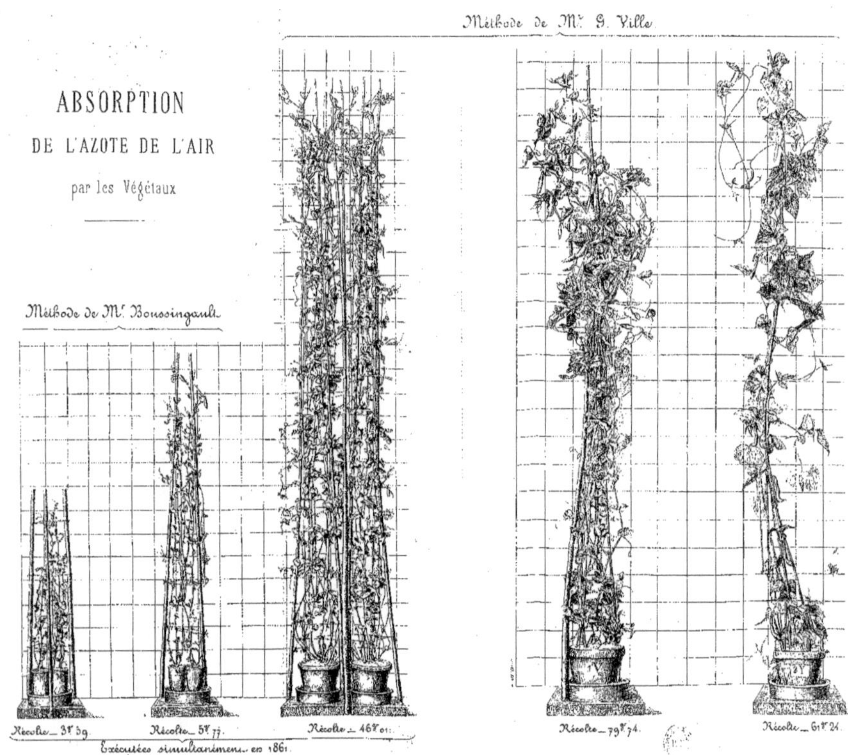

Méthode de Mr. G. Ville.
ABSORPTION
DE L'AZOTE DE L'AIR
par les Végétaux
Méthode de Mr. Boussingault.
Récolte _ 3ᵍʳ 5g.
Récolte _ 5ᵍʳ 77.
Récolte _ 46ᵍʳ 01.
Récolte _ 79ᵍʳ 74.
Récolte _ 61ᵍʳ 24.
Exécutées simultanément en 1861.

dentes, parce qu'il a opéré à l'air libre ou dans des appareils fermés, dont l'atmosphère était renouvelée de temps en temps. Dans ces nouvelles conditions il a obtenu des rendements un peu meilleurs, mais sans atteindre le degré de développement à partir duquel les plantes acquièrent la faculté de s'assimiler l'azote atmosphérique. M. Boussingault a donc maintenu la conclusion que l'azote, à l'état de gaz, n'est pas absorbé par les végétaux. A quoi on peut toujours répondre que des plantes frappées d'inertie et arrêtées dans leur développement ne prouvent rien par rapport aux phénomènes naturels.

Sentant bien lui-même qu'on ne peut rien conclure de faits qui sont en opposition avec le témoignage de la grande culture, il a publié plus récemment de nouvelles expériences dont les résultats accusent un faible excédant d'azote, et il se fonde sur cette exiguïté pour l'attribuer exclusivement aux faibles quantités d'ammoniaque qui se trouvent dans l'air. Mais cette explication est essentiellement arbitraire, car, si les excédants dont il s'agit sont faibles, cela tient à ce que M. Boussingault a continué d'opérer dans un sol trop exigu, aggravant encore cette condition si défavorable, par l'emploi de pots bouchés à la partie inférieure, qui plaçaient les racines des plantes dans une atmosphère confinée.

De ce qui précède, il résulte donc que M. Boussingault a professé sur cette grave question les opinions les plus opposées. Marquons, en effet, par quelques citations précises, les termes dans lesquels il les a exprimées.

En 1838, il affirme que l'azote de l'air est absorbé par les végétaux, et un rapport de M. Dumas consacre cette déclaration au sein de l'Académie des Sciences. (*Comptes rendus de l'Académie des Sciences*, 1838, t. VI, p. 129 et suiv.)

En 1854, il se ravise et déclare précisément le contraire. (*Comptes rendus de l'Académie*, 1854, t. XXXVIII, p. 580 et suiv.)

En 1854, il annonce que les plantes prospèrent autant dans une atmosphère confinée qu'en plein air. (*Comptes rendus de l'Académie*, 1854, t. XXXIX, p. 603.) (¹).

En 1859, il démontre juste l'opposé, à savoir que la végétation est plus prospère à l'air libre que dans une atmosphère confinée. (*Comptes rendus de l'Académie*, 1859, t. XLVIII, p. 310 et 312.)

En 1855, il publie que les végétaux cultivés avec le secours du nitre ne vivent que de l'azote de ce sel et n'en tirent pas de l'air. (*Comptes rendus de l'Académie*, 1855, t. XLI, p. 485 et suiv.)

En 1859, il reconnaît qu'une plante cultivée avec le secours du nitre tire de l'azote de l'air. (*Comptes rendus de l'Académie*, 1859, t. XLVIII, p. 312.)

(¹) En 1856, il publie, sans rien conclure, une expérience qui accuse un excédant d'azote. (*Journal d'Agriculture pratique*, 1856, t. VI, p. 442.)

En 1866, enfin, il ne dit plus non, mais il ne dit pas tout à fait oui : il reconnaît qu'à l'air libre les plantes cultivées dans le sable calciné absorbent un PEU D'AZOTE fourni par l'ammoniaque de l'atmosphère. (*Revue des cours scientifiques*, 1865-66, 6e livr., p. 97.) (¹).

Je crois que ces citations peuvent se passer de commentaires.

III.

Sous ce titre : *Des sources de l'azote de la végétation, suivi d'un examen spécial de la question de savoir si les plantes s'assimilent l'azote libre ou non combiné,* MM. Lawes, Gilbert et Puch ont publié un ensemble de recherches fort importantes, d'abord à l'état d'extrait dans les *Proceedings* de la Société royale de Londres, et plus tard sous une forme plus développée et définitive dans les *Transactions philosophiques* de la même Compagnie.

Jusqu'à ce jour ces recherches n'ont été connues en France que par un résumé qu'en a donné M. Boussingault dans le Tome II de ses *Mémoires agronomiques* (p. 347). Mais ce résumé est si peu conforme aux opinions exprimées par ces auteurs, dans leur travail d'ensemble, que je me suis décidé à faire traduire leur Ouvrage pour en donner une édition,

---

(¹) En 1856, au plus fort de ses démêlés avec M. Ville, M. Boussingault avait publié sans bruit le même fait dans le *Journal d'Agriculture pratique*, t. VI, p. 442.

dans ce qu'il contient de plus essentiel, conforme à l'original.

Le Mémoire dont il s'agit est divisé en trois Parties principales. Dans la première, les auteurs rapportent ce que les cultures les plus usuelles fixent d'azote par acre, lorsque la terre ne reçoit pas d'engrais. Dans ces conditions, l'azote ne pouvant être imputé au sol, ils se demandent quelle en est la source.

Dans la seconde Section, ils énumèrent toutes les sources connues d'azote : poussières de l'air, ammoniaque, nitrification spontanée, et, après en avoir apprécié l'importance, ils sont amenés à reconnaître qu'elles sont insuffisantes pour rendre compte du flot d'azote que les végétaux fixent incessamment, et ils se demandent alors si cette absorption a pour origine l'azote de l'air.

. La troisième Section de leur Mémoire est consacrée à l'exposition des expériences par lesquelles ils ont tenté à leur tour de résoudre ce point fondamental de Chimie agricole.

Ces expériences n'ayant donné qu'un résultat négatif, c'est-à-dire aucune absorption d'azote ne s'étant manifestée, ces messieurs se sont trouvés entre deux faits contradictoires : d'une part, la végétation qui accuse des emprunts considérables d'azote, qu'il est impossible d'expliquer; et de l'autre, leurs expériences qui concluaient contre l'assimilation de l'azote élémentaire de l'air. Dans l'impossibilité de concilier

ces deux faits, dont l'un semble impliquer la négation de l'autre, ces messieurs n'ont pas reculé devant
l'hypothèse d'une source d'azote toujours ouverte à
la végétation, et que la Science n'a pas réussi encore
à découvrir. Je cite leurs paroles :

« Les engrais ne rendent pas compte de la quan-
» tité d'azote que les plantes contiennent, surtout
» les légumineuses.... Nos expériences n'étant pas
» favorables à l'assimilation de l'azote de l'air, il est
» à désirer que l'on recherche plus complètement
» qu'on ne l'a fait encore, sous le double rapport de
» la qualité et de la quantité, toutes les sources où les
» végétaux peuvent en puiser, car, s'il est établi qu'ils
» ne sont pas aptes à opérer l'assimilation de l'azote
» libre, il faut convenir que NOUS IGNORONS A QUELLES
» SOURCES ET A QUELLES ACTIONS IL FAUT ATTRIBUER UNE
» GRANDE PARTIE DE CELUI QU'ELLES CONTIENNENT. »

Avant d'accepter une telle solution, il nous sera
permis d'examiner si ces expériences, dont le résultat
a été négatif, ont bien réellement la valeur qu'on leur
accorde, et si elles prouvent en effet que l'azote de
l'air ne peut être assimilé dans la végétation.

J'ai fait à M. Boussingault deux objections capi-
tales : la première d'avoir opéré à contre-saison, et
la seconde d'avoir conclu du particulier au général,
sur la foi de cultures dont les rendements précaires
ne permettent pas une telle généralisation. Est-on
fondé à conclure d'une récolte qui égale à peine deux

ou trois fois le poids de la semence, à une autre qui le dépasse de cent, deux cents, cinq cents ou mille fois? Pour mon compte, je ne saurais faire une telle concession, parce qu'elle est contraire à la logique et à l'expérience. Dans un moment je prouverai d'une manière irréfragable que les plantes ne commencent à puiser de l'azote dans l'air que lorsque le poids de la récolte égale dix fois celui de la semence; or, comme les rendements obtenus par MM. Lawes, Gilbert et Puch atteignent à peine quatre à cinq fois ce poids, que doit-on, que peut-on en conclure? Comme pour les expériences de M. Boussingault, qu'ils ne décident rien et laissent la question intacte.

Voici, à l'appui de ce jugement, les rendements obtenus par MM. Lawes, Gilbert et Puch :

Nature des plantes.	Poids des semences sèches.	Poids des récoltes sèches.	Rapport des récoltes aux semences.
	gr	gr	
Blé......................	0,3065	1,412	4,60
Orge.....................	0,2698	0,810	3,00
Orge.....................	0,2698	0,925	3,43
Blé	0,4053	1,740	4,31
Orge.....................	0,3221	0,560	1,73
Orge.....................	0,2858	1,148	4,02
Blé	0,4031	1,060	2,62
Orge.....................	0,3240	0,710	2,19
Avoine...................	0,2879	0,690	2,40
Fèves....................	1,4984	7,028	4,72
Fèves....................	1,4820	7,028	3,29
Pois.....................	0,5405	0,970	1,79
Sarrasin.................	1,0000	0,450	0,45

Je le répète, quelle valeur peut-on accorder à de tels résultats?

Si l'on porte à 3o hectolitres de froment la récolte d'un hectare, on trouve que son poids est à peu près de 8000 kilogrammes, ce qui, à raison de 1^{hl},5 de semence (120 kilogrammes), égale 70 fois le poids de la graine; et un rendement de 3o hectolitres n'a rien que de très ordinaire. L'orge, les pois nous mèneraient à la même conclusion. Avec le colza, la betterave, et surtout le tabac, la progression est encore plus élevée.

J'ai dit que les plantes ne commençaient à absorber l'azote de l'air que lorsqu'elles avaient acquis 10 fois au moins le poids de la graine. Cette donnée résulte d'une expérience faite au Muséum d'Histoire naturelle, sous le contrôle d'une Commission nommée par l'Académie des Sciences. Le même jour, dans le même lieu, on institua trois cultures de cresson dans le même sable, mais dans trois pots séparés qu'on enferma dans le même appareil où passait un courant d'air privé de tout produit azoté éventuel.

Voici quels ont été les résultats de ces trois expériences :

| | Poids | | Rapport | Excédant d'azote |
	de la récolte.	de la semence.	de la semence à la récolte.	dans la récolte.
	gr	gr		gr
N° 1............	2,241	0,319	7 fois	0,000
N° 2............	1,506	0,127	11 fois	0,007
N° 3............	6,021	0,124	48 fois	0,050

Or, si les rendements obtenus par M. Boussingault, et par MM. Lawes, Gilbert et Puch, lorsque, de leur

aveu, leurs expériences réussissent le mieux, sont de
5o pour 100 au-dessous de la limite où l'absorption
de l'azote commence, ne penserez-vous pas, comme
moi, que ces expériences où la végétation n'a pas
dépassé la période embryonnaire sont entachées de
quelque vice inaperçu et qu'il est impossible d'en
faire la base d'une conclusion légitime et probante?
Est-on fondé à assimiler ces expériences aux miennes,
où les rendements atteignent, pour ne citer que
l'exemple que je viens d'invoquer, jusqu'à 48 fois
le poids de la semence?

Mais, dira-t-on peut-être, lorsqu'il ajoute du nitre
au sable calciné, M. Boussingault obtient des rendements qui se rapprochent un peu plus des conditions
normales, sans constater cependant un excédant
d'azote appréciable. Il est facile de réfuter cette
objection, qui est plus spécieuse que réelle.

Lorsqu'un être vivant trouve, dans sa sphère d'activité, des produits qui peuvent se suppléer et qui
sont plus assimilables les uns que les autres, il commence par absorber ceux dont l'assimilation est le
plus facile.

Dans les expériences de M. Boussingault, les
plantes n'ont jamais accusé un excédant d'azote,
parce que la quantité de nitre qu'il avait employée
était trop forte, et que les plantes mises à ce régime
ne commencent à s'assimiler l'azote de l'air qu'après
l'entière disparition du nitre. Tel est le cas d'un

animal, qui ne commence à former de la graisse qu'après avoir mis à profit les corps gras tout formés qui sont contenus dans ses aliments.

Je ne cite pas sans intention cet exemple, parce que M. Boussingault est mieux à même que personne d'en reconnaître la justesse, lui qui a soutenu l'opinion que les animaux étaient privés de la faculté de produire de la graisse, jusqu'au jour où, ayant consenti à les nourrir avec des aliments dépourvus de matières grasses, il dut reconnaître qu'ils en produisaient.

Pour me résumer et comme conclusion finale, je dirai donc que ni les expériences de M. Boussingault, ni celles de MM. Lawes, Gilbert et Puch, ne réfutent celles que j'ai publiées. Si ces messieurs n'ont pas obtenu d'excédant d'azote, ce n'est pas parce que l'azote élémentaire n'est pas assimilable, mais parce que l'assimilation de ce gaz ne commence qu'à partir d'une période que la végétation n'a pu atteindre dans leurs expériences.

On n'est pas fondé à invoquer le résultat négatif, né d'un mode défectueux d'expérimentation, pour réfuter un résultat positif dû à des procédés meilleurs et non moins rigoureux. Je dis donc aujourd'hui, comme en 1857, *que l'azote élémentaire de l'air est absorbé et assimilé par les végétaux,* ou, en d'autres termes, pour éviter toute ambiguïté, que des plantes cultivées dans un sol de sable calciné ou mieux encore dans un sol de sable additionné d'une petite quantité

de nitre et placées dans une atmosphère où l'azote
ne figure qu'à l'état de gaz élémentaire, accusent un
excédant d'azote dont l'atmosphère peut seule rendre
compte. Qu'il me soit permis d'appuyer cette proposition sur une des preuves nouvelles réunies depuis
longtemps et restées encore inédites.

Dans les conditions de la culture ordinaire, les
plantes accusent la fixation d'une quantité d'azote
considérable.

Elle s'élèverait, par hectare, d'après MM. Lawes
et Gilbert :

	kg
Pour le froment à..........................	28,00
Pour l'orge à..............................	27,00
Pour la prairie à..........................	44,00
Pour les féverolles à......................	53,00

lorsque la terre ne reçoit aucun engrais.

On voit par ce Tableau que la prairie et les féveroles contiennent plus d'azote que l'orge et le froment. Dira-t-on que l'azote des féveroles et de la
prairie vient du sol? On soulève alors une difficulté
bien autrement embarrassante. Semez du blé après
les féveroles, le rendement est meilleur et la quantité
d'azote fixée plus forte. D'un autre côté cependant,
nous venons de dire que les féveroles contiennent
plus d'azote que le froment; n'est-il pas évident que
si elles l'avaient pris à la terre, le rendement du blé
s'en serait ressenti?

Mais il y a plus. Si l'on ne cultive le froment qu'une

année sur deux, et qu'on laisse la terre en jachère, le rendement s'élève très notablement. *A priori* cela se comprend, mais ce qui est moins facile à expliquer, c'est que, dans ces nouvelles conditions, le rendement ne dépasse pas ce qu'il était lorsque le froment alternait avec les féveroles, qui, je ne saurais trop le répéter, contiennent plus d'azote que le froment.

Comment ce résultat peut-il s'expliquer, si ce n'est par l'azote de l'air?

Je le répète donc, il faut admettre, comme l'ont fait MM. Lawes et Gilbert, qu'il existe dans la nature une source d'azote que la Science n'a pu encore découvrir, que les plantes et surtout les légumineuses mettent incessamment à contribution; ou bien, en présence de l'insuffisance démontrée de toutes les sources adventives connues (ammoniaque, poussières), il faut chercher dans l'azote élémentaire de l'air l'explication de ces excédants indéfinis.

Résumons par quelques chiffres les observations très dignes de remarque introduites dans la discussion qui nous occupe par MM. Lawes et Gilbert; nous passerons ensuite à d'autres faits, empruntés, comme les précédents, aux observations inédites que j'ai annoncées.

AZOTE CONTENU DANS UNE RÉCOLTE DE FROMENT D'APRÈS MM. LAWES ET GILBERT
à l'hectare.

	Alternant	
Culture exclusive.	avec la jachère.	avec les fèves.
$28^{kg},00$	$49^{kg},00$	$50^{kg},00$

Reprenons la discussion à un autre point de vue.

La luzerne produit annuellement de 10000 à 15000 kilogrammes; ce qui porte la dose de l'azote, pour un rendement moyen de 12000 kilogrammes, à 387 kilogrammes par hectare (¹). En face d'une telle masse d'azote l'embarras de mes contradicteurs devient extrême. M. Liebig incline à penser que la putréfaction des matières organiques dans le sol détermine une production d'ozone, qui se combine avec l'azote de l'air, et c'est à cette source qu'il rapporte celui dont les engrais ne peuvent rendre compte. C'est donc, en dernière analyse, d'une sorte de nitrification spontanée que proviendrait l'azote des plantes (²).

Cette hypothèse ne résiste pas un instant à l'examen. Si l'on admet, en effet, que l'azote de la luzerne (387 kil.) a été absorbé à l'état de nitrate, la récolte doit contenir une quantité de bases proportionnelle à celle de l'azote. Or, dans cette hypothèse les bases devraient atteindre le chiffre de 832 kilogrammes, tandis qu'elles ne s'élèvent pas en réalité au-dessus de 504 kilogrammes, ce qui correspond à un déficit de 180 kilogrammes d'azote par hectare.

M. Mülder propose une autre explication. Ayant observé que la décomposition des matières orga-

---

(¹) L'évaluation dont il s'agit a été publiée en livres et par acre, on l'a convertie en kilogrammes et reportée à l'hectare en chiffres ronds.

(²) Voyez ma deuxième Conférence à Vincennes, p. 100.

niques est toujours accompagnée d'un dégagement d'hydrogène, il incline à penser que cet hydrogène à l'état naissant peut se combiner avec l'azote de l'air dans les interstices mêmes du sol, pour former de l'ammoniaque, et c'est à cet enchaînement de phénomènes qu'il rapporte l'azote des plantes.

Cette supposition ne résiste pas plus que la précédente aux témoignages de la grande culture.

Je suppose, en effet, que l'on compose les deux engrais suivants :

<table>
<tr><td align="center">I.
ENGRAIS COMPLET.</td><td align="center">II.
ENGRAIS MINÉRAL.</td></tr>
<tr><td>Phosphate de chaux.
Potasse.
Chaux.
Matière azotée.</td><td>Phosphate de chaux.
Potasse.
Chaux.</td></tr>
</table>

L'un contient des sels ammoniacaux ou des nitrates, à titre de matière azotée, tandis que l'autre n'en contient pas la plus légère trace. Qu'on expérimente ces deux engrais sur la même terre, mais avec trois plantes différentes, du froment, des pois et du trèfle ou de la luzerne. Voici ce qui arrivera. L'engrais pourvu de matières azotées produira un grand effet sur le froment. L'engrais exclusivement minéral n'en produira qu'un très médiocre. Mais, en revanche, l'engrais minéral sans azote se montrera aussi efficace sur la luzerne et les pois que l'engrais pourvu d'azote. Quant au trèfle, l'engrais avec matière azotée sera décidément nuisible, tandis que l'engrais minéral exercera une action favorable. En d'autres termes, il y a des plantes qui ont besoin de trouver des matières azotées dans le sol; d'autres qui s'en passent sans inconvénient, et d'autres enfin sur lesquelles ces matières, au lieu d'être utiles, sont décidément nuisibles.

Or, n'est-il pas évident que si l'azote n'était absorbé par les végétaux qu'à l'état de nitre et de sels ammoniacaux, les engrais azotés devraient exercer une action favorable sur tous indistinctement? N'est-il pas évident que si le sol était le siège d'une formation de nitre et de sels ammoniacaux, l'engrais minéral (composé de phosphate de chaux, de potasse et de chaux) devrait jouir d'une grande efficacité à l'égard du froment, puisque grâce à cette production spontanée de nitre et d'ammoniaque, l'engrais trouvant dans le sol ce qu'il lui manque remplirait les conditions de la plus haute fertilité? Or, il n'en est rien. Avec l'engrais minéral, le rendement du froment est toujours faible ([1]).

Disons donc, et disons bien haut, que, jusqu'à ce qu'on ait découvert la source miraculeuse où la végétation puise à plein bord l'azote qu'elle organise et dont par une voie indirecte nous vivons nous-mêmes, il faut concéder à l'azote élémentaire de l'air le privilége de concourir à la nutrition végétale. A ceux enfin qui seraient tentés d'invoquer l'inertie de l'azote

---

([1]) Voyez dans ma deuxième Conférence de Vincennes, p. 103, les expériences qui justifient ces conclusions.

comme dernier argument contre cette conclusion, nous donnerons le conseil de méditer ces sages et fermes paroles dont l'auteur ne peut être suspect de partialité à l'égard de la thèse que je défends.

« On a été involontairement tenté de croire que
» l'azote demeurait passif dans les phénomènes de la
» nutrition végétale, car on sait que l'azote pris à
» l'état gazeux ne contracte de combinaisons qu'avec
» beaucoup de peine. On n'avait pas réfléchi suffi-
» samment à la facilité avec laquelle l'azote dissous
» contracte au contraire des combinaisons éner-
» giques; on n'avait pas songé non plus aux circon-
» stances qui se présentent dans le pâturage des
» hautes montagnes, où chaque année on extrait tant
» d'azote pour l'engrais des bestiaux et la production
» du laitage, et où néanmoins l'azote ne peut guère
» parvenir que par l'air atmosphérique lui-même.

» DUMAS. »

IV.

Je viens de parcourir les phases diverses que la discussion sur l'origine de l'azote des végétaux a traversées depuis dix ans. Il me reste à la porter maintenant sur le terrain encore inexploré dont je parlais il y a un moment.

Lorsqu'on s'efforce de remonter par la pensée aux

causes premières qui déterminent la production des végétaux et règlent la succession des phénomènes qui s'y rattachent, on en trouve trois principales :

1° Les agents impondérables, lumière, chaleur, électricité, dont les effets combinés déterminent le climat propre de chaque lieu;

2° La nature chimique du sol, ou plutôt la présence dans le sol de certains composés minéraux et organiques, parmi lesquels les plus importants sont le phosphate de chaux, la potasse, la chaux et les matières azotées;

3° L'activité propre que les graines possèdent, et dont l'embryon est le premier siège.

Toutes les productions végétales sont en effet le résultat de ces trois conditions, dont la solidarité est évidente.

Pour la facilité du discours, appelons *génésique* la force que toutes les graines portent en elles à l'état latent, et qu'il est si facile de mettre en activité.

Jusqu'à présent, lorsqu'il s'est agi d'expliquer les variations que les rendements des plantes présentent dans la grande culture et auxquelles correspond une absorption inégale d'azote, je n'ai eu égard qu'à la nature des milieux, c'est-à-dire aux conditions extérieures.

Aujourd'hui je ferai la tentative contraire. Les conditions extérieures ne variant pas, je chercherai dans quelle mesure l'organisation des graines peut affecter le rendement, élever ou faire descendre la quantité d'azote absorbée.

Pour l'intelligence de ce qui va suivre, j'ai besoin de faire une courte digression.

Quelque opinion que l'on se fasse de l'origine des espèces et de leur fixité, il est un fait certain, c'est que, par le choix des graines et le mode de culture, on peut déterminer certaines déviations de forme, exagérer certaines facultés que le type primitif ne possédait pas, créer des variétés plus hâtives, d'autres plus productives, etc.

Or, pour ne parler que du rendement, si entre deux variétés il se manifeste des différences importantes, on peut concevoir qu'entre deux cultures, instituées dans les mêmes conditions, l'une amène un excédant d'azote, tandis que l'autre n'en donnera pas. Mais ce qu'il y a de plus remarquable, dans les effets que je suppose, c'est qu'ils sont susceptibles de se manifester à deux degrés différents, de variété à variété et d'individu à individu pour la même variété. Le froment, par exemple, présente une uniformité remarquable de rendement; les différences sous ce rapport sont souvent considérables entre deux variétés, mais de graines à graines elles sont rares et peu importantes, si on a le soin d'opérer dans des sols bien homogènes.

Mais revenons aux rendements anormaux par leur excès, dont il vient d'être question.

Avec les légumineuses, les féveroles et les pois, les oppositions sont plus profondes : sensibles entre deux variétés différentes, elles le sont plus encore d'individu à individu, d'où il résulte que, si l'on sème des pois et des féveroles, dans dix pots préparés de la même manière, on peut passer, par une série de transitions ménagées, d'un rendement très faible à des rendements très élevés.

Certains pots offriront une grande uniformité de végétation avec un développement moyen; dans d'autres, une ou deux plantes acquerront, par rapport aux autres, une supériorité remarquable. Il y en aura enfin où le rendement excessif, qui n'était jusque-là qu'une exception, s'étendra à tous les sujets indistinctement. Dans ce dernier cas, l'azote de la récolte peut dépasser de plusieurs grammes celui des graines qu'on a semées.

Que deviennent, en présence de ces faits, les arguments qu'on m'oppose? les poussières et l'ammoniaque de l'air, et la difficulté de se procurer de l'eau exempte d'ammoniaque, qui est l'argument de prédilection de M. Boussingault, pour lequel la préparation de l'eau distillée pure est une œuvre de haute science? Ici, en effet, tout est semblable : sol, eau, vase, exposition, etc.

Ordinairement, les plantes qui doivent les présenter se font remarquer, au moment de la floraison, par une coloration d'un vert intense qui renaît alors

que les autres plantes pâlissent. De plus, le diamètre
de la tige augmente à partir d'une certaine hauteur;
la plante est plus forte au sommet qu'à la base; les
feuilles qui la couronnent ont un limbe plus large,
supporté par des pétioles plus rigides; prises dans
leur ensemble, on dirait que ces plantes se compo-
sent en réalité de deux plantes superposées, la plante
supérieure étant plus vivace et plus forte que la
plante inférieure.

Les pois et les haricots se prêtent mieux que les
féveroles à ce genre d'expériences.

Dans cet ordre de faits, je crois devoir rapporter
une observation sur des haricots, qui remonte à 1858,
et dont je présenterai dans un moment la photographie. En 1858, j'avais institué une série de cultures
de haricots, dans vingt pots séparés; pendant les
trois premiers mois il ne se produisit rien de particulier : les plantes étaient à peu près de la même force
dans tous les pots; la floraison se fit également bien,
les gousses étaient aussi belles, mais moins nombreuses que sur les haricots cultivés en pleine terre.

Vers le 10 août, les plantes approchaient de leur
maturité, et alors, comme il arrive toujours aux légumineuses, elles étaient presque entièrement dépouil-
lées de leurs feuilles. A ce moment, il se produisit
un phénomène fort inattendu; un certain nombre
de plantes commencèrent à reverdir à l'extrémité de
la tige, de nouvelles pousses se développèrent, et

bientôt ces plantes entrèrent pour la seconde fois en pleine végétation ; elles fleurirent de nouveau et fournirent de nouvelles graines.

Ainsi, voilà des effets qui sont indépendants de la nature des milieux, et qui exercent cependant une grande influence sur l'absorption de l'azote.

Fixons maintenant par quelques chiffres les rendements auxquels on peut atteindre et les excédants d'azote qui s'y rapportent, et rappelons que chaque pot a reçu $0^{gr},797$ de nitre ou $0^{gr},110$ d'azote.

CULTURES A GRANDS RENDEMENTS, PAR M. G. VILLE ([1]).

	Semences.		Récolte.	
1857.	Poids.	Azote ([2]).	Poids.	Azote.
I. 5 féveroles........	$2^{gr},65$	$0^{gr},209$	$40^{gr},77$	$1^{gr},029$
Azote tiré de l'air........ $0^{gr},824$				
1859.				
II. 10 pois...........	$2^{gr},75$	$0^{gr},223$	$79^{gr},74$	$1^{gr},783$
Azote tiré de l'air........ $1^{gr},560$				
1859.				
III. 6 haricots.......	$3^{gr},36$	$0^{gr},243$	$61^{gr},24$	$1^{gr},397$
Azote tiré de l'air........ $1^{gr},154$				
1861.				
IV. 10 pois..........	$3^{gr},87$	$0^{gr},259$	$96^{gr},07$	$2^{gr},610$
Azote tiré de l'air........ $2^{gr},354$				

Pour donner à ces résultats leur véritable significa-

([1]) Le sol a toujours reçu $0^{gr},797$ de nitre, soit $0^{gr},110$ d'azote, que l'on ajoute à celui de la semence ; ainsi, dans l'expérience sur les féveroles de 1857, la semence contient, disons-nous, $0^{gr},209$ d'azote. Il doit être entendu que dans cette quantité l'azote du nitre a été compris pour $0^{gr},110$.

([2]) Y compris l'azote de $0^{gr},797$ de nitre, soit $0^{gr},110$. La même remarque s'applique aux trois autres cultures.

tion, il faut les rapprocher de ceux de MM. Boussingault, Lawes et Gilbert. Avec 3 grammes de graines, j'obtiens depuis 5o grammes de récoltes jusqu'à 1oo grammes, alors que ces messieurs en produisaient 6, 8 ou 1o grammes.

J'ai fait plus. J'ai voulu répéter les expériences de M. Boussingault en me conformant aux prescriptions qu'il recommande. Je n'ai obtenu, comme lui, que des rendements précaires, alors que, par les procédés que j'ai coutume d'employer, la récolte était dix fois plus forte, en dehors des rendements anormaux dont je viens de parler.

1865. — Résultats obtenus simultanément

Par la méthode de M. Boussingault.		Par la méthode de M. G. Ville.	
Récolte	6,02^{gr}	Récolte	46,44^{gr}
Semence	2,42	Semence	4,84
Excédant	3,6o	Excédant	41,6o

Pour rendre la démonstration plus complète et le contraste plus saisissant, voici la photographie de ces diverses cultures.

Cette fois c'est la nature qui parle et s'impose; j'ajoute que les exemples que je viens de rapporter ne sont pas les plus significatifs que je possède.

En face d'un excédant d'azote qui peut dépasser plusieurs grammes, on ne manquera pas de supposer l'intervention de quelques produits azotés échappés à ma vigilance. Cette supposition tournera à la confusion de ceux qui seront tentés de l'invoquer. En effet, prenons la quatrième expérience. Elle accuse un excédant d'azote de $2^{gr},354$, ce qui correspondrait à $16^{gr},81$ de nitre, à $11^{gr},80$ de sulfate d'ammoniaque. Eh bien, supposons qu'on ajoute au sol du nitre jusqu'à la dose de 1 gramme, cette addition est plutôt utile que nuisible; mais si l'on dépasse cette quantité, si l'on va jusqu'à 2 ou 3 grammes, l'effet est désastreux, toutes les plantes meurent. Avec le sulfate d'ammoniaque, l'action toxique est plus prompte encore.

En présence de tels faits, à quelle source veut-on rapporter l'excédant qui nous occupe? A des nitrates, à des sels ammoniacaux? Est-ce possible? A des émanations locales? Mais les grands rendements ne se produisent souvent que sur une partie des plantes venues dans le même pot.

J'ai dit que les variations dont il s'agit dépendaient du développement inégal que les plantes peuvent acquérir par suite de variations correspondantes dans leur organisation. Malgré dix ans de recherches assidues et de tentatives répétées, je n'ai pu découvrir un caractère d'une sûreté suffisante pour reconnaître d'avance dans les graines cette précieuse qualité; ni le volume, ni la densité, ni la couleur, ni la forme extérieure, ni la position des grains dans la gousse, etc., etc., ne fournissent à cet égard un guide assuré. J'ai remarqué cependant qu'avec les grosses graines, les grands développements étaient plus fréquents qu'avec les graines moyennes, et les petites; mais ce caractère n'est pas absolu.

Je le répète, les grosses graines produisent, à poids égaux, plus que les petites, et c'est avec les grosses graines que les rendements excessifs sont les plus fréquents.

Je n'insisterai pas davantage sur ces phénomènes remarquables, j'en réserve l'exposition complète pour le second Volume de ce Recueil (¹).

On ne peut manquer de me demander pourquoi j'obtiens des rendements élevés et pourquoi M. Boussingault n'en obtient que de précaires.

Au lieu de se conformer aux indications que j'ai publiées sur la culture des plantes dans le sable calciné, M. Boussingault a préféré s'inspirer d'idées préconçues qui lui sont propres. Ainsi, au lieu de se servir de pots fendus à la partie inférieure pour que les racines puissent s'épancher librement dans l'eau de la cuvette au centre de laquelle chaque pot est placé, il a trouvé préférable d'employer un simple creuset et de limiter le volume du sable à 100 ou 200 grammes. Je me suis donné la tâche ingrate de répéter ses expériences et j'ai reconnu qu'on n'obtient jamais, dans ces conditions, que des rendements pré-

---

(¹) Ce deuxième Volume, dont il est question à plusieurs reprises dans le cours de cet Ouvrage, n'a pas été publié.

caires sans excédant d'azote, tandis que tout à côté, avec les mêmes matériaux employés comme je l'ai prescrit, on obtient des rendements 10 et 20 fois plus forts, dans lesquels l'azote dépasse de plusieurs grammes celui de la graine et de la matière azotée ajoutée au sol. On ne saurait rien opposer de sérieux à l'unanimité de ces témoignages; reconnaissons donc la justesse, la vérité de la proposition par laquelle nous avons commencé cette étude. L'azote est assimilable sous plusieurs formes : la forme que le froment préfère ne convient ni au trèfle ni au pois; ce que le froment demande au sol à l'état de nitre ou de sels ammoniacaux, les légumineuses le prennent dans l'air à l'état d'azote élémentaire. La faculté d'assimiler l'azote de l'air, plus particulière à certaines espèces végétales, est une loi d'ordre supérieur. Elle a pour fonction de compenser la perte incessante d'azote que la respiration animale fait subir au capital disponible de matières azotées; elle rétablit l'équilibre troublé par la perte de même nature que la décomposition des matières organiques occasionne : elle est le pivot sur lequel roulent toutes les combinaisons d'assolement, en ce sens que certaines plantes ramènent aux engrais l'azote que d'autres leur ont pris.

Entre les végétaux qui, à l'exemple du froment, tirent de préférence l'azote du sol et ceux qui le puisent dans l'air et sur lesquels les nitrates et les sels ammoniacaux exercent un effet à peu près nul, sinon nuisible, comme il arrive pour le trèfle, il faut placer ceux qui occupent un rang intermédiaire; telle est notamment la betterave, dont la culture réclame une grande quantité de matière azotée, mais dont la récolte accuse en fin de compte un excédant considérable d'azote.

Plus cet excédant sera élevé, et plus la culture de cette plante sera améliorante, car plus elle sera apte à compenser les pertes d'azote en combinaison qui résultent soit des exhalaisons du sol, soit de la conversion d'une partie des récoltes en viande.

Tout le secret de la bonne culture consiste donc à faire alterner les plantes qui puisent l'azote dans l'air avec celles qui ont besoin de le trouver dans le sol à l'état de nitre et de sels ammoniacaux, et à réserver pour ces dernières tout ce qu'on peut se procurer de composés azotés.

Ces études doivent former deux Volumes. Le premier n'est, à vrai dire, que la réimpression de mes anciens Ouvrages, rangés dans l'ordre où ils ont été publiés. Je n'y ai rien ajouté; je n'ai rien retranché; ce que j'ai dit en 1855, je le tiens pour exact encore aujourd'hui et j'ajoute que ce n'est pas pour moi une médiocre satisfaction.

J'ai cru devoir reproduire, à la fin de ce premier Volume, les deux rapports dont cette partie de mes travaux a été l'objet à l'Académie des Sciences. Le premier, dû à la plume austère et savante de M. Chevreul, traite de l'absorption de l'azote par les végétaux ; le second, fait par M. Pelouze, a pour objet le dosage des nitrates en présence des matières organiques.

Si l'on se reporte à l'époque où le rapport de M. Chevreul a paru et aux circonstances sous l'empire desquelles il a été écrit, il est impossible de ne pas éprouver un sentiment de respect pour son illustre auteur.

A côté et au-dessus de la question scientifique, il y avait une question de personne, vivace et passionnée comme tout ce qui touche à l'amour-propre des hommes.

Deux personnalités étaient en présence et en dissentiment : l'une parvenue au faîte des honneurs scientifiques ; l'autre au début de la vie, aux prises avec toutes les difficultés d'une carrière naissante. L'avantage était tout en faveur de la première, mais la seconde avait pour elle la vérité.

M. Chevreul n'a pas craint de le dire, autant que le lui ont permis les réserves d'une Commission désireuse de ménager la susceptibilité et les titres antérieurs d'un Collègue. Ces actes d'indépendance sont rares dans les annales des Corps constitués ; mais ils n'en sont que plus honorables ; pour moi, je ne pense jamais sans une indicible émotion à cette époque de ma vie si confiante et pourtant si durement éprouvée.

Le second Volume de ce Recueil sera consacré tout entier à la controverse. Je suivrai pas à pas M. Boussingault dans tout ce qu'il a fait et publié; j'y introduirai dans sa forme originale tout ce qui dans le Mémoire de MM. Lawes et Gilbert réclame quelque éclaircissement ou un complément de discussion. Ce deuxième Volume sera la justification, par des faits nouveaux, des aperçus généraux que je viens présenter.

Enfin, l'Ouvrage se terminera par l'exposition des faits qu'il m'a été donné de recueillir depuis dix ans sur les différences qu'apporte dans les rendements l'activité inégale qui réside dans les graines, soit que ces inégalités ne se manifestent qu'entre les diverses variétés du même type, soit qu'elles s'étendent aux individus de la même espèce et de la même variété.

Georges VILLE.

Ce 25 octobre 1866.

PRÉFACE

DE LA PREMIÈRE ÉDITION.

Ce Volume a pour objet de mettre en évidence l'absorption de l'azote de l'air par les plantes et de faire connaître les circonstances qui modifient l'activité de cette absorption. Pour résoudre cette question, j'ai dû déterminer la quantité d'ammoniaque qui est contenue dans l'air, ce qui m'a conduit à étudier en détail les effets de ce gaz sur la végétation. A l'origine, mes travaux se bornaient à ces deux points de la nutrition des plantes; mais peu à peu ils se sont étendus aux autres parties du même sujet, et depuis longtemps je suis arrivé à voir dans la solution de ce problème un moyen d'introduire dans la pratique agricole quelques règles dont la Science aurait tracé l'application.

Arrivé au terme d'études longues et pénibles, qui ont pris plusieurs années de ma vie, j'ai une dette de reconnaissance à acquitter envers les personnes qui ont bien voulu me soutenir dans mon entreprise ou encourager mes efforts de leurs suffrages. Je nommerai, en première ligne, un homme dont les hautes qualités sont au-dessus de mes louanges, M. le comte de Morny, qui a eu pour moi une bienveillance infatigable, et dont l'intervention m'a valu plus tard les encouragements d'une auguste protection. Puisse cette publication n'être pas jugée trop indigne d'une si grande faveur !

Le vénérable archevêque de Paris, Mgr Sibour, a suivi et soutenu mes premières tentatives avec un intérêt dont je dois lui exprimer ici ma respectueuse gratitude.

Dans une étude qui exigeait de grands moyens d'expérience, je ne pouvais manquer de recourir au physicien célèbre qui a été mon premier maître ; je souhaite qu'on trouve ce travail à la hauteur des conseils que j'ai reçus de M. Regnault. Deux artistes éminents, M. Froment et M. Bréguet, m'ont prêté un concours trop utile, et surtout trop désintéressé, pour que je ne les prie pas d'en recevoir mes affectueux remercîments. Enfin, c'est un devoir pour moi de ne point omettre l'appui si honorable que j'ai constamment reçu des deux départements de l'Agriculture et de l'Instruction publique.

Georges VILLE.

Grenelle, 1853.

—o—

RECHERCHES EXPÉRIMENTALES

SUR

LA VÉGÉTATION

L'AZOTE DE L'AIR PEUT-IL SERVIR A LA NUTRITION DES PLANTES?

ÉTAT DE LA QUESTION

ET RÉSUMÉ DES TRAVAUX QUI ONT PRÉCÉDÉ MES EXPÉRIENCES.

> « Dans les expériences sur la végétation, tant de causes
> « diverses et imprévues tendent à influer sur les résultats,
> « que l'on ne doit jamais se dispenser d'exposer toutes les
> « circonstances qui les accompagnent. Les détails dans les-
> « quels j'entrerai à ce sujet serviront à déterminer le degré
> « de confiance que l'on peut donner à mes recherches, et
> « ils proviendront les contradictions qui naissent de la dif-
> « férence des procédés. »
>
> (Th. DE SAUSSURE.)

I.

En présence d'une plante, on peut se poser deux ordres de questions : se demander d'abord quel rôle remplit chacun de ses organes dans le travail de sa formation, et, s'il s'agit d'une plante agricole ou potagère, chercher quels changements la culture y a introduits et quels profits elle en retire.

Enfin, si l'on ne voit dans ce végétal qu'un type détaché, on peut se demander quelle place il occupe dans nos classifications, à quelle famille et à quel genre il appartient. Jusque-là on reste dans le domaine de la Physiologie ou dans celui de la Botanique comparée.

Mais ces questions ne sont pas les seules que la vue d'une plante éveille en nous, et son histoire est loin d'être épuisée quand on y a répondu.

En effet, à partir du moment où le végétal déploie ses premières feuilles à la surface de la terre et jusqu'à la maturation du fruit, le poids de cette plante augmente chaque jour; elle devient le siège d'une accumulation de matière qu'elle accroît dans un ordre invariable et déterminé. Laissant donc de côté tout ce qui se rapporte aux formes extérieures et à la structure des organes, on se demande d'où vient cette matière accumulée par le végétal, si elle est formée d'un seul ou de plusieurs éléments, et par le jeu de quelles affinités ces éléments se combinent pour la produire. C'est là un champ d'études qui n'est pas moins vaste ni moins fécond que le premier et qui appelle bien d'autres questions.

Jusqu'à présent nous n'avons considéré, en effet, la plante que dans sa période de formation; il nous reste à la suivre au delà de sa végétation active, lorsque sa vie s'éteint avec les premiers froids de l'hiver. Abandonne-t-on une plante annuelle au libre contact de l'air, à toutes les variations de température et d'humidité, sa substance éprouve une altération aussi profonde qu'irrémédiable; sa couleur s'altère, ses tissus se ramollissent, elle ne forme bientôt qu'une masse de matière noirâtre dont le poids est notablement inférieur à son poids primitif. Ainsi, sans l'intervention apparente d'aucune force étrangère, les plantes mortes qui restent soumises à l'action libre de l'air se décomposent et une partie de leur substance se dissipe; mais, chose étrange! sur le sol même qu'elles occupaient, la végétation sera, l'année suivante, plus active qu'auparavant. Cependant, qu'est devenue, dans le travail de destruction antérieure, la partie des végétaux qui s'est dissipée? Comment se fait-il que les dépouilles des plantes augmentent la fertilité du sol? Quels sont les autres moyens d'activer la végétation, et sur quels principes l'emploi de ces moyens est-il fondé?

Voilà toute une série de nouvelles questions, solidaires des premières, que la Physiologie revendique comme étant son domaine, mais que la Chimie, aidée de la Physique, peut seule résoudre.

II.

Entre tant de sujets également importants, un seul nous occupera. Tout le monde sait que les végétaux ont une composition très simple. En effet, à part quelques substances salines dont la nature est variable, ils sont tout le produit de la combinaison du carbone avec l'azote et les éléments de l'eau. Or, nous commencerons par nous demander d'où vient l'azote des plantes, si l'air contribue à les en pourvoir, et sous quelle forme l'azote qui vient de l'atmosphère profite à la végétation.

III.

C'est là un sujet qui a soulevé bien des controverses, et qui, depuis un demi-siècle, a eu le privilège d'occuper les chimistes les plus éminents. En effet, dès qu'on eut quelques notions précises sur la composition de l'air, Priestley et après lui Ingenhousz se posèrent cette même question : L'azote de l'air peut-il servir à la nutrition des plantes? Ils la résolurent affirmativement (¹). Mais, vingt ans plus tard,

---

(¹) Th. de Saussure, *Recherches chimiques sur la végétation*, p. 205, dit :

« Priestley a cru reconnaître que plusieurs plantes ont la propriété d'absorber » le gaz azote dans lequel elles végètent. Il a annoncé qu'une plante d'*Epilobium* » *hirsutum*, placée sous un récipient de 10 pouces de haut et de 1 pouce de large, » avait absorbé, au bout d'un mois, les sept huitièmes de l'air atmosphérique » qu'elle contenait.

» Ingenhousz n'a pas borné cette faculté à un petit nombre de végétaux : il a » observé que toutes les plantes qui végétaient dans le gaz azote lui faisaient » subir une diminution sensible dans un petit nombre d'heures. J'ai suivi avec » beaucoup de soin la végétation de l'*Epilobium hirsutum*, soit dans l'air commun, » soit dans l'azote pur, en employant les procédés indiqués par Priestley pour » cette expérience, et en la prolongeant beaucoup plus; mais je n'ai su apercevoir » aucune diminution dans le gaz azote après la soustraction du gaz oxygène qui » s'y était formé. Il en a été de même pour tous les autres végétaux que j'ai » soumis aux mêmes épreuves. Les plantes ne condensent donc pas le gaz azote : » les expériences de Senebier et Woodhouse confirment cette assertion.

» Si l'azote est un être simple, s'il n'est pas un élément de l'eau, on doit être » forcé de reconnaître que les plantes ne se l'assimilent que dans les extraits » végétaux et animaux, et dans les vapeurs ammoniacales, ou d'autres composés

Saussure réfuta l'opinion de ses deux illustres devanciers. Ayant observé que le sulfate d'alumine se change à l'air libre en sulfate double d'alumine et d'ammoniaque, ce qui mettait hors de doute la présence de l'ammoniaque dans l'atmosphère, Saussure en fit dériver l'azote que les plantes empruntent à l'air. Ainsi, à partir des travaux de Saussure, on admit que les plantes tirent de l'air une partie de leur azote, mais à l'état d'ammoniaque. Quant à l'azote lui-même, il reprit, aux yeux des savants, le rôle négatif d'un élément qui tempère les affinités trop actives de l'oxygène.

IV.

A une époque plus récente, M. Boussingault s'est

» solubles dans l'eau qu'elles peuvent absorber dans le sol et dans l'atmosphère....
» On ne peut douter de la présence des vapeurs ammoniacales dans l'atmosphère,
» lorsqu'on voit que le sulfate d'alumine peut se changer, à l'air libre, en sulfate
» ammoniacal d'alumine. »

1.

Une plante dont les racines plongent dans l'eau distillée, et qu'on recouvre d'une éprouvette pleine d'air, reste stationnaire; son poids n'augmente pas sensiblement, ou du moins augmente très peu. Saussure en a fait plusieurs fois l'expérience, et le résultat a toujours été le même (TH. DE SAUSSURE, *Recherches chimiques sur la végétation*, p. 32, 42, 91, 199). En effet, pour qu'une plante prospère dans l'intérieur d'une cloche, il faut renouveler l'air au moins tous les jours; il faut, de plus, que l'air contienne un excès d'acide carbonique, afin que la plante ne soit jamais privée de ce gaz; il faut enfin que la plante trouve dans l'eau où plongent ses racines, ou dans le sable qui lui sert de sol, les matières minérales dont la cendre de cette espèce de plante se compose ordinairement. Si l'on néglige une seule de ces conditions, les plantes ne meurent pas, mais leur développement s'arrête. S'il se forme par hasard quelques feuilles nouvelles, on

occupé à son tour de la même question. Par des expériences directes, très simples, que chacun peut répéter à son gré, il s'est assuré de nouveau que les plantes tirent de l'air une partie de leur azote; mais il n'est pas remonté à l'origine de cette absorption. Dans la pensée de ce savant, elle peut avoir lieu de trois façons différentes : elle peut provenir des poussières qui voltigent dans l'air, des vapeurs ammoniacales dont Saussure a démontré le premier la présence, ou enfin de l'azote lui-même. Entre ces trois explications, M. Boussingault ne voit pas de motif

---

remarque que les feuilles plus anciennes se flétrissent, et il est manifeste que leur substance a été résorbée au profit des dernières venues.

II.

Dans une atmosphère confinée de peu d'étendue, dans l'intérieur d'une grande éprouvette, par exemple, les plantes agissent sur l'air de deux manières. La petite quantité d'acide carbonique que l'air contient est d'abord décomposée par la plante; puis une nouvelle quantité de ce même acide se forme aux dépens de sa propre substance et de l'oxygène ambiant, et, lorsque cette formation a atteint une certaine limite, elle s'arrête. A partir de ce moment, l'activité de la plante se traduit par les deux phénomènes suivants : pendant le jour, elle décompose l'acide carbonique, et, pendant la nuit, elle en produit de nouveau une quantité équivalente. Entre ces deux effets contraires, et qui se balancent, le poids de la plante reste à peu près stationnaire. La plante se soutient, mais elle ne se développe point. (Th. de Saussure, *Recherches chimiques sur la végétation*, p. 62, 76, 71.)

III.

Lorsqu'une plante est placée dans les mêmes conditions, et que les racines plongent dans de l'eau librement exposée au contact de l'air, les mêmes phénomènes se produisent. Il y a, comme précédemment, formation et décomposition d'acide carbonique; mais, en même temps, une partie de l'oxygène de l'air, qui est dissous dans l'eau passe dans la cloche : il est absorbé par les racines et exhalé par les feuilles. Les plantes peuvent exhaler ainsi des quantités considérables d'oxygène, parce que l'atmosphère rend immédiatement à l'eau celui qu'elle a perdu. (Th. de Saussure, *Recherches chimiques sur la végétation*, p. 114.)

IV.

Lorsque Saussure réfuta l'opinion de Priestley et affirma, contrairement à ce

suffisant de se prononcer; elles lui paraissent toutes trois également probables. Voici, en effet, en quels termes lui-même résume à la fois ses travaux et son opinion :

« Les recherches que j'ai entreprises semblent
» donc établir que, dans plusieurs conditions, cer-
» taines plantes sont aptes à puiser de l'azote dans
» l'air; mais dans quelles circonstances, à quel état
» l'azote se fixe-t-il dans les végétaux? C'est ce que
» nous ignorons encore.

» En effet, l'azote peut entrer directement dans

---

savant, que les plantes qu'on met sous une éprouvette pleine d'air n'absorbent pas sensiblement d'azote, il avait pour lui la vérité; aussi son opinion a-t-elle prévalu. Mais lorsque, de la même expérience, il veut tirer la conclusion que l'azote ne peut, dans aucun cas, servir à la nutrition des plantes, il va trop loin et l'expérience sur laquelle il se fonde n'autorise pas une semblable déduction. En effet, si les plantes qu'on place dans une atmosphère confinée ne prospèrent pas, si leur poids reste stationnaire, comment une absorption d'azote aurait-elle lieu, lorsque nous savons que, de tous les éléments qui entrent dans la composition des plantes, l'azote est celui dont elles contiennent le moins?

Afin d'éviter une partie de ces inconvénients, Priestley avait eu l'idée de submerger un pot rempli de bonne terre après y avoir repiqué la plante sur laquelle il voulait opérer. Mais cette disposition avait l'inconvénient que nous avons signalé dans le § III : une partie de l'oxygène de l'air dissous dans l'eau de la cuve était aspirée par les racines et exhalée par les feuilles dans l'intérieur de l'éprouvette, et venait encore compliquer l'expérience.

Enfin, sous le rapport de la disposition des appareils et des procédés d'analyse, nous aurions bien encore quelques remarques à présenter; mais il est superflu d'entamer cette discussion. Les détails qui précèdent suffisent pour juger avec équité l'importance des travaux de Priestley et de Saussure.

V.

Pour qu'une plante qui a été semée dans le sable calciné prospère et se développe dans l'intérieur d'une cloche, j'ai dit qu'il fallait renouveler l'air. A l'appui de cette assertion je puis citer l'expérience suivante, qui ne laisse aucun doute à cet égard.

Le 15 mars 1851, on a semé dans cinq pots séparés, remplis de sable calciné, du blé, de l'orge, de l'avoine du seigle et du maïs. On a enfermé les cinq pots

» leur organisme, si leurs parties vertes sont aptes à
» le fixer. Cet élément peut encore être porté dans
» les végétaux par l'eau toujours aérée qui est aspirée
» par leurs racines. Enfin, il est possible qu'il existe
» dans l'air une infiniment petite quantité de vapeurs
» ammoniacales (¹). »

V.

Tous les savants n'ont pas éprouvé la même indécision que M. Boussingault. M. Liebig, dont les publications ont donné une si vive impulsion à toutes les

---

dans la même cloche; celle-ci avait 2 mètres de haut sur 80 centimètres de large. Après l'avoir fermée, on y a dégagé 20 litres d'acide carbonique, et on l'a muni de deux flacons qui faisaient l'office de soupapes, pour que la pression se mît en équilibre avec l'air extérieur. Tous les pots plongeaient dans une nappe d'eau distillée.

Les grains ont germé. Les plantes ont d'abord prospéré; lorsque le chaume a atteint de 6 à 8 centimètres de hauteur, il a jauni et s'est desséché; mais du collet de la racine il est parti un nouveau chaume qui s'est élevé 10 ou 12 centimètres, et qui a été remplacé par un troisième. Chez quelques plantes, il s'est formé un quatrième chaume; à propos de cette végétation j'ai inscrit dans mon journal d'observations les lignes suivantes, que j'en extrais textuellement :

« Il est manifeste qu'une atmosphère confinée est défavorable à la végétation » lorsqu'on cultive les plantes dans le sable. Chaque nouveau bourgeon ayant » prospéré plus que celui qui l'avait précédé, il est probable qu'une partie de la » substance de celui-ci a servi à sa formation, et qu'il y a eu résorption de » l'ancien bourgeon au profit du nouveau. Le premier chaume a donc fonctionné » par rapport au second, et celui-ci par rapport au troisième, comme l'amande » d'une graine par rapport au germe de la plante que cette graine contient. »

Dans ces conditions, aucune des céréales n'a fructifié. En 1852, le blé semé et placé dans la même cloche, l'air de la cloche étant renouvelé, a fleuri et porté graine. (*Voir* p. 67 et 68.)

(¹) Les expériences de M. Boussingault ont fait le sujet de deux Mémoires insérés dans les Tomes LXVII et LXIX de la deuxième série des *Annales de Chimie et de Physique*.

Dans son premier Mémoire, M. Boussingault décrit de la manière suivante les dispositions qu'il a adoptées dans le cours de son travail, page 27, tome LXVII :

« J'ai employé pour sol du sable siliceux; le sable a été d'abord passé au

études qui nous occupent, et dont l'opinion a toujours une si grande autorité, semble, pour sa part, n'avoir aucun doute. Voici, en effet, comment la solution se présente à son esprit :

« Puisque l'on trouve de l'azote dans tous les
» lichens qui poussent sur les rocs de basalte; que
» les champs produisent plus d'azote qu'on ne leur
» en amène comme aliment; que l'on rencontre de
» l'azote dans tous les terrains, dans les minéraux
» mêmes qui ne se trouvent jamais en contact avec
» les matières organiques; que, dans l'atmosphère,
» dans les eaux de pluie et de fontaine, dans tous les

» tamis, puis chauffé et entretenu à la chaleur rouge, afin de lui enlever toute
» trace de matière organique. On l'humectait avec de l'eau distillée, pour le
» disposer à recevoir les semences; au bout de quelques jours, j'enlevais les
» grains qui n'avaient pas germé. Les vases de porcelaine qui contenaient le
» sable ensemencé ont été déposés dans un pavillon situé à l'extrémité d'un
» grand jardin. Durant tout le temps de la culture, les fenêtres sont restées
» constamment fermées; mais leur hauteur et leur position permettaient au
» soleil de pénétrer dans la pièce pendant tout le jour.... »

En opérant comme M. Boussingault vient de le décrire, ce savant a trouvé que « certaines plantes ÉTAIENT APTES A PUISER L'AZOTE DANS L'AIR ». Pour se convaincre que cet azote ne provenait pas des poussières que l'air tient en suspension, M. Boussingault a fait une nouvelle expérience, dans laquelle la végétation avait lieu dans l'intérieur d'une cloche. Au moyen d'un tonneau, on faisait passer chaque jour de 500 à 600 litres d'air dans l'intérieur de celle-ci (t. LXVII, p. 35).

Dans ces conditions

	Azote.
0^{gr},880 de graine sèche, contenant...............	0^{gr},061

ont produit

0^{gr},879 de récolte sèche, contenant.............	0^{gr},069
Gain en azote pendant la culture......	+0^{gr},008

C'est à la suite de tous ces résultats que M. Boussingault a formulé dans son second Mémoire (t. LXIX de la deuxième série, p. 366), les conclusions que nous avons rapportées.

» terrains, on retrouve cet azote sous la forme d'am-
» moniaque comme produit des générations anté-
» rieures ; que la production des principes azotés
» enfin augmente dans les plantes, avec la quantité
» d'ammoniaque qu'on leur offre dans le fumier
» animal, on peut en conclure en toute sûreté que
» *c'est l'ammoniaque de l'atmosphère qui fournit*
» *l'azote aux plantes* (¹). »

VI.

Enfin, il paraît que les corps organiques privés
d'azote produisent de l'ammoniaque lorsqu'ils se
décomposent. Dans l'opinion de M. Mulder, cette
production est le résultat de la combinaison de l'azote
de l'air avec l'hydrogène que ces corps dégagent. Si
cette opinion est fondée, il en résulte qu'une terre
pourrait fournir aux plantes plus d'azote qu'elle
même n'en contient. L'azote excédant viendrait de
l'atmosphère ; il serait absorbé par les plantes à l'état
d'ammoniaque. Mais l'ammoniaque se formerait dans
le sol même ; l'azote de l'air et l'hydrogène des corps
organiques seraient l'origine de cette formation.
M. Mulder explique ainsi l'absorption de l'azote de
l'air par les plantes.

(¹) J. LIEBIG, *Chimie appliquée à l'Agriculture*, p. 81.

VII.

Si nous dégageons la question de toute idée pré-
conçue et de toute explication antérieure, nous avons
un moyen bien simple de décider entre toutes ces
opinions, et de savoir si l'azote que les plantes tirent
de l'air est absorbé à l'état d'ammoniaque, ou à l'état
d'azote. Nous admettrons, pour un moment, que
c'est à l'état d'ammoniaque, nous réservant d'en
appeler aux expériences suivantes. Premièrement,
nous déterminerons la quantité d'ammoniaque qu'un
volume d'air contient. Secondement, nous ferons
passer un volume d'air égal dans l'intérieur d'une
cloche, après y avoir enfermé des plantes semées dans
du sable calciné. Si l'ammoniaque de l'air est l'origine
de l'azote absorbé par les végétaux, dans aucun cas
les plantes expérimentées ne pourront contenir plus
d'azote que l'air n'en contenait lui-même à l'état
d'ammoniaque. Si le contraire arrive, si les plantes
accusent à n'en pouvoir douter un excédant d'azote,
il faudra de toute nécessité en chercher ailleurs l'origine. Cette source réside-t-elle dans les poussières
dont nous parlions ou dans l'azote lui-même? L'expérience seule devra en décider. Avant de laisser pénétrer l'air dans l'intérieur de la cloche, on le fera passer
dans des tubes remplis de fragments de pierre ponce
imbibée d'acide sulfurique, afin d'exclure à la fois les

poussières et l'ammoniaque; et si, dans ces nouvelles conditions, les plantes accusent encore un excédant d'azote, on sera bien forcé de le rapporter à l'azote lui-même, puisque toutes les autres sources auront été exclues. Or, c'est précisément ce qui a lieu, et c'est ce qui démontre que l'azote de l'air sert directement à la nutrition des plantes.

Voilà par quelle suite de raisonnements et d'expériences j'ai été conduit à constater cette nouvelle propriété de l'azote, et pourquoi j'ai dû m'occuper en premier lieu du dosage de l'ammoniaque de l'air.

Après m'être assuré, par un grand nombre d'expériences, que ni l'ammoniaque ni les poussières de l'air ne rendent compte de l'azote absorbé par les plantes, il m'a paru curieux de chercher ce qu'il adviendrait si l'on ajoutait à l'air un excès d'ammoniaque; et voilà comment, par une extension que l'enchaînement des idées a presque amenée, j'ai été conduit à m'occuper des effets de ce gaz sur la végétation.

Le dosage de l'ammoniaque de l'air, la démonstration que l'azote peut servir à la nutrition des plantes, et l'étude de l'action exercée par l'ammoniaque sur la végétation, forment le cadre des recherches dont ce Volume contient les résultats.

PREMIÈRE PARTIE

RECHERCHE ET DOSAGE DE L'AMMONIAQUE DE L'AIR.

I.

Depuis que Saussure a appelé l'attention des savants sur la présence de l'ammoniaque de l'air, on a essayé à plusieurs reprises de déterminer combien l'air contient de cet alcali. La première de ces tentatives est due à M. Gräger, pharmacien à Mulhouse; la seconde à M. Kemp, chimiste irlandais, et la troisième à M. Frésénius, de Wiesbaden.

	AzH^3.
	kg
D'après M. Gräger, 1 million de kilogrammes d'air contient......	0,333
D'après M. Kemp...	3,880
D'après M. Frésénius, l'air diurne..............................	0,098
» l'air nocturne	0,169

Le désaccord que présentent ces trois résultats nous fait un devoir d'examiner les méthodes qui ont servi à les obtenir, afin de remonter à l'origine de ce désaccord, et de savoir s'il est dû en totalité ou en partie à une erreur d'expérience, ou s'il exprime au contraire la limite des variations que le poids de l'ammoniaque éprouve, sous l'influence de causes encore inaperçues.

II.

M. Gräger a opéré sur 1112 litres d'air. L'air passait dans de l'acide chlorhydrique étendu. La liqueur était évaporée au bain-marie, et l'ammoniaque dosée à l'état de bichlorure de platine et d'ammoniaque. Le précipité était recueilli et pesé sur un filtre de papier desséché à 100°. Il s'est élevé, dans l'expérience de M. Gräger, à 6 milligrammes.

III.

Il y a, dans l'expérience de M. Gräger, trois causes d'erreur contre lesquelles ce savant ne s'est pas mis en garde :

1° L'air tient en suspension des quantités notables de poussières qui réagissent sur le bichlorure de platine. Si elles sont de nature minérale, elles forment des combinaisons insolubles dont le poids s'ajoute à celui du bichlorure de platine ammoniacal, et exagère le résultat du dosage. Si elles sont de nature organique, elles réduisent une petite quantité de bichlorure de platine et faussent encore le résultat dans le même sens.

2° Lorsqu'on évapore une dissolution acide de bichlorure de platine, il se forme toujours un précipité. Si la liqueur est composée de :

Acide chlorhydrique	20,00
Eau distillée	100,00
Bichlorure de platine	0,50

ce précipité s'élève à $0^{gr},003$. Il est dû à l'ammoniaque que les réactifs peuvent contenir, à la réduction partielle d'une petite quantité de bichlorure de platine, et à l'action corrosive de l'acide chlorhydrique qui attaque le verre des appareils et dissout une notable quantité d'alcalis.

3° Enfin, lorsqu'on pèse un précipité de bichlorure de platine et d'ammoniaque sur un filtre de papier, on ne peut pas répondre d'une augmentation de poids de 1 à 2 milligrammes, à moins de prendre des précautions toutes particulières pour le lavage et la dessiccation du filtre, et dont l'auteur ne parle pas. Lorsqu'on a filtré une dissolution de bichlorure de platine dans un mélange d'alcool et d'éther, si l'on ne lave pas chaque pli du filtre séparément, il arrive presque toujours qu'une petite quantité de ce sel est retenue par la capillarité du papier. Lorsqu'on dessèche le filtre, il se forme des lignes jaunes disposées comme les rayons d'un cercle, et qui correspondent à un certain nombre de plis du filtre. La quantité de bichlorure de platine ainsi retenue est très faible, mais enfin elle est réelle. Pour l'éviter, il faut prolonger les lavages bien au delà de ce qu'on fait d'habitude.

IV.

M. Kemp a suivi un autre procédé, il a dosé l'ammoniaque à l'état d'oxychloramidure de mercure.

Lorsqu'on verse du carbonate d'ammoniaque dans une dissolution de bichlorure de mercure, il se forme un précipité blanc. Sous ce rapport, le bichlorure de mercure est un réactif d'une grande sensibilité. Mais le précipité étant en partie soluble dans l'eau et très soluble dans une dissolution de bichlorure de mercure, il en résulte que sa formation dépend de la quantité de carbonate d'ammoniaque qu'on emploie, de la masse et de l'état de concentration de la dissolution de bichlorure de mercure sur laquelle on opère. Pour échapper à toutes ces causes d'incertitude, M. Kemp fait bouillir la dissolution de bichlorure de mercure afin de changer la nature du précipité, de le faire passer de l'état de chloramidure de mercure ($HgAzH^2$, $HgCl$) à celui d'oxychloramidure ($HgAzH^2$, $HgCl + 2HgO$) sous lequel il est plus stable. Malgré ce correctif, le bichlorure de mercure ne peut servir à doser des quantités d'ammoniaque inférieures ou à peine égales à 1 milligramme, vu l'impossibilité de reconnaître si la transformation du chloramidure en oxychloramidure a été complète. Enfin M. Kemp, comme M. Gräger, ne s'est pas mis à l'abri des poussières que l'air tient en suspension.

V.

Mieux avisé que ses devanciers, M. Frésénius s'est mis en garde contre les poussières atmosphériques, en faisant passer l'air dans un tube en U rempli de coton cardé; contre le précipité que la seule évaporation des réactifs fait naître, en essayant ces réactifs avant de s'en servir; enfin il a brûlé les filtres et dosé l'ammoniaque par le platine qui reste après la combustion.

A tous ces soins on reconnaît un analyste habitué aux recherches de précision, et la seule critique qu'on puisse adresser à M. Frésénius, c'est d'avoir opéré sur un volume d'air beaucoup trop faible. Les quantités de platine qu'il a obtenues n'ont jamais dépassé $0^{gr},0004$, et sont descendues dans une analyse jusqu'à $0^{gr},0002$, ce qui équivaut à $0^{gr},00007$ et à $0^{gr},000035$ d'ammoniaque, quantités évidemment trop faibles pour fournir des résultats dignes de confiance.

Au reste, voici les résultats de trois analyses faites

par la méthode de ce savant, en opérant sur des poids connus de sel ammoniac :

	gr
1° Papier à filtre, desséché à 100°....................	0,343
Cendres laissées après la combustion.............	0,002

Les réactifs composés de :

2° Acide chlorhydrique.............................	5,00
Dissolution du bichlorure de platine au 20°.......	5,00
Eau distillée.....................................	100,00

laissent un précipité de platine de (¹)...................... 0,00092

PREMIÈRE ANALYSE.

	gr
Chlorhydrate d'ammoniaque......................	0,0030
Filtre desséché à 100°...........................	0,3045
Cendres et platine..............................	0,0076

D'où il faut déduire :

	gr
Cendres..	0,00177
Platine laissé par les réactifs..........	0,00092
	0,00269
Reste..	0,00491

Résultats de l'analyse.

	AzH³.
0ᵍʳ,00300 de chlorhydrate d'ammoniaque contiennent.	0,000961
0ᵍʳ,00491 de platine correspondant à................	0,000853
Différence en moins................	0,000108

DEUXIÈME ANALYSE.

	gr
Chlorhydrate d'ammoniaque......................	0,0015
Filtre desséché à 100°...........................	0,3685
Cendres et platine..............................	0,0060

D'où il faut déduire :

	gr
Cendres..	0,00214
Platine laissé par les réactifs..........	0,00092
	0,00306
Reste..	0,00294

(¹) Voici les éléments de cette détermination Filtre desséché à 100°, 0ᵍʳ,5575; cendres et platine, 0ᵍʳ,00208.

Résultats de l'analyse.

	AzH³.
0ᵍʳ,0015 de chlorhydrate d'ammoniaque contiennent ...	0,00048
0ᵍʳ,00294 de platine correspondant à	0,00051
Différence en plus....................	0,00003

TROISIÈME ANALYSE.

Chlorhydrate d'ammoniaque......................	0,026
Filtre desséché à 120°...........................	0,2525
Cendres et platine..............................	0,0484

D'où il faut déduire :

Cendres..............................	0,00147
Platine laissé par les réactifs...........	0,00092
	0,00239
Reste..............................	0,04601

Résultats de l'analyse.

	AzH³.
0ᵍʳ,026 de chlorhydrate d'ammoniaque contiennent....	0,00832
0ᵍʳ,04601 de platine correspondant à................	0,00800
Différence en moins.................	0,00032

Ainsi, en opérant sur des précipités 8 à 10 fois plus forts que ceux de M. Frésénius, on n'a jamais pu doser l'ammoniaque à plus de 0ᵍʳ,00007, et encore je ne tiens pas compte de la troisième analyse, qui présente un écart plus grand. Or, M. Frésénius n'ayant obtenu dans ses recherches que 0ᵍʳ,000041 et 0ᵍʳ,000079 d'ammoniaque, c'est-à-dire les quantités inférieures ou à peine égales aux erreurs de son procédé, on ne peut tirer aucune conclusion de ses résultats. Si l'on rapproche la troisième analyse, qui m'a servi d'épreuve, des deux précédentes, on fait naître des objections bien plus graves encore contre le travail de M. Frésénius. En effet, si l'on considère la perte absolue à laquelle chaque analyse a donné lieu, on trouve que la seconde analyse est la meilleure, et la troisième la plus mauvaise; la première tient le milieu. Mais, si l'on rapporte les pertes aux quantités d'ammoniaque correspondantes et prises par unité, on obtient des résultats bien différents : alors on trouve que la troisième analyse est la meilleure, et la première la plus mauvaise. Mais la troisième analyse, qui est la plus sûre, parce qu'elle a porté sur le poids le plus fort, ayant donné lieu à une perte absolue de $0^{gr},0032$, les résultats les plus satisfaisants des deux premières, dans lesquelles les pertes ne s'élèvent qu'à $0^{gr},00011$ et $0^{gr},00003$, perdent singulièrement de leur certitude.

Le Tableau suivant permet de comparer les trois analyses sous le double rapport des pertes absolues et des pertes rapportées à 100 d'ammoniaque.

On a pris 1 milligramme pour unité.

	Az H³.	Perte absolue.	Perte pour 100 d'ammoniaque.
	mgr	mgr	
Première analyse............	0,961	0,108	11,2
Deuxième analyse............	0,480	0,030	6,2
Troisième analyse............	8,320	0,320	3,8

Enfin, dans l'évaluation du volume d'air sur lequel il a opéré, M. Frésénius n'a pas tenu compte de la pression barométrique et de la température diurne.

Il a pris une moyenne générale pour toute la durée
de l'expérience. Il a négligé, de plus, la résistance
que le laveur oppose au passage de l'air, et la diminution de volume qui en est la conséquence.

VI.

A une époque plus récente, M. Is. Pierre a fait
deux fois le dosage de l'ammoniaque de l'air par le
procédé de Frésénius. Seulement, au lieu de coton
cardé pour arrêter les poussières, il s'est servi de deux
toiles métalliques superposées. La prise d'air avait
lieu au moyen d'un tube de plomb placé à 3 mètres
au-dessus du sol et à 4 mètres d'une maison habitée.
Dans une première analyse, M. Is. Pierre a opéré
sur 2720 litres d'air, et, d'après lui, il y aurait, dans
1 million de kilogrammes d'air, $3^{kg},500$ d'ammoniaque. Dans une nouvelle expérience faite dans les
mêmes conditions, mais en prenant l'air à 8 mètres
au-dessus du sol, M. Is. Pierre n'a plus trouvé que
500 grammes d'ammoniaque pour 1 million de kilogrammes d'air, c'est-à-dire 7 fois moins. Aux observations que m'a suggérées l'étude du travail de M. Frésénius, et qui s'appliquent à celui de M. Is. Pierre,
j'ajouterai que l'emploi d'un tube de métal pour
appeler l'air me paraît regrettable, puisque l'oxyda-

A,   Aspirateur n° 3 = 1985^{lit},745 de capacité à 12°. P = 0^m,760.

R,   Robinet d'aspiration pour la rentrée de l'air.

T,   Thermomètre marquant les dixièmes de degré.

R',   Robinet pour faire échapper l'air lorsqu'on remplit l'aspirateur.

R″,   Robinet pour empêcher la communication avec le manomètre pendant
     qu'on remplit l'aspirateur.

R‴,   Robinet de remplissage.

T',   Tube de niveau pour indiquer la hauteur de l'eau dans l'aspirateur.

R^{iv} et R^{v}, Robinets pour intercepter la communication de l'intérieur de l'aspi-
     rateur avec le tube de niveau, en cas d'accident.

M,   Manomètre pour mesurer la force élastique de l'air intérieur.

L,   Lunette pour lire les divisions gravées sur la colonne du manomètre.

a,   Éprouvette pour empêcher l'eau de la pluie de tomber dans le tube C.

b,   Bouchon cannelé pour fixer l'éprouvette.

c,   Tube d'appel.

d,   Tube rempli de fils de verre, pour arrêter les poussières et les insectes.

e,   Pince pour fixer les tubes de caoutchouc.

f,   Premier laveur contenant de l'acide chlorhydrique faible.

g,   Ballon contenant 30 grammes d'acide chlorhydrique concentré.

f',   Deuxième laveur contenant une dissolution de bichlorure de platine.

g',   Flacons contenant une dissolution alcaline pour arrêter les vapeurs acides.

tion d'un métal peut donner lieu à une production d'ammoniaque; que le voisinage d'une maison habitée doit produire des émanations accidentelles capables d'altérer le résultat général de l'analyse; enfin, si j'en juge par les poussières que l'air dépose sur une étendue de plusieurs centimètres, lorsqu'on le fait passer sur du coton cardé ou des fils de verre, il me semble difficile que deux toiles métalliques suffisent pour les arrêter complètement.

VII.

Un des chimistes les plus célèbres de l'Angleterre vient de faire une expérience qui marquera dans l'histoire de l'ammoniaque de l'air. Voici en quoi elle consiste : On prend une cloche d'une grande capacité, on la jauge avec soin et on l'applique sur une glace dépolie; puis, au moyen d'une bonne machine pneumatique, on renouvelle plusieurs fois l'air qu'elle contient. Avant d'entrer dans la cloche, l'air passe dans un tube rempli de fragments de pierre ponce imbibée d'acide sulfurique : l'air est ainsi dépouillé de toute son ammoniaque. Alors on introduit dans l'intérieur de la cloche un papier rouge de tournesol. Ce papier conserve sa couleur rouge. On le retire, et l'on dégage dans l'intérieur de la cloche la quantité d'ammoniaque que l'air devait contenir, d'après M. Frésénius, avant de passer sur la ponce imbibée d'acide sulfurique. Le papier de tournesol, introduit de nouveau dans la cloche, passe peu à peu au bleu. A l'air libre il garde sa couleur rouge. Il en résulte donc que l'air de la cloche contient plus d'ammoniaque que l'air extérieur, et que les résultats obtenus par M. Frésénius sont trop élevés. Dans une expérience, ce savant a trouvé 98 grammes d'ammoniaque (AzH^3) pour 1 million de kilogrammes d'air, et dans une autre expérience 169 grammes, ce qui fait en moyenne 133 grammes d'ammoniaque pour la même quantité d'air.

M. Graham, auquel la Science est redevable de cette belle expérience, a bien voulu me la communiquer et me permettre de lui donner place ici ([1]).

VIII.

Lorsqu'il s'agit de déterminer un élément excessivement délicat, et peut-être variable, de la constitution de l'atmosphère, on doit s'efforcer d'opérer sur un volume d'air considérable, et au moyen d'appareils d'une extrême précision; car l'utilité d'une étude pareille doit résulter de la sûreté du procédé

([1]) L'expérience de M. Graham est postérieure à mes recherches.

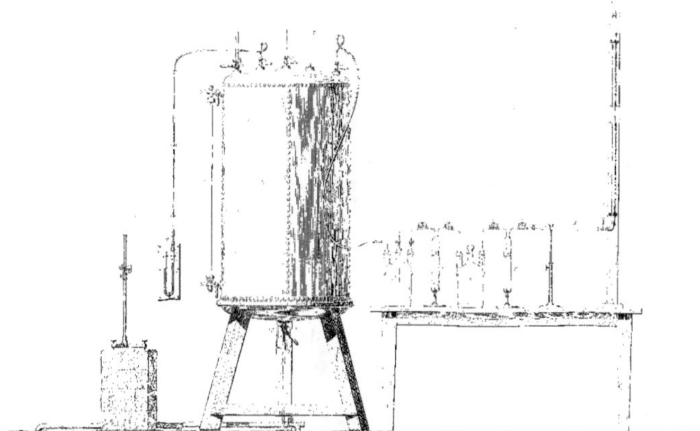

d'analyse qu'on y applique, beaucoup plus que des indications qu'on peut en obtenir dans une application locale et particulière. M. Gräger a opéré sur 1112 litres d'air, M. Kemp sur $376^{lit},27$, M. Frésénius sur $344^{lit},50$, et M. Is. Pierre tour à tour sur 2720 et sur 4000 litres; ces quantités sont trop faibles pour fournir des résultats qu'on puisse employer dans la discussion des questions agricoles. Pour mon compte, j'ai exécuté seize fois le dosage de l'ammoniaque de l'air, et j'ai opéré successivement sur 20, 30 et 55000 litres d'air. Avant de rapporter les résultats que j'ai obtenus, je décrirai la méthode que j'ai suivie.

IX.

L'appareil était placé au milieu d'un grand jardin, dans un pavillon isolé, à l'abri de toute émanation accidentelle. On puisait l'air à 8 ou 10 mètres au-dessus du sol, au moyen d'une série de tubes de verre reliés entre eux par des tubes de caoutchouc sur lesquels on roulait une lame de plomb, qu'on attachait aux deux bouts. L'extrémité extérieure du tube d'appel était surmontée d'une éprouvette renversée. Cette éprouvette était fixée sur le tube au moyen d'un bouchon cannelé; l'air passait par les cannelures, et, dans aucun cas, l'eau de la pluie ne pouvait pénétrer dans l'intérieur du tube. De là l'air se rendait dans un tube rempli de coton cardé pour arrêter les poussières. On a remplacé plus tard le coton par de petits tampons de fils de verre. Lorsque

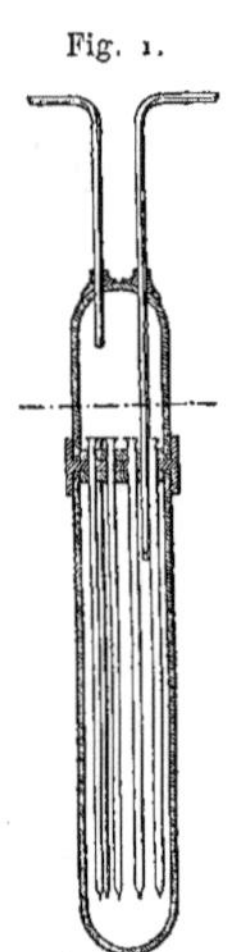

Fig. 1.

l'expérience durait depuis plusieurs mois, le coton et les tampons de verre devenaient noirs sur une longueur de plusieurs centimètres. A l'entrée du tube on apercevait des myriades d'insectes.

Vu les grandes masses d'air sur lesquelles j'opérais, j'ai dû adopter une disposition nouvelle pour laver l'air et fixer l'ammoniaque. L'appareil se compose de deux laveurs et d'un flacon intermédiaire.

Chaque laveur est formé de dix tubes de verre effilés, par lesquels l'air passe dans les réactifs à l'état de bulles très divisées. La *fig.* 1 représente la coupe d'un laveur. Dans le premier laveur, on met de l'acide chlorhydrique étendu; dans le flacon intermédiaire, qui a 3 litres de capacité, 20 grammes d'acide chlorhydrique concentré; et dans le second laveur, une dissolution de bichlorure de platine. Ainsi l'air est successivement soumis à l'action mécanique d'un filtre de verre, à un premier lavage dans l'acide chlorhydrique étendu, puis mêlé à de l'acide chlorhydrique gazeux, et soumis à un dernier lavage dans

une dissolution de bichlorure de platine. L'idée de
mêler l'air à de l'acide chlorhydrique gazeux, au
moyen du flacon interposé entre les deux laveurs,
m'a été suggérée par M. Regnault. Je n'insiste ni sur
la construction des laveurs, ni sur celle des aspirateurs : j'en présenterai une description détaillée dans
un Chapitre à part (¹). Le dessin ci-contre permet de
suivre toutes les phases de l'opération.

Lorsqu'il a passé dans l'appareil un volume d'air
suffisant, il faut procéder à l'analyse des liqueurs.
Pour cela, on les réunit dans un grand verre à expériences. On rince les deux laveurs et le flacon intermédiaire avec 100 grammes d'eau distillée. On réunit
l'eau de lavage aux premières liqueurs, et l'on verse
le tout sur un filtre qui a été préalablement lavé lui-
même à l'acide chlorhydrique étendu. On procède
ensuite à la concentration des liqueurs dans un petit
alambic de platine (*fig.* 2). On se sert, pour réfrigé-
rant, d'une éprouvette graduée qui plonge dans un
verre à précipité rempli d'eau froide; de cette manière on sait toujours à peu près ce qui reste de
liquide dans l'appareil.

Lorsque cette quantité n'est plus que de 4 à
5 grammes, on arrête l'opération. On verse le liquide
dans une petite capsule de platine, on lave la cucurbite
de l'alambic avec 3 ou 4 centimètres cubes d'eau dis-

(¹) *Voir* à l'Appendice les pages 108 et 114.

tillée, et l'on évapore le tout jusqu'à siccité. On met la capsule qui contient le liquide dans une autre capsule un peu plus grande. On chauffe à la vapeur d'eau au moyen d'une petite chaudière de cuivre ou de ferblanc. En procédant avec tous les soins que j'indique,

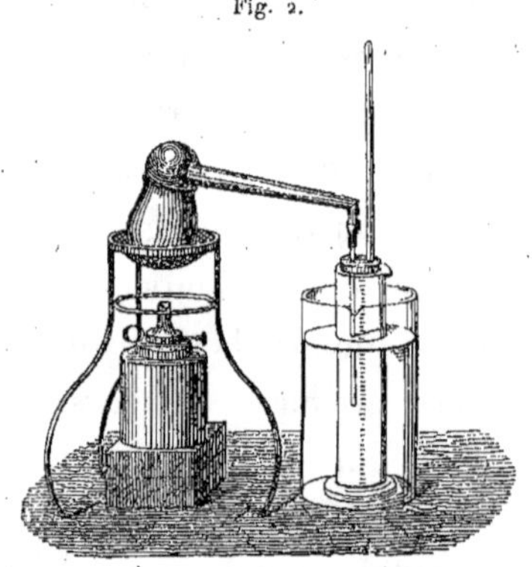

Fig. 2.

les réactifs évaporés seuls ne laissent jamais plus de 0,001 à 0,0015 de précipité. Lorsque le liquide est complètement évaporé, on reprend le produit de l'évaporation par 4 à 5 grammes d'alcool éthéré. Le bichlorure de platine surabondant se dissout, et il ne reste finalement que le bichlorure ammoniacal.

En imprimant à la capsule un léger mouvement de rotation, tout le précipité se réunit au centre. On aspire alors le liquide et le précipité au moyen d'une pipette dont l'ouverture est un peu large, et l'on fait

tomber le tout dans un petit entonnoir de verre disposé de la manière suivante :

Soit (*fig*. 3) un tube de verre effilé par un bout :
A est une petite boule de coton du poids de 2 milli-

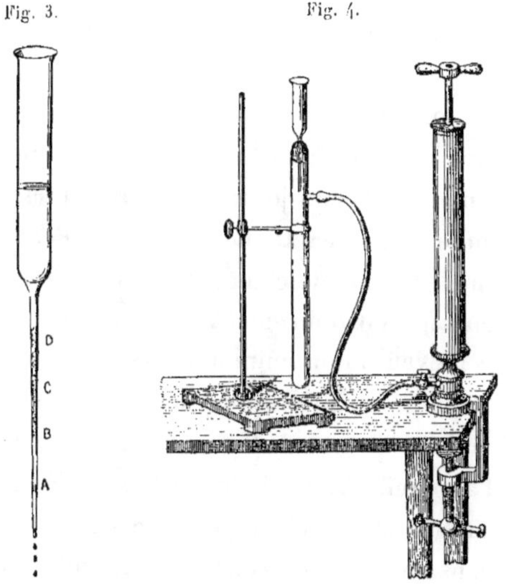

grammes au plus; B, des fragments de verre dont les
arêtes sont très vives. Ces fragments sont assez gros
pour occuper le diamètre de la pointe de l'entonnoir
et se soutenir sans toucher le coton. C, les fragments
sont plus fins et agissent comme un véritable filtre.
D, les fragments sont plus gros et forment une couche
de $\frac{1}{2}$ centimètre. La presque totalité du précipité est
retenue par les gros fragments de verre D; les autre

fragments, ainsi que le coton, font l'office de filtre. Avant de verser la liqueur dans l'entonnoir, il faut le remplir à moitié avec de l'alcool éthéré. Alors chaque molécule du précipité est tenue en suspension pendant un moment, et le dépôt se fait avec plus d'uniformité sur les morceaux de verre de la couche supérieure.

La filtration s'opère avec lenteur, mais avec régularité. Pour la filtration et le lavage de l'entonnoir, il faut en général une demi-journée. Il arrive quelquefois qu'une bulle d'air s'arrête dans le bec de l'entonnoir et empêche le liquide de couler. On obvie à cet inconvénient en aspirant doucement avec la pompe. C'est encore le moyen qu'on emploie, lorsque la filtration est terminée, pour faire tomber les dernières gouttes de liquide. L'inspection de la *fig.* 4 indique la disposition de l'appareil. Avant de filtrer le liquide, on dessèche l'entonnoir à une température de 100°, en le plaçant dans un tube fermé par un bout, qu'on chauffe au bain d'huile. Après la filtration, l'entonnoir est desséché de nouveau à la même température.

En opérant comme je viens de le dire, on obtient des résultats d'une grande précision. On en jugera par les analyses suivantes :

Les réactifs composés de :

	gr
Acide chlorhydrique......................	20,00
Dissolution de bichlorure de platine au 20ᵉ...	5,00
Eau distillée...........................	100,00
laissent un précipité de.....................	0,0015

PREMIÈRE ANALYSE.

Chlorhydrate d'ammoniaque ajouté.............. $0^{gr},011$
Entonnoir et bichlorure ammoniacal.............. $5^{gr},0885$

D'où il faut déduire :

Entonnoir vide...................... $5^{gr},042$
Précipité laissé par les réactifs. .... $0,0015$
$\overline{\qquad 5,0435}$

Bichlorure de platine ammoniacal................... $0,045$

Résultats de l'analyse.

	AzH^3.
$0^{gr},011$ de chlorhydrate d'ammoniaque contiennent....	$0,00352$
$0^{gr},045$ de bichlorure de platine ammoniacal..........	$0,00346$
Différence en moins..................	$0,00006$

DEUXIÈME ANALYSE.

Chlorhydrate d'ammoniaque ajouté.............. $0^{gr},0175$
Entonnoir et bichlorure de platine ammoniacal..... $3^{gr},5445$

D'où il faut déduire :

Entonnoir vide...................... $3^{gr},4715$
Précipité laissé par les réactifs......... $0,0015$
$\overline{\qquad 3,4730}$

Bichlorure ammoniacal............................. $0,0715$

Résultats de l'analyse.

	AzH^3.
$0^{gr},0175$ de chlorhydrate d'ammoniaque..............	$0,0056$
$0^{gr},0715$ de bichlorure de platine ammoniacal.........	$0,0055$
Différence en moins..................	$0,0001$

En effet, en opérant sur des poids connus de sel ammoniac, on trouve une différence moyenne de $0,00008$ entre le résultat théorique et celui de l'analyse.

Si l'on rapporte les pertes aux quantités d'ammo-

niaque correspondantes et prises pour unité, comme
nous l'avons fait pour la méthode de M. Frésénius, on
obtient les résultats suivants :

	$Az\,H^3$.	Perte absolue.	Perte pour 100 d'ammoniaque.
Première analyse.........	$3^{mgr},520$	$0^{mgr},06$	1,70
Deuxième analyse........	$5^{mgr},600$	$0^{mgr},10$	1,78

Avant de commencer l'application de cette méthode
au dosage de l'ammoniaque de l'air, il me restait
encore à déterminer : 1° si le filtre de verre destiné à
arrêter les poussières n'arrêtait pas une partie de
l'ammoniaque; 2° si les laveurs, au contraire, la
fixaient en totalité.

Voici ce que l'expérience a répondu à ces deux
questions :

En avant du filtre destiné à arrêter les poussières
j'ai placé un tube U. Au point culminant de sa cour-
bure extérieure, j'ai soudé un tube droit que j'ai mis
en communication avec un appareil à analyse organique. Lorsque le courant d'air était établi, on dégageait du tube à analyse organique une quantité connue
d'ammoniaque. Naturellement ce gaz venait se mêler
avec l'air dans le tube en U, et de là passait dans les
laveurs. Si l'on retrouvait la totalité de l'ammoniaque
qu'on avait dégagée, il est évident que les tampons de
verre n'en avaient pas retenu, et que les laveurs, au
contraire, l'avaient arrêtée complètement. Pour
dégager l'ammoniaque, on décomposait un poids
connu de sel ammoniac par la chaux sodée; à la fin

de l'expérience, on produisait un courant d'hydrogène en décomposant $\frac{1}{2}$ gramme d'acide oxalique par le même moyen, et l'on balayait ainsi les dernières traces d'ammoniaque. Voici le résultat de cette nouvelle expérience :

Ammoniaque		
ajoutée.	trouvée.	Différence.
0^{gr},00890	0^{gr},00886	0,00004

A partir de ce moment, j'ai commencé le dosage de l'ammoniaque de l'air (¹).

(¹)   NOUVELLE MÉTHODE POUR DOSER L'AMMONIAQUE DE L'AIR.

Trois points vont nous occuper. Je ferai connaître d'abord les moyens de rendre le procédé que je viens de décrire plus simple, plus expéditif et plus délicat; je décrirai une méthode nouvelle entièrement différente; je montrerai comment, en combinant ces deux méthodes, et tout en conservant à chacune les avantages qui lui sont propres, on peut se donner le bénéfice d'une vérification, ce qui a l'inestimable avantage de rendre le résultat définitif plus certain.

I. La partie de l'appareil dans laquelle l'ammoniaque de l'air s'arrête se compose de deux laveurs à pointes et d'un flacon intermédiaire dans lequel l'air se mêle à de l'acide chlorhydrique gazeux. L'emploi de ce flacon a des inconvénients : on a de la peine pour retirer l'acide qu'on y a mis. Par la même raison, un flacon est mal commode à laver. Un ballon d'une égale capacité est bien préférable : le liquide se rassemble au fond du ballon, d'où l'on peut le retirer au moyen d'une pipette. Les deux tubes courbés à angle droit qui mettent le ballon en communication avec les deux laveurs sont ajustés à l'émeri sur un bouchon de cristal, lequel s'adapte au ballon de la même manière.

Au lieu de diviser l'évaporation du liquide en deux temps (p. 27), de la commencer dans un alambic de platine et de la terminer dans une capsule, je l'exécute en entier dans une capsule de porcelaine que l'on chauffe d'abord avec une lampe à esprit-de-vin, ou un petit bec de gaz, et qu'on place sur un petit bain d'eau lorsqu'il ne reste plus que 150 grammes de liquide.

On ne saurait prendre trop de précautions pour se mettre à l'abri des poussières et des émanations accidentelles d'ammoniaque. Le mieux est d'opérer dans un laboratoire isolé, bien clos, et où il ne s'exécute aucun autre travail.

Quant au moyen de filtration, il est excellent; mais on peut sans inconvénient supprimer la couche C de verre fin (p. 29), la filtration va beaucoup plus vite, et il y a économie de temps : en six heures on peut facilement faire un dosage, y

Les volumes d'air sur lesquels j'ai opéré m'ont successivement fourni $0^{gr},00040$, $0^{gr},00080$, $0^{gr},00110$, $0^{gr},00156$ d'ammoniaque; les erreurs du procédé que j'appliquai à l'évaluation de ces quantités étaient de $0^{gr},00008$.

En 1849 et en 1850, j'ai opéré dans le quartier de Vaugirard; la prise d'air avait lieu au milieu du

---

compris l'essai des réactifs. Voici les résultats de deux analyses faites par le procédé ainsi modifié, en opérant avec les réactifs indiqués page 30.

	Ammoniaque		
	ajoutée.	trouvée.	Différence.
I.....................	$0^{gr},00102$	$0^{gr},00106$	$+0^{gr},00004$
II....................	$0^{gr},00102$	$0^{gr},00108$	$+0^{gr},00006$

II. Dans la méthode dont il me reste à parler, on ne change rien à l'appareil général décrit page 25, le flacon intermédiaire étant remplacé par un ballon; mais on change les réactifs, on supprime l'emploi du bichlorure de platine. Dans le premier laveur, on met 50 grammes d'eau distillée, additionnée de 5 grammes d'acide chlorhydrique; dans le ballon intermédiaire, 5 grammes du même acide, et dans le deuxième laveur 50 grammes d'eau distillée. Lorsqu'il a passé dans l'appareil un volume d'air suffisant, on réunit le liquide dans une capsule pouvant contenir 300 grammes, on lave l'appareil avec 25 grammes d'eau distillée qu'on verse également dans la capsule; on ajoute au liquide 50 centigrammes d'acide oxalique pur, et l'on évapore jusqu'à siccité au bain d'eau. Lorsque l'évaporation est complète, on détache le produit avec une carte de platine, ce qui ne présente aucune difficulté; on le mêle avec de la chaux sodée, on le brûle dans un tube à analyse organique, et l'on dose l'ammoniaque au moyen d'un acide titré. Ce procédé est excellent et très expéditif; mais, pour qu'il donne des résultats satisfaisants, il faut prendre un ensemble de précautions dans le détail desquelles je vais entrer.

III. *Du tube.* — On prend un tube de 20 centimètres de long, que l'on étire par un bout et auquel on laisse la grosseur d'un tuyau de plume. On lave le tube avec de l'acide nitrique, puis avec de l'eau, et enfin avec de l'alcool absolu pour lui enlever les traces de matière organique que la fumée des fours dépose sur le verre. On met au fond du tube une couche d'asbeste qu'on calcine au moment de l'employer en le passant dans la flamme d'une lampe à alcool; sur cet asbeste, une couche de 4 centimètres de chaux sodée privée, par un tamisage, de la partie qui est en poussière; au-dessus de cette couche, on en met une seconde, obtenue en mêlant dans la capsule même de la chaux sodée en poussière avec le produit de

jardin des Carmes (rue de Vaugirard), à plus de
100 mètres de toute habitation, et à 10 ou 12 mètres
au-dessus du sol. D'après cette série d'analyses, 1 million de kilogrammes d'air contient $23^{gr},73$ d'ammoniaque (AzH^3). Cette quantité oscille entre $31^{gr},71$
et $17^{gr},76$.

En 1852, une nouvelle série de dosages faits à

---

l'évaporation; puis on finit de remplir le tube avec de la chaux sodée en grains,
au-dessus de laquelle on met un nouveau tampon d'asbeste calciné.

IV. *De la combustion.* — Pendant toute la durée de la combustion, on fait
passer dans ce tube un courant d'hydrogène au moyen d'un gazomètre disposé à
cet effet. On commence le dégagement d'hydrogène avant de chauffer le tube; en
sortant du gazomètre, l'hydrogène passe sur de la ponce imbibée d'acide sulfurique, puis sur de la ponce imbibée de potasse.

V. *De la liqueur alcaline pour les essais.* — J'emploie comme liqueur d'essai
une dissolution de borate de soude additionnée de quelques gouttes de potasse
caustique. Lorsqu'on neutralise une liqueur acide rougie avec la teinture de
tournesol, au moyen d'une dissolution de potasse ou de saccharate de chaux, au
moment où tout l'acide est saturé, la liqueur passe au bleu, mais presque au même
moment la couleur rouge reparaît. Il en résulte que si les dernières gouttes de
la liqueur alcaline tombent plus lentement lorsqu'on fait le dosage que lorsqu'on
a fait le premier essai de l'acide, on a chance de doser trop bas, parce que la
nuance rouge se conserve plus longtemps. L'emploi de la dissolution de borax
n'a pas cet inconvénient : après la saturation de l'acide, la liqueur conserve sa
nuance violette. Cette nuance perd avec le temps un peu de son intensité; mais,
une journée après la saturation de la liqueur, elle tranche très nettement sur la
nuance rouge primitive.

VI. *De la burette.* — Les burettes qu'on emploie laissent tomber de trop
grosses gouttes. Pour remédier à cet inconvénient, il faut employer des liqueurs
alcalines très étendues; mais on éprouve toujours de l'incertitude lorsqu'on
approche du point de saturation, pour savoir exactement le moment où il faut
s'arrêter. Il est évident que si l'on pouvait répondre d'une demi-division ou d'une
division de la burette, on pourrait employer des liquides plus concentrés. Pour
obtenir ce résultat, voici comment je m'y prends : Je bouche complètement le
bec de la burette avec de la cire à cacheter, puis je pratique au centre du bec un
petit trou avec une aiguille que je chauffe légèrement. Une burette ainsi arrangée
laisse tomber des gouttes perlées qui se détachent franchement : je m'arrange
pour que quatre gouttes correspondent à une division de la burette, ce qui permet

Grenelle (banlieue de Paris) a fourni en moyenne $21^{gr},01$ d'ammoniaque, et comme termes extrêmes $27^{gr},26$ et $16^{gr},52$.

Le Tableau suivant présente le résumé de toutes les analyses :

---

d'employer des liqueurs alcalines dont le volume n'est que de 20 centimètres cubes pour 10 centimètres cubes de l'acide. 10 centimètres cubes de l'acide correspondent à 2 ou 3 milligrammes d'ammoniaque.

VII. Lorsqu'on suit, pour doser l'ammoniaque de l'air, cette méthode qui n'est qu'une extension de celle que j'emploie depuis 1850 pour doser l'ammoniaque des eaux, il faut essayer les réactifs qu'on emploie, c'est-à-dire évaporer le mélange d'eau distillée, d'acide chlorhydrique et d'acide oxalique qu'on a employé, et doser l'ammoniaque, qu'on soustrait ensuite de la quantité d'ammoniaque qu'on obtient dans l'analyse véritable. Voici deux exemples de ces sortes de dosage :

	Ammoniaque		Différence.
	ajoutée.	trouvée.	
I	$0^{gr},00050$	$0^{gr},00049$	$-0^{gr},00001$
II	$0^{gr},00102$	$0^{gr},00099$	$-0^{gr},00003$

VIII. On voit que les deux méthodes que je viens de décrire sont susceptibles d'une grande précision. Mais un résultat a d'autant plus de valeur qu'il est soumis à un contrôle plus sévère. Aussi le mieux est-il de doser l'ammoniaque de l'air au moyen du bichlorure de platine, et de vérifier les résultats de l'analyse en décomposant le bichlorure dans un tube rempli de chaux sodée, et en se conformant aux prescriptions que j'ai indiquées. Comme le précipité de bichlorure de platine se trouve réuni dans le bec effilé d'un petit entonnoir, il suffit de couper le bec de l'entonnoir à l'aide d'un trait de lime, et de le mettre dans le centre du tube à combustion. Voici le résultat qu'on a obtenu en opérant ainsi sur le tube I du § 1 :

Ammoniaque			Moyenne des
ajoutée.	déduite du bichlorure de platine.	retirée du bichlorure de platine.	deux résultats.
$0^{gr},00102$	$0^{gr},00106$	$0^{gr},00098$	$0^{gr},00102$

Il est bien entendu que de l'ammoniaque retirée du bichlorure de platine il faut déduire l'ammoniaque contenue dans les réactifs. La quantité d'ammoniaque obtenue était $0^{gr},00121$, et la quantité d'ammoniaque, contenue dans les réactifs, $0,00023$.

RÉSUMÉ GÉNÉRAL

DES DÉTERMINATIONS DE L'AMMONIAQUE DE L'AIR.

DÉTER- MINATION.	NUMÉROS.	POIDS de l'air.	AMMONIAQUE trouvée.	SESQUICAR- BONATE d'ammoniaque.	RAPPORT de l'ammoniaque à l'air.	RAPPORT du sesquicarbonate d'ammoniaque à l'air.
Intérieur de Paris.						
		gr	gr	gr		
1849....	1	24437,720	0,0005391	0,0018641	0,0000000022062	0,0000000076280
»	2	24491,320	0,0006161	0,0021304	0,0000000025156	0,0000000086786
»	3	24875,200	0,0006161	0,0021304	0,0000000024767	0,0000000085643
»	4	21073,963	0,0003851	0,0013316	0,0000000018316	0,0000000063333
1850....	5	24346,333	0,0006161	0,0021304	0,0000000025306	0,0000000087504
»	6	26014,830	0,0004621	0,0015975	0,0000000017763	0,0000000061407
»	7	24491,911	0,0004621	0,0015975	0,0000000018865	0,0000000065218
»	8	23196,400	0,0007317	0,0025302	0,0000000031616	0,0000000109330
»	9	22841,510	0,0006161	0,0021304	0,0000000026973	0,0000000093269
»	10	23669,338	0,0004236	0,0014647	0,0000000017897	0,0000000061882
»	11	26711,467	0,0008472	0,0029299	0,0000000031717	0,0000000109670
»	12	25287,606	0,0006161	0,0021304	0,0000000024364	0,0000000084247
Grenelle (banlieue de Paris).						
1852....	1	35879,457	0,0005930	0,0020506	0,0000000016529	0,0000000057153
»	2	34637,416	0,0006315	0,0021838	0,0000000018233	0,0000000063047
»	3	40955,720	0,0011168	0,0038617	0,0000000027268	0,0000000094289
»	4	69872,797	0,0015634	0,0054061	0,0000000022376	0,0000000077371

Pour la description détaillée des appareils, voyez à l'Appendice le Chapitre intitulé : *Construction des appareils.*

Les Tableaux suivants contiennent les éléments analytiques de chaque détermination :

                    RECHERCHE ET DOSAGE

1re DÉTERMINATION DE L'AMMONIAQUE DE L'AIR.

1849   Aspirateur n° 1 = 658lit,158 à 21° et P = 0m,760. (Intérieur de Paris.)

MOIS.	DATES.	JOURS.	TEM-PÉRATURE intérieure de l'Aspirateur.	BAROMÈTRE.	MANO-MÈTRE.	PRESSION calculée.	VOLUME à 0°. P = 760mm.
			°	°	mm	°	lit
Juin........	26	Mardi.....	18,1	762,10 — 17,0	11,50	733,08 — 0	595,302
»	27	Mercredi..	16,0	763,90 — 16,0	10,50	737,91 — 0	602,197
»	28	Jeudi.....	17,1	762,11 — 16,0	10,00	735,64 — 0	599,442
»	29	Vendredi..	17,0	765,15 — 16,5	12,00	734,74 — 0	598,916
»	30	Samedi ...	17,8	737,60 — 17,5	12,25	728,08 — 0	591,852
Juillet......	1	Dimanche.	15,6	765,13 — 14,5	10,25	739,93 — 0	606,078
»	2	Lundi.....	14,7	762,35 — 13,0	9,50	738,82 — 0	607,066
»	3	Mardi.. ..	16,6	763,30 — 18,0	10,50	736,55 — 0	601,223
»	4	Mercredi..	18,0	758,60 — 16,8	10,50	730,81 — 0	593,662
»	5	Jeudi	17,1	759,10 — 17,0	12,00	730,51 — 0	595,263
»	6	Vendredi..	17,4	767,30 — 17,5	11,00	739,36 — 0	601,865
»	7	Samedi ...	20,2	764,60 — 21,5	11,25	733,11 — 0	591,054
»	8	Dimanche.	27,4	765,40 — 27,5	11,50	723,31 — 0	569,153
»	9	Lundi	26,3	765,30 — 26,0	10,50	726,63 — 0	575,192
»	10	Mardi.....	22,5	769,30 — 23,2	11,00	735,21 — 0	588,126
»	11	Mercredi..	21,2	768,80 — 21,0	12,00	735,49 — 0	590,953
»	12	Jeudi	23,5	766,55 — 24,0	11,75	730,32 — 0	582,266
»	13	Vendredi..	22,9	764,35 — 23,5	11,50	729,21 — 0	582,536
»	14	Samedi ...	22,0	764,60 — 22,5	12,00	739,19 — 0	596,313
»	15	Dimanche.	21,6	763,15 — 22,0	11,00	730,26 — 0	585,953
»	16	Lundi	23,6	762,40 — 24,0	9,50	728,32 — 0	581,787
»	17	Mardi	22,3	761,50 — 23,8	10,50	728,08 — 0	584,165
»	18	Mercredi..	21,5	758,50 — 20,8	10,50	726,40 — 0	583,054
»	19	Jeudi	19,2	756,25 — 19,5	10,50	726,83 — 0	588,000
»	20	Vendredi .	18,9	753,50 — 19,0	8,50	726,51 — 0	588,482
»	21	Samedi ...	17,0	761,60 — 17,0	12,00	733,11 — 0	597,588
»	22	Dimanche.	19,0	766,35 — 19,5	11,75	735,86 — 0	595,712
»	23	Lundi.....	21,5	756,80 — 22,0	9,50	725,56 — 0	582,380
»	24	Mardi	17,7	751,55 — 16,5	9,80	724,70 — 0	589,308
»	25	Mercredi..	26,3	753,30 — 16,5	11,50	726,03 — 0	573,396
»	26	Jeudi.....	17,4	755,51 — 18,0	11,50	726,72 — 0	591,562
»	27	Vendredi..	19,3	763,30 — 19,5	11,50	726,56 — 0	587,580
							18893,426

Poids de l'air = 24437gr,72.

$$P' = 4\overset{gr}{,}513 \; (^1)$$

Résultat de l'analyse................ $\left\{ \begin{array}{l} P = 4^{gr},503 \\ R = 0^{gr},003 \end{array} \right\}$ 4,506

Bichlorure de platine et d'ammoniaque............ 0,007

D'où ammoniaque.................... 0gr,0005391
D'où sesquicarbonate d'ammoniaque..... 0gr,0018641

Rapport de l'ammoniaque à l'air...................... 0,00000002206
Rapport du sesquicarbonate d'ammoniaque à l'air....... 0,00000007628

Ammoniaque pour 1 million de kilogrammes d'air.... 22gr,06

(¹) P = le poids de l'entonnoir vide.
     R = le poids du précipité laissé par les réactifs.
     P' = le poids de l'entonnoir + celui du bichlorure de platine et d'ammo-
     niaque + celui du précipité laissé par les réactifs.

2° DÉTERMINATION DE L'AMMONIAQUE DE L'AIR.

1849   Aspirateur n° 1 = 658^{lit},158 à 21° et P = 0^m,760. (Intérieur de Paris.)

MOIS.	DATES.	JOURS.	TEMPÉRATURE intérieure de l'Aspirateur.	BAROMÈTRE.	MANOMÈTRE.	PRESSION calculée.	VOLUME à 0°. P = 760^{mm}.
			°	°	mm	°	lit
Août........	2	Jeudi	20,9	764,80 — 21,0	13,75	730,11 — 0	587,231
»	3	Vendredi..	19,6	761,40 — 20,8	13,00	729,01 — 0	588,956
»	4	Samedi ...	17,7	760,35 — 18,0	12,25	734,84 — 0	597,550
»	5	Dimanche.	17,8	757,05 — 18,5	14,00	725,72 — 0	589,934
»	6	Lundi	19,2	763,70 — 20,0	14,00	730,71 — 0	591,138
»	7	Mardi.....	20,8	764,95 — 22,0	10,25	733,75 — 0	590,360
»	8	Mercredi..	23,6	761,40 — 24,5	10,25	726,50 — 0	578,999
»	9	Jeudi	21,1	756,55 — 21,8	11,50	723,79 — 0	581,751
»	10	Vendredi..	21,4	760,80 — 21,8	12,00	727,16 — 0	583,863
»	11	Samedi ...	23,6	762,50 — 24,8	13,00	725,81 — 0	578,449
»	12	Dimanche.	20,3	759,10 — 20,0	13,50	725,46 — 0	584,686
»	13	Lundi.....	21,4	757,47 — 21,0	14,00	721,98 — 0	579,704
»	14	Mardi.....	21,0	760,40 — 21,8	15,00	724,23 — 0	582,303
»	15	Mercredi..	21,0	763,80 — 22,0	14,00	728,61 — 0	585,824
»	16	Jeudi	22,0	759,55 — 23,0	14,00	723,09 — 0	579,412
»	17	Vendredi..	20,5	761,40 — 21,0	15,00	725,89 — 0	584,633
»	18	Samedi ...	16,6	762,55 — 20,0	14,00	732,02 — 0	597,537
»	19	Dimanche.	16,0	765,45 — 17,0	7,50	742,33 — 0	607,213
»	20	Lundi.....	19,0	772,15 — 19,5	10,50	742,38 — 0	600,992
»	21	Mardi.....	16,1	771,60 — 16,5	9,00	747,59 — 0	612,702
»	22	Mercredi..	15,2	767,30 — 14,8	12,50	740,46 — 0	607,356
»	23	Jeudi	21,3	765,00 — 22,0	8,50	734,97 — 0	590,335
»	24	Vendredi..	17,7	765,30 — 18,0	9,50	738,53 — 0	606,554
»	25	Samedi ...	17,6	765,80 — 18,8	10,50	738,03 — 0	600,354
»	26	Dimanche.	16,6	766,30 — 17,5	11,50	738,60 — 0	602,896
»	27	Lundi.....	16,5	763,45 — 16,5	10,00	737,47 — 0	602,182
»	28	Mardi.....	17,4	762,80 — 18,0	11,00	734,25 — 0	597,691
»	29	Mercredi..	17,9	762,45 — 18,8	7,00	737,89 — 0	599,620
»	30	Jeudi	18,6	760,00 — 20,0	9,00	732,61 — 0	593,897
»	31	Vendredi..	18,7	758,80 — 19,0	14,00	726,45 — 0	588,702
Septembre..	1	Samedi ...	18,9	757,35 — 18,5	11,50	727,38 — 0	589,051
»	2	Dimanche.	21,6	758,70 — 22,0	10,50	726,35 — 0	582,816
							18938,694

Poids de l'air = 24491^{gr},32.

$$P' = 3^{gr},939$$

Résultat de l'analyse................ $\left\{ \begin{array}{l} P = 3^{gr},928 \\ R = 0^{gr},003 \end{array} \right\}$ 3,931

Bichlorure de platine et d'ammoniaque............. 0,008

D'où ammoniaque..................... 0^{gr},0006161

D'où sesquicarbonate d'ammoniaque..... 0^{gr},0021304

Rapport de l'ammoniaque à l'air..................... 0,00000002515

Rapport du sesquicarbonate d'ammoniaque à l'air....... 0,0000008679

Ammoniaque pour 1 million de kilogrammes d'air.... 25^{gr},15

3° DÉTERMINATION DE L'AMMONIAQUE DE L'AIR.

1849   Aspirateur n° 1 = 658ᵘ,158 à 21° et P = 0ᵐ,760. (Intérieur de Paris.)

MOIS.	DATES.	JOURS.	TEM-PÉRATURE intérieure de l'Aspirateur.	BAROMÈTRE.	MANO-MÈTRE.	PRESSION calculée.	VOLUME à 0°. P = 760ᵐᵐ.
			°	°	mm	°	lit
Septembre..	3	Lundi	18,4	761,20 — 18,0	13,50	729,77 — 0	592,002
»	4	Mardi	17,0	764,65 — 17,0	10,50	737,65 — 0	601,288
»	5	Mercredi..	19,0	761,25 — 20,0	9,00	733,47 — 0	593,779
»	6	Jeudi.....	18,6	760,65 — 18,5	8,00	734,46 — 0	595,397
»	7	Vendredi..	17,4	762,80 — 17,0	10,50	725,43 — 0	590,511
»	8	Samedi ...	17,5	764,45 — 17,0	10,75	736,74 — 0	599,511
»	9	Dimanche.	16,7	759,10 — 18,0	8,00	734,76 — 0	599,554
»	10	Lundi	16,5	752,15 — 17,8	8,00	728,04 — 0	594,481
»	11	Mardi	16,8	741,55 — 16,5	8,00	717,35 — 0	585,146
»	12	Mercredi..	14,5	743,00 — 14,0	11,00	718,03 — 0	590,394
»	13	Jeudi	12,6	749,95 — 11,5	8,00	729,90 — 0	604,154
»	14	Vendredi..	14,0	768,05 — 14,0	10,75	713,68 — 0	612,552
»	15	Samedi ...	14,4	768,65 — 13,0	8,00	746,83 — 0	614,288
»	16	Dimanche.	15,8	765,60 — 17,5	12,00	739,10 — 0	604,978
»	17	Lundi.....	14,6	766,10 — 14,0	11,50	740,51 — 0	608,666
»	18	Mardi	15,8	769,55 — 15,5	12,00	742,27 — 0	607,573
»	19	Mercredi..	15,0	772,50 — 15,0	10,50	747,45 — 0	613,515
»	20	Jeudi	13,3	770,55 — 13,0	7,50	730,07 — 0	613,329
»	21	Vendredi..	13,1	763,80 — 12,0	9,00	742,09 — 0	613,169
»	22	Samedi....	12,5	762,65 — 12,0	9,00	741,38 — 0	613,872
»	23	Dimanche.	15,4	760,15 — 15,5	9,50	735,75 — 0	603,073
»	24	Lundi.....	12,5	759,80 — 11,5	12,00	735,60 — 0	609,086
»	25	Mardi	11,0	758,20 — 13,5	14,50	736,72 — 0	613,241
»	26	Mercredi..	14,5	756,65 — 13,5	14,50	731,71 — 0	601,642
»	27	Jeudi	17,4	754,65 — 19,0	7,50	730,07 — 0	594,288
»	28	Vendredi..	15,8	760,10 — 16,5	12,00	732,75 — 0	599,780
»	29	Samedi ...	16,8	759,80 — 19,0	10,50	729,77 — 0	593,276
»	30	Dimanche.	16,4	748,00 — 17,5	11,50	720,52 — 0	588,545
Octobre	1	Lundi	15,7	751,15 — 16,0	12,50	723,38 — 0	592,316
»	2	Mardi	15,0	755,80 — 14,0	8,00	733,41 — 0	602,017
»	3	Mercredi..	15,5	754,55 — 16,0	11,50	722,99 — 0	592,408
»	4	Jeudi	15,4	740,80 — 15,0	6,50	729,50 — 0	589,754
							19235,585

Poids de l'air = 2487gr,20.

$$P' = \overset{gr}{4},3035$$

Résultat de l'analyse..............
$\left\{ \begin{array}{l} P = 4^{gr},2925 \\ R = 0^{gr},003 \end{array} \right\}$ 4,2955

Bichlorure de platine et d'ammoniaque............ 0,0080

D'où ammoniaque...................... 0gr,000616i

D'où sesquicarbonate d'ammoniaque..... 0gr,0021304

Rapport de l'ammoniaque à l'air...................... 0,00000002476̄7

Rapport du sesquicarbonate d'ammoniaque à l'air...... 0,0000000856̄43

Ammoniaque pour 1 million de kilogrammes d'air... 24gr,767

4° DÉTERMINATION DE L'AMMONIAQUE DE L'AIR.

1849   Aspirateur n° 1 = 658ᵐ,158 à 21° et P = 0ᵐ,760. (Intérieur de Paris.)

MOIS.	DATES.	JOURS.	TEM-PÉRATURE intérieure de l'Aspirateur.	BAROMÈTRE.	MANO-MÈTRE.	PRESSION calculée.	VOLUME à 0°. P = 760ᵐᵐ.
			^{o}	^{o}	mm	^{o}	lit
Novembre..	26	Lundi.....	7,0	756,70 — 8,0	15,50	732,74 — 0	618,658
» ...	27	Mardi	4,0	765,30 — 3,5	16,50	736,28 — 0	628,391
» ...	28	Mercredi..	6,0	765,10 — 5,0	16,00	741,51 — 0	628,310
» ...	29	Jeudi	6,6	764,15 — 7,0	14,50	741,51 — 0	626,959
» ...	30	Vendredi..	4,0	760,00 — 7,0	14,50	739,56 — 0	631,191
Décembre ..	1	Samedi ...	5,7	765,00 — 6,0	15,00	742,42 — 0	629,760
» ...	2	Dimanche.	6,5	758,30 — 8,5	15,50	724,53 — 0	612,822
» ...	3	Lundi.....	7,0	747,00 — 7,5	15,00	723,61 — 0	610,949
» ...	4	Mardi	5,9	747,85 — 8,0	15,25	734,69 — 0	622,755
» ...	5	Mercredi..					
» ...	6	Jeudi	6,7	749,60 — 12,5	14,00	726,76 — 0	614,268
» ...	7	Vendredi..	4,5	746,20 — 6,0	14,25	724,92 — 0	617,579
» ...	8	Samedi ...	6,3	744,00 — 7,5	15,00	720,96 — 0	610,240
» ...	9	Dimanche.	5,3	747,70 — 6,5	16,00	734,25 — 0	623,727
» ...	10	Lundi.....	4,0	764,60 — 4,0	15,50	742,52 — 0	633,717
» ...	11	Mardi.....	4,3	765,00 — 7,5	15,50	742,35 — 0	632,885
» ...	12	Mercredi..	4,2	757,70 — 10,5	13,00	737,25 — 0	628,765
» ...	13	Jeudi	5,5	751,00 — 7,5	17,00	726,34 — 0	616,566
» ...	14	Vendredi..	5,0	765,50 — 5,5	16,00	742,30 — 0	631,246
» ...	15	Samedi ...	11,3	766,60 — 12,5	13,00	745,68 — 0	620,043
» ...	16	Dimanche.	10,6	766,50 — 10,5	16,00	739,55 — 0	616,466
» ...	17	Lundi.....					
» ...	18	Mardi.....					
» ...	19	Mercredi..					
» ...	20	Jeudi	9,4	767,80 — 11,0	14,50	743,14 — 0	622,096
» ...	21	Vendredi..	5,6	770,70 — 8,5	16,50	746,34 — 0	633,313
» ...	22	Samedi ...	6,3	770,20 — 7,0	14,00	748,49 — 0	633,541
» ...	23	Dimanche.	5,4	771,10 — 5,5	11,50	752,10 — 0	638,659
» ...	24	Lundi.....	4,0	770,80 — 6,0	12,50	731,47 · 0	641,356
» ...	25	Mardi.....	6,8	773,30 — 8,5	14,00	750,86 — 0	634,411
							16258,673

Poids de l'air = 21073ᵍʳ,963.

$$P' = 5^{gr},015$$

Résultat de l'analyse................ $\begin{cases} P = 5^{gr},007 \\ R = 0^{gr},003 \end{cases}$ 5,010

Bichlorure de platine et d'ammoniaque............. 0,005

D'où ammoniaque..................... 0ᵍʳ,0003851
D'où sesquicarbonate d'ammoniaque..... 0ᵍʳ,0013316

Rapport de l'ammoniaque à l'air..................... 0,000000018316
Rapport du sesquicarbonate d'ammoniaque à l'air...... 0,000000062333

Ammoniaque pour 1 million de kilogrammes d'air... 18ᵍʳ,316

RECHERCHE ET DOSAGE

5° DÉTERMINATION DE L'AMMONIAQUE DE L'AIR.

1849-50   Aspirateur n° 1 = 658^{lit},158 à 21° et P = 0^m,760. (Intérieur de Paris.)

MOIS.	DATES.	JOURS.	TEM-PÉRATURE intérieure de l'Aspirateur.	BAROMÈTRE.	MANO-MÈTRE.	PRESSION calculée.	VOLUME à 0°. P = 760^{mm}.
			°	°	mm	°	lit
Décembre ..	26	Mercredi..	7,5	764,60 — 9,5	14,00	741,69 — 0	625,096
»	27	Jeudi	6,2	747,00 — 8,0	16,00	722,95 — 0	612,144
»	28	Vendredi..	4,1	738,80 — 4,5	15,50	716,63 — 0	611,400
»	29	Samedi ...	3,5	751,80 — 4,0	11,50	738,93 — 0	627,521
»	30	Dimanche.	4,6	756,10 — 4,5	14,00	735,27 — 0	626,171
»	31	Lundi.....	7,6	768,80 — 7,5	11,00	749,13 — 0	631,141
Janvier 1850	1	Mardi	5,4	758,00 — 5,5	11,00	739,61 — 0	628,053
»	2	Mercredi..	5,6	766,30 — 7,5	15,00	743,57 — 0	630,962
»	3	Jeudi					
»	4	Vendredi..	6,8	755,30 — 7,5	11,00	736,77 — 0	622,506
»	5	Samedi ...	6,8	749,70 — 8,0	10,00	732,11 — 0	618,568
»	6	Dimanche.	5,6	746,50 — 5,5	9,50	729,53 — 0	619,048
»	7	Lundi.....	8,4	758,40 — 8,2	10,50	738,62 — 0	620,514
»	8	Mardi	6,4	767,30 — 7,5	11,50	747,69 — 0	632,138
»	9	Mercredi..	6,0	765,80 — 6,0	12,50	745,57 — 0	631,750
»	10	Jeudi	4,0	758,30 — 8,5	8,50	742,68 — 0	633,854
»	11	Vendredi..	5,0	755,20 — 6,0	11,00	736,94 — 0	626,688
»	12	Samedi ...	8,0	758,70 — 9,0	9,50	740,10 — 0	622,644
»	13	Dimanche.	5,2	759,30 — 5,0	15,00	737,08 — 0	626,356
»	14	Lundi.....					
»	15	Mardi.....	5,9	749,20 — 7,5	12,00	729,35 — 0	618,229
»	16	Mercredi..	6,0	745,35 — 8,0	12,50	724,90 — 0	614,236
»	17	Jeudi	8,2	760,00 — 9,0	11,00	739,77 — 0	621,923
»	18	Vendredi..	6,0	760,50 — 8,0	10,50	742,03 — 0	628,751
»	19	Samedi ...	6,2	750,55 — 7,5	8,00	734,56 — 0	621,975
»	20	Dimanche.					
»	21	Lundi.....	4,5	770,05 — 5,0	15,00	748,12 — 0	637,344
»	22	Mardi.....	5,5	775,60 — 6,0	12,00	756,55 — 0	642,207
»	23	Mercredi..	2,0	775,30 — 6,0	11,00	758,26 — 0	651,863
»	24	Jeudi	4,5	771,80 — 6,0	15,00	749,75 — 0	638,733
»	25	Vendredi..	3,5	765,05 — 7,0	10,00	748,30 — 0	639,808
»	26	Samedi ...	5,2	751,00 — 6,0	11,00	732,66 — 0	622,600
»	27	Dimanche.	4,8	774,50 — 5,0	12,50	754,93 — 0	642,400
							18826,623

Poids de l'air = 24346^{gr},333.

Résultat de l'analyse.............. $\begin{cases} P = 4^{gr},548 \\ R = 0^{gr},003 \end{cases}$ $\begin{matrix} P' = 4^{gr},559 \\ 4,551 \end{matrix}$

Bichlorure de platine et d'ammoniaque............ 0,008

D'où ammoniaque................... 0^{gr},0006161

D'où sesquicarbonate d'ammoniaque..... 0^{gr},0021304

Rapport de l'ammoniaque à l'air.................... 0,00000025306

Rapport du sesquicarbonate d'ammoniaque à l'air....... 0,00000087504

Ammoniaque pour 1 million de kilogrammes d'air... 25^{gr},306

6° DÉTERMINATION DE L'AMMONIAQUE DE L'AIR.

1850 — Aspirateur n° 1 = 658^{lit},158 à 21° et P = 0^{m},760. (Intérieur de Paris.)

MOIS.	DATES.	JOURS.	TEM-PÉRATURE Intérieure de l'Aspirateur.	BAROMÈTRE.	MANO-MÈTRE.	PRESSION calculée.	VOLUME à 0°. P = 760^{mm}.
			°	°	mm	°	lit
Février	21	Jeudi	10,0	770,80 — 10,0	15,00	745,40 — 0	622,663
"	22	Vendredi..	10,0	770,80 — 10,0	13,50	746,90 — 0	623,916
"	23	Samedi ...	10,0	769,15 — 11,0	24,00	754,64 — 0	613,675
"	24	Dimanche.	10,3	768,48 — 11,0	16,00	741,77 — 0	618,973
"	25	Lundi					
"	26	Mardi.....	7,0	772,30 — 7,0	11,00	752,95 — 0	635,721
"	27	Mercredi..	5,5	767,50 — 5,0	14,00	746,13 — 0	633,362
"	28	Jeudi	4,0	765,35 — 8,0	16,50	739,85 — 0	631,439
Mars	1	Vendredi..	6,5	770,05 — 6,5	16,50	745,51 — 0	630,568
"	2	Samedi ...	6,5	769,30 — 7,0	12,50	748,70 — 0	633,265
"	3	Dimanche.	6,9	760,40 — 8,5	14,00	737,92 — 0	623,254
"	4	Lundi	7,0	758,15 — 8,0	11,50	738,19 — 0	623,259
"	5	Mardi.....	5,5	775,10 — 6,0	15,25	752,35 — 0	638,642
"	6	Mercredi..	7,1	776,29 — 9,0	12,50	755,10 — 0	637,308
"	7	Jeudi	8,0	773,85 — 11,0	11,00	753,42 — 0	633,850
"	8	Vendredi..	8,2	770,40 — 10,0	11,00	747,04 — 0	628,035
"	9	Samedi ...	11,0	764,15 — 11,5	14,00	738,95 — 0	615,131
"	10	Dimanche.	7,6	776,56 — 7,0	14,00	754,04 — 0	635,959
"	11	Lundi	5,6	770,20 — 6,5	12,00	750,59 — 0	636,919
"	12	Mardi	7,4	773,80 — 8,0	12,50	752,61 — 0	634,526
"	13	Mercredi..	7,6	773,55 — 9,5	14,00	750,57 — 0	632,354
"	14	Jeudi	8,0	770,78 — 8,5	12,50	749,21 — 0	630,308
"	15	Vendredi..	6,1	768,45 — 6,5	14,00	746,60 — 0	632,396
"	16	Samedi ...	6,2	764,65 — 7,0	12,50	744,20 — 0	630,137
"	16	Dimanche.					
"	18	Lundi.....	4,0	765,60 — 4,5	15,00	743,96 — 0	634,946
"	19	Mardi.....	5,0	762,50 — 6,0	12,50	742,74 — 0	631,621
"	20	Mercredi..	5,3	764,85 — 7,0	12,00	745,32 — 0	633,130
"	21	Jeudi	6,2	763,55 — 7,0	13,00	742,61 — 0	628,791
"	22	Vendredi..	6,7	763,30 — 7,0	14,00	741,11 — 0	626,397
"	23	Samedi ...	4,8	748,30 — 5,0	13,00	728,25 — 0	619,755
"	24	Dimanche.	3,8	739,55 — 4,5	13,50	719,51 — 0	614,524
"	25	Lundi.....	4,8	734,90 — 5,0	14,00	733,85 — 0	624,511
"	26	Mardi.....	4,0	755,80 — 3,8	14,00	735,25 — 0	627,512
							20116,844

Poids de l'air = 26014^{gr},830.

$$P' = 4^{\text{gr}},580$$

Résultat de l'analyse................ $\left\{ \begin{matrix} P = 4^{\text{gr}},571 \\ R = 0^{\text{gr}},003 \end{matrix} \right\}$ 4,574

Bichlorure de platine et d'ammoniaque............ 0,006

D'où ammoniaque..................... 0^{gr},0004621

D'où sesquicarbonate d'ammoniaque..... 0^{gr},0015975

Rapport de l'ammoniaque à l'air.... .... 0,0000001 7763

Rapport du sesquicarbonate d'ammoniaque à l'air........ 0,0000006 1407

Ammoniaque pour 1 million de kilogrammes d'air... 17^{gr},763

7e DÉTERMINATION DE L'AMMONIAQUE DE L'AIR.

1850   Aspirateur n° 1 = 658ˡⁱᵗ,158 à 21° et P = 0ᵐ,760. (Intérieur de Paris.)

MOIS.	DATES.	JOURS.	TEM-PÉRATURE intérieure de l'Aspirateur.	BAROMÈTRE.	MANO-MÈTRE.	PRESSION calculée.	VOLUME à 0°. P = 760ᵐᵐ.
			°	°	mm	°	lit
Avril.......	16	Mardi.....	14,0	750,55 — 14,0	12,50	724,46 — 0	596,721
»	16	Mercredi..	12,7	755,80 — 13,5	12,00	731,22 — 0	605,035
»	18	Jeudi	11,8	762,05 — 12,5	10,00	740,20 — 0	614,404
»	19	Vendredi..	16,0	765,60 — 16,5	12,00	738,04 — 0	603,692
»	20	Samedi ...	14,5	753,55 — 14,5	9,50	730,00 — 0	600,242
»	21	Dimanche.	14,9	751,80 — 14,0	11,00	726,50 — 0	596,527
»	22	Lundi	11,5	759,05 — 12,0	12,50	734,97 — 0	610,707
»	23	Mardi.....	11,4	760,80 — 13,0	9,50	739,66 — 0	614,821
»	24	Mercredi..	11,9	764,00 — 11,0	12,50	739,76 — 0	613,823
»	25	Jeudi.....	11,2	763,30 — 13,0	10,00	741,79 — 0	617,026
»	26	Vendredi..	11,3	759,30 — 13,0	12,00	735,73 — 0	611,755
»	27	Samedi ...	11,8	760,35 — 13,0	11,00	737,45 — 0	612,121
»	28	Dimanche.	11,3	763,13 — 12,0	12,00	739,67 — 0	615,044
»	29	Lundi	11,4	765,60 — 12,0	10,50	743,57 — 0	618,071
»	30	Mardi	9,2	762,40 — 12,0	10,50	741,74 — 0	621,365
Mai	1	Mercredi..	9,0	762,31 — 10,0	12,00	740,51 — 0	620,775
»	2	Jeudi.....	7,7	763,80 — 8,0	12,00	742,96 — 0	625,719
»	3	Vendredi..	10,8	767,55 — 13,5	12,00	744,29 — 0	619,979
»	4	Samedi ...	13,2	760,80 — 13,0	11,00	736,85 — 0	608,626
»	5	Dimanche.	12,0	752,00 — 13,0	13,00	726,98 — 0	603,006
»	6	Lundi	12,0	746,60 — 12,0	13,50	726,98 — 0	603,006
»	7	Mardi	11,4	748,52 — 13,0	12,00	724,01 — 0	602,560
»	8	Mercredi..	9,8	752,48 — 11,5	11,50	730,55 — 0	610,690
»	9	Jeudi.....	11,6	759,30 — 13,0	12,50	735,03 — 0	610,542
»	10	Vendredi..	11,5	762,80 — 12,0	10,00	741,22 — 0	615,901
»	11	Samedi ...	10,5	760,80 — 13,5	11,00	738,68 — 0	615,959
»	12	Dimanche.	15,3	762,30 — 17,0	11,50	735,78 — 0	603,307
»	13	Lundi	10,7	748,50 — 12,5	13,00	724,40 — 0	603,625
»	14	Mardi.....	10,8	762,80 — 12,0	10,00	741,67 — 0	617,797
»	15	Mercredi..	10,0	748,50 — 12,0	11,00	726,90 — 0	607,209
»	16	Jeudi	13,0	756,20 — 14,0	11,50	731,10 — 0	606,424
							18941,509

Poids de l'air = 24494ᵍʳ,911.

$$P' = 3,521^{gr}$$

Résultat de l'analyse................ $\begin{cases} P = 3^{gr},512 \\ R = 0^{gr},003 \end{cases}$ 3,515

Bichlorure de platine et d'ammoniaque............ 0,006

D'où ammoniaque.................... 0ᵍʳ,0004621
D'où sesquicarbonate d'ammoniaque..... 0ᵍʳ,0015975

Rapport de l'ammoniaque à l'air.................... 0,000000018865
Rapport du sesquicarbonate d'ammoniaque à l'air....... 0,000000065218

Ammoniaque pour 1 million de kilogrammes d'air... 18ᵍʳ,865

8° DÉTERMINATION DE L'AMMONIAQUE DE L'AIR.

1850   Aspirateur n° 1 = 658ᵗⁱ,158 à 21° et P = 0ᵐ,760. (Intérieur de Paris.)

MOIS.	DATES.	JOURS.	TEM-PÉRATURE intérieure de l'Aspirateur.	BAROMÈTRE.	MANO-MÈTRE.	PRESSION calculée.	VOLUME à 0°. P = 760ᵐᵐ.
			^{o}	^{o}	mm	^{o}	lit
Mai	17	Vendredi..	13,8	758,40 — 15,0	12,50	732,46 — 0	603,732
»	18	Samedi ...	13,0	759,55 — 15,0	14,00	732,57 — 0	605,514
»	19	Dimanche.	10,8	758,55 — 12,5	13,00	734,37 — 0	611,716
»	20	Lundi	15,0	755,80 — 12,5	13,00	729,31 — 0	598,626
»	21	Mardi	16,5	751,55 — 18,0	12,00	723,40 — 0	590,693
»	22	Mercredi..	15,5	750,00 — 11,5	11,50	723,34 — 0	592,449
»	23	Jeudi	18,3	751,55 — 19,0	11,50	722,12 — 0	585,998
»	24	Vendredi..	12,0	750,80 — 15,5	12,50	725,98 — 0	602,177
»	25	Samedi ...	15,4	750,48 — 17,0	12,00	723,41 — 0	592,958
»	26	Dimanche.	15,5	756,30 — 17,0	13,00	728,11 — 0	596,604
»	27	Lundi	13,0	757,30 — 15,5	12,50	731,76 — 0	604,845
»	28	Mardi.....	16,8	764,80 — 16,0	12,00	736,60 — 0	600,848
»	29	Mercredi..	15,8	763,30 — 16,0	10,00	737,98 — 0	604,062
»	30	Jeudi	18,5	760,75 — 20,5	12,00	730,40 — 0	592,310
»	31	Vendredi..	20,9	762,70 — 22,5	11,50	730,08 — 0	587,207
Juin........	1	Samedi ...	20,0	767,30 — 20,0	11,50	735,95 — 0	593,749
»	2	Dimanche.	19,8	768,70 — 20,0	14,00	735,05 — 0	593,429
»	3	Lundi	20,5	767,10 — 23,5	11,50	734,77 — 0	591,795
»	4	Mardi					
»	5	Mercredi..	19,0	762,70 — 20,0	11,50	732,21 — 0	592,759
»	6	Jeudi	18,5	757,00 — 18,5	12,00	726,92 — 0	589,487
»	7	Vendredi..	18,4	759,30 — 19,0	12,00	729,24 — 0	591,572
»	8	Samedi ...	16,5	761,40 — 17,0	9,00	736,36 — 0	601,276
»	9	Dimanche.	14,2	768,80 — 15,0	10,50	744,39 — 0	612,709
»	10	Lundi	20,5	763,30 — 22,0	11,50	731,18 — 0	588,894
»	11	Mardi	20,5	762,50 — 22,0	11,50	730,38 — 0	588,250
»	12	Mercredi..	21,5	760,55 — 23,5	12,00	726,62 — 0	583,231
»	13	Jeudi	18,7	757,40 — 17,0	12,50	736,79 — 0	588,977
»	14	Vendredi..	16,0	759,65 — 18,0	10,10	733,88 — 0	600,289
»	15	Samedi ...	15,2	752,50 — 16,0	10,50	727,21 — 0	596,487
»	16	Dimanche.	11,6	762,30 — 12,0	12,00	738,59 — 0	613,499
							17896,142

Poids de l'air = 23196ᵍʳ,400.

$$P' = 5^{gr},6970$$

Résultat de l'analyse............... $\left\{ \begin{array}{l} P = 5^{gr},6845 \\ R = 0^{gr},0030 \end{array} \right\}$ 5,6875

Bichlorure de platine et d'ammoniaque............ 0,0095

D'où ammoniaque.................... 0ᵍʳ,0007317

D'où sesquicarbonate d'ammoniaque..... 0ʲʳ,0025302

Rapport de l'ammoniaque à l'air..................... 0,0000003161 6

Rapport du sesquicarbonate d'ammoniaque à l'air...... 0,0000010933

Ammoniaque pour 1 million de kilogrammes d'air... 31ᵍʳ,616

9° DÉTERMINATION DE L'AMMONIAQUE DE L'AIR.

1850   Aspirateur n° 1 = 658^{lit},158 à 21° et P = 0^m,760. (Intérieur de Paris.)

MOIS.	DATES.	JOURS.	TEM-PÉRATURE intérieure de l'Aspirateur.	BAROMÈTRE.	MANO-MÈTRE.	PRESSION calculée.	VOLUME à 0°. P = 760^{mm}.
			°	°	mm	°	lit
Juin........	17	Lundi	16,0	762,80 — 16,5	11,00	736,26 — 0	602,236
»	18	Mardi	17,0	769,80 — 19,0	12,00	741,04 — 0	604,052
»	19	Mercredi..	19,0	771,15 — 20,0	12,00	740,13 — 0	598,759
»	20	Jeudi	17,5	768,70 — 19,0	13,50	737,97 — 0	600,512
»	21	Vendredi..	20,0	766,00 — 22,5	12,00	733,85 — 0	592,055
»	22	Samedi ...	20,2	768,30 — 21,5	13,50	734,54 — 0	592,234
»	23	Dimanche.	23,0	768,80 — 24,0	12,50	732,46 — 0	584,934
»	24	Lundi	24,6	767,05 — 26,0	10,00	730,85 — 0	580,495
»	25	Mardi.....	24,6	764,30 — 24,0	13,50	725,67 — 0	577,557
»	26	Mercredi..	26,6	738,20 — 28,0	11,50	718,31 — 0	567,869
»	27	Jeudi	25,0	760,30 — 26,0	11,00	722,58 — 0	573,164
»	28	Vendredi..	24,0	757,55 — 24,0	8,00	724,45 — 0	576,586
»	29	Samedi ...	19,8	759,60 — 20,0	8,00	731,95 — 0	590,926
»	30	Dimanche.	18,5	765,30 — 20,0	13,00	734,00 — 0	595,229
Juillet......	1	Lundi					
»	2	Mardi.....	18,9	762,70 — 19,0	7,50	736,64 — 0	596,549
»	3	Mercredi..	19,5	764,30 — 20,0	12,00	732,98 — 0	591,266
»	4	Jeudi	21,5	762,55 — 23,0	6,50	734,17 — 0	589,291
»	5	Vendredi..	20,2	766,55 — 20,0	10,00	736,38 — 0	593,691
»	6	Samedi ...	19,5	766,30 — 20,0	8,50	738,48 — 0	595,703
»	7	Dimanche.	20,0	755,50 — 20,5	10,00	725,63 — 0	585,423
»	8	Lundi	18,5	766,09 — 19,0	10,00	737,61 — 0	598,157
»	9	Mardi.....	17,5	762,95 — 18,0	10,00	735,86 — 0	598,796
»	10	Mercredi..	16,2	764,12 — 19,0	13,00	715,09 — 0	584,514
»	11	Jeudi	16,0	764,50 — 18,0	10,50	738,27 — 0	603,870
»	12	Vendredi..	18,9	764,50 — 19,0	9,00	736,94 — 0	596,793
»	13	Samedi ...	16,5	761,30 — 17,0	7,50	737,75 — 0	602,411
»	14	Dimanche.	22,0	762,30 — 23,5	10,00	729,77 — 0	584,765
»	15	Lundi.....	26,0	760,30 — 27,0	11,00	721,02 — 0	570,010
»	16	Mardi.....	26,5	760,55 — 27,0	11,00	720,52 — 0	568,663
»	17	Mercredi..	25,6	756,00 — 26,5	11,50	715,55 — 0	566,445
							17662,965

Poids de l'air = 2281^{gr},510.

$$P' = 5,3115^{gr}$$

Résultat de l'analyse.............. $\left\{ \begin{array}{l} P = 5^{gr},3005 \\ R = 0^{gr},0030 \end{array} \right\}$ 5,3035

Bichlorure de platine et d'ammoniaque............ 0,0080

D'où ammoniaque.................... 0^{gr},0006161

D'où sesquicarbonate d'ammoniaque..... 0^{gr},0021304

Rapport de l'ammoniaque à l'air................... 0,000000026973

Rapport du sesquicarbonate d'ammoniaque à l'air...... 0,000000093269

Ammoniaque pour 1 million de kilogrammes d'air... 26^{gr},973

10ᵉ DÉTERMINATION DE L'AMMONIAQUE DE L'AIR.

1850   Aspirateur n° 1 = 658ᵇⁱᵗ,158 à 21° et P = 0ᵐ,760. (Intérieur de Paris.)

MOIS.	DATES.	JOURS.	TEM-PÉRATURE intérieure de l'Aspirateur.	BAROMÈTRE.	MANO-MÈTRE.	PRESSION calculée.	VOLUME à 0°. P = 760ᵐᵐ.
			o	o	mm	o	lit
Juillet......	18	Jeudi	21,2	760,00 — 21,5	10,00	728,65 — 0	585,417
»	19	Vendredi..	21,0	763,00 — 21,5	10,50	731,39 — 0	588,060
»	20	Samedi ...	20,0	760,30 — 21,0	12,00	728,35 — 0	587,618
»	21	Dimanche.	19,9	761,30 — 21,5	10,50	729,11 — 0	588,432
»	22	Lundi	23,0	761,00 — 24,0	10,00	727,28 — 0	580,797
»	23	Mardi.....	21,0	759,30 — 22,5	14,00	724,06 — 0	582,166
»	24	Mercredi..	20,0	762,30 — 19,5	10,00	732,53 — 0	590,990
»	25	Jeudi	18,4	760,55 — 18,5	10,00	732,55 — 0	594,257
»	26	Vendredi..	18,7	757,55 — 19.0	11,00	728,20 — 0	590,120
»	27	Samedi ...	20,0	759,30 — 20,1	10,00	729,38 — 0	588,449
»	28	Dimanche.	15,5	757,00 — 15,0	10,00	732,07 — 0	599,848
»	29	Lundi	19,0	761,05 — 19,0	10,00	732,38 — 0	592,896
»	30	Mardi	18,0	764,50 — 19,0	11,00	735,81 - 0	597,724
»	31	Mercredi .	17,6	765,70 - 17,0	14,00	734,64 — 0	597,596
Août	1	Jeudi	20,0	765,00 — 22,0	14,00	730,91 — 0	589,683
»	2	Vendredi..	20,0	764,65 — 21,5	12,00	732,50 — 0	589,352
»	3	Samedi ...	19,5	765,10 — 21,0	12,00	733,65 — 0	592,907
»	4	Dimanche.	20,2	762,75 — 22,0	12,00	730,45 — 0	588,999
»	5	Lundi	19,0	759,70 — 20,0	15,00	725,91 — 0	587,659
»	6	Mardi	21,8	754,10 — 21,0	16,00	716,01 — 0	574,129
»	7	Mercredi..	17,8	762,00 — 19,0	12,50	732,01 — 0	595,047
»	8	Jeudi.....	18,7	761,10 — 20,0	12,00	730,61 — 0	593,073
»	9	Vendredi..	18,7	762,00 — 20,0	11,50	732,01 — 0	593,207
»	10	Samedi ...	19,7	763,10 — 20,0	10,00	733,57 — 0	592,437
»	11	Dimanche.	18,8	762,00 — 17,5	11,00	732,71 — 0	593,571
»	12	Lundi	20,1	755,80 — 21,0	12,00	723,76 — 0	583,715
»	13	Mardi	18,0	757,30 — 19,0	12,00	727,61 — 0	591,063
»	14	Mercredi..	18,0	757,00 — 18,0	12,00	727,46 — 0	590,941
»	15	Jeudi	17,5	762,30 — 17,5	14,00	731,28 — 0	595,068
»	16	Vendredi..	16,8	759,00 — 18,0	12,00	720,57 — 0	587,772
»	17	Samedi ...	15,8	764,00 — 17,5	14,00	734,49 — 0	601,205
							18303,108

Poids de l'air = 23669ᵍʳ,338.

$$P' = 3,4465^{gr}$$

Résultat de l'analyse............... $\left\{ \begin{array}{l} P = 3^{gr},438 \\ R = 0^{gr},003 \end{array} \right\}$ 3,4410

Bichlorure de platine et d'ammoniaque............   0,0055

D'où ammoniaque......................   0ᵍʳ,0004236
D'où sesquicarbonate d'ammoniaque.....   0ᵍʳ,0014647

Rapport de l'ammoniaque à l'air.....................   0,0000000017897
Rapport du sesquicarbonate d'ammoniaque à l'air......   0,0000000061882

Ammoniaque pour 1 million de kilogrammes d'air...   17ᵍʳ,897

11ᵉ DÉTERMINATION DE L'AMMONIAQUE DE L'AIR.

1850 — Aspirateur n° 1 = 658ˡⁱᵗ,158 à 21° et P = 0ᵐ,760. (Intérieur de Paris.)

MOIS.	DATES.	JOURS.	TEMPÉRATURE intérieure de l'Aspirateur.	BAROMÈTRE.	MANOMÈTRE.	PRESSION calculée.	VOLUME à 0°. P = 760ᵐᵐ.
			o	o	mm	o	lit
Août........	18	Dimanche.	17,3	764,20 — 17,0	9,00	734,42 — 0	598,036
»	19	Lundi	16,3	760,15 — 17,0	9,00	735,28 — 0	600,809
»	20	Mardi	18,0	759,30 — 17,5	10,00	731,81 — 0	594,474
»	21	Mercredi..	15,2	754,50 — 15,0	12,00	727,81 — 0	596,979
»	22	Jeudi	14,6	760,55 — 14,5	10,00	736,40 — 0	605,288
»	23	Vendredi..	16,5	763,65 — 17,0	12,00	735,59 — 0	600,647
»	24	Samedi ...	14,0	763,20 — 16,0	14,00	735,34 — 0	605,672
»	25	Dimanche.	19,7	767,20 — 20,0	12,00	740,59 — 0	593,106
»	26	Lundi	15,8	764,55 — 15,5	12,00	737,28 — 0	603,489
»	27	Mardi	15,0	769,35 — 15,5	10,00	744,74 — 0	611,291
»	28	Mercredi..	18,5	765,30 — 20,0	20,00	727,00 — 0	589,552
»	29	Jeudi	14,2	760,50 — 15,7	12,00	734,53 — 0	604,593
»	30	Vendredi..	13,0	767,10 — 13,0	12,50	741,84 — 0	613,177
»	31	Samedi ...	14,1	769,20 — 15,0	10,50	744,87 — 0	613,318
Septembre..	1	Dimanche.	15,0	772,50 — 15,5	10,50	747,38 — 0	613,458
»	2	Lundi	12,0	772,55 — 11,0	10,50	750,73 — 0	622,706
»	3	Mardi	16,5	768,30 — 17,0	10,50	742,23 — 0	606,069
»	4	Mercredi..	15,0	762,00 — 15,5	10,00	737,41 — 0	605,275
»	5	Jeudi	14,0	758,20 — 15,0	10,00	734,47 — 0	604,966
»	6	Vendredi..	14,2	768,15 — 15,0	10,50	743,71 — 0	612,174
»	7	Samedi ...					
»	8	Dimanche.	11,5	770,00 — 13,0	11,00	747,28 — 0	620,936
»	9	Lundi	11,2	770,00 — 11,0	10,00	748,72 — 0	622,790
»	10	Mardi	11,5	769,20 — 13,0	11,50	745,98 — 0	619,856
»	11	Mercredi..	11,5	768,20 — 11,0	10,00	746,72 — 0	620,471
»	12	Jeudi	14,0	766,55 — 15,0	12,00	740,80 — 0	610,180
»	13	Vendredi..	14,0	763,20 — 15,0	12,50	736,96 — 0	607,017
»	14	Samedi ...	13,7	763,00 — 14,0	12,00	737,61 — 0	608,189
»	15	Dimanche.	12,0	764,25 — 14,0	11,50	740,58 — 0	614,287
»	16	Lundi	14,0	765,20 — 14,7	10,00	741,49 — 0	610,748
»	17	Mardi	14,9	765,00 — 15,7	12,00	738,08 — 0	606,036
»	18	Mercredi..	13,3	762,00 — 13,4	14,00	734,78 — 0	606,704
»	19	Jeudi	12,0	758,00 — 10,5	14,00	732,25 — 0	607,378
»	20	Vendredi..	12,4	752,80 — 11,5	13,00	727,67 — 0	602,731
»	21	Samedi ...	14,0	758,10 — 16,0	12,00	732,25 — 0	603,137
							20655,539

Poids de l'air = 26711ᵍʳ,467.

$$P' = 4{,}0985 \text{ gr}$$

Résultat de l'analyse.............. $\left\{ \begin{array}{l} P = 4^{gr},0845 \\ R = 0^{gr},0030 \end{array} \right\}$ 4,0875

Bichlorure de platine et d'ammoniaque........... 0,0110

D'où ammoniaque.................... 0ᵍʳ,0008472

D'où sesquicarbonate d'ammoniaque..... 0ᵍʳ,0029295

Rapport de l'ammoniaque à l'air........ 0,000000031717

Rapport du sesquicarbonate d'ammoniaque à l'air...... 0,000000109067

Ammoniaque pour 1 million de kilogrammes d'air... 31ᵍʳ,717

12e DÉTERMINATION DE L'AMMONIAQUE DE L'AIR.

1850   Aspirateur n° 1 = 658^{lit},158 à 21° et P = 0^m,760. (Intérieur de Paris.)

MOIS.	DATES.	JOURS.	TEMPÉRATURE intérieure de l'Aspirateur.	BAROMÈTRE.	MANO-MÈTRE.	PRESSION calculée.	VOLUME à 0°. P = 760mm.
			°	°	mm	°	lit
Septembre..	22	Dimanche.	17,0	762,55 — 19,0	13,00	733,81 — 0	598,159
»	23	Lundi	13,7	758,15 — 16,0	16,00	728,53 — 0	600,702
»	24	Mardi.....	14,7	756,00 — 17,0	13,50	727,98 — 0	598,159
»	25	Mercredi..	15,2	759,20 — 17,0	10,50	733,76 — 0	601,860
»	26	Jeudi	14,0	761,30 — 14,0	15,00	732,68 — 0	603,492
»	27	Vendredi..	14,5	762,05 — 13,0	10,50	737,60 — 0	606,486
»	28	Samedi ...	14,5	759,55 — 16,0	12,00	733,07 — 0	602,761
»	29	Dimanche.	11,9	762,30 — 12,0	14,00	736,44 — 0	611,068
»	30	Lundi	14,0	755,00 — 15,5	12,00	729,22 — 0	600,642
Octobre	1	Mardi.....	12,5	751,10 — 13,5	15,00	723,66 — 0	599,199
»	2	Mercredi .	12,2	755,50 — 12,0	11,50	731,95 — 0	606,702
»	3	Jeudi	11,5	759,80 — 12,0	10,50	737,72 — 0	612,992
»	4	Vendredi..	11,5	759,20 — 12,0	14,50	733,12 — 0	609,170
»	5	Samedi ...	12,5	757,20 — 13,0	14,00	730,80 — 0	605,111
»	6	Dimanche.	10,5	759,20 — 12,0	13,50	735,01 — 0	613,760
»	7	Lundi	12,5	755,20 — 15,0	14,00	728,92 — 0	604,616
»	8	Mardi.....	13,0	757,15 — 14,5	14,00	730,23 — 0	603,571
»	9	Mercredi..	12,5	761,30 — 13,5	14,00	734,84 — 0	608,456
»	10	Jeudi	11,0	761,35 — 11,0	14,00	736,22 — 0	612,825
»	11	Vendredi..	10,0	758,25 — 11,5	12,00	735,68 — 0	614,543
»	12	Samedi ...	8,0	768,50 — 9,0	14,00	745,38 — 0	627,086
»	13	Dimanche.	7,5	770,10 — 10,0	15,00	746,12 — 0	628,829
»	14	Lundi	10,0	762,00 — 12,0	14,00	737,38 — 0	615,963
»	15	Mardi.....	9,0	764,30 — 10,5	13,00	741,44 — 0	621,555
»	16	Mercredi..	10,0	766,20 — 10,5	13,50	742,25 — 0	620,031
»	17	Jeudi	8,2	765,00 — 8,0	12,00	743,90 — 0	625,395
»	18	Vendredi..	10,1	767,00 — 10,5	13,00	743,48 — 0	620,839
»	19	Samedi ...	9,2	763,20 — 10,5	14,00	739,23 — 0	619,262
»	20	Dimanche.	10,2	760,55 — 10,5	14,00	735,86 — 0	614,258
»	21	Lundi.....	10,0	756,15 — 10,5	14,00	731,72 — 0	611,235
»	22	Mardi	7,0	752,30 — 6,5	13,00	731,02 — 0	617,205
»	23	Mercredi..	5,0	747,00 — 5,0	12,50	727,37 — 0	618,550
							19554,482

Poids de l'air = 25287^{gr},606

$$P' = 4^{gr},931$$

Résultat de l'analyse................ $\left\{ \begin{array}{l} P = 4^{gr},920 \\ R = 0^{gr},003 \end{array} \right\}$ 4,923

Bichlorure de platine et d'ammoniaque............. 0,008

D'où ammoniaque.................... 0^{gr},0006161

D'où sesquicarbonate d'ammoniaque..... 0^{gr},0021304

Rapport de l'ammoniaque à l'air.................... 0,0000000243644

Rapport du sesquicarbonate d'ammoniaque à l'air...... 0,0000000842447

Ammoniaque pour 1 million de kilogrammes d'air... 24^{gr},364

4

13e DÉTERMINATION DE L'AMMONIAQUE DE L'AIR ([1]).

1852   Aspirateur n° 1 = 1985^{lit},745 à 21° et P = 0^m,760. (Extérieur de Paris.)

MOIS.	DATES.	JOURS.	TEM-PÉRATURE intérieure de l'Aspirateur.	BAROMÈTRE.	MANO-MÈTRE.	PRESSION calculée.	VOLUME à 0°. P = 760^{mm}.
			°	°	mm	°	lit
Février.....	29	Dimanche.	9,3	752,65 — 4,0	20,00	723,593 — 0	1828,218
Mars	1	Lundi	7,1	757,61 — 4,5	30,00	719,510 — 0	1832,210
»	2	Mardi.....					
»	3	Mercredi..	9,3	756,35 — 4,0	25,00	722,117 — 0	1824,490
»	4	Jeudi.....	4,0	766,87 — 1,0	34,00	726,650 — 0	1871,140
»	5	Vendredi..	2,0	774,15 — 1,8	56,00	712,625 — 0	1848,395
»	6	Samedi ...	2,0	775,31 — 1,0	7,00	762,885 — 0	1978,740
»	7	Dimanche.	3,0	774,39 — 2,0	66,00	702,458 — 0	1815,411
»	8	Lundi	4,0	769,78 — 3,5	50,00	713,252 — 0	1836,631
»	9	Mardi	4,5	767,41 — 4,0	36,00	725,603 — 0	1865,070
»	10	Mercredi..	6,0	766,79 — 5,0	32,50	726,679 — 0	1858,203
»	11	Jeudi.....	5,0	764,81 — 4,5	34,50	723,226 — 0	1855,611
»	12	Vendredi..	5,0	763,65 — 4,0	30,00	726,626 — 0	1864,334
»	13	Samedi ...	6,0	766,45 — 4,5	50,00	702,904 — 0	1796,983
»	14	Dimanche.	1,0	767,45 — 0,5	50,00	712,447 — 0	1854,690
»	15	Lundi	3,0	768,05 — 1,0	60,00	702,241 — 0	1814,850
							27744,996

Poids de l'air = 35879^{gr},457.

$$P' = 5,2967$$

Résultat de l'analyse.............. $\begin{Bmatrix} P = 5^{gr},288 \\ R = 0^{gr},001 \end{Bmatrix}$ 5,2890

Bichlorure de platine et d'ammoniaque........... 0,0077

D'où ammoniaque................... 0^{gr},0005930,4

D'où sesquicarbonate d'ammoniaque.... 0^{gr},0020506

Rapport de l'ammoniaque à l'air..................... 0,0000000016520
Rapport du sesquicarbonate d'ammoniaque à l'air...... 0,000000057153

Ammoniaque pour 1 million de kilogrammes d'air... 16^{gr},529

([1]) Jusqu'à la 12e détermination, on s'est servi d'une cornue de verre pour évaporer les liqueurs de l'analyse; à partir de la 13e, on s'est servi d'une cornue de platine.

14ᵉ DÉTERMINATION DE L'AMMONIAQUE DE L'AIR.

1852   Aspirateur n° 3 = 1985ᶫⁱᵗ,745 à 12° et P = 0ᵐ,760. (Extérieur de Paris.)

MOIS.	DATES.	JOURS.	TEM-PÉRATURE intérieure de l'Aspirateur.	BAROMÈTRE.	MANO-MÈTRE.	PRESSION calculée.	VOLUME à 0°. P = 760ᵐᵐ.
			°	°	ᵐᵐ	°	ˡⁱᵗ
Mars	16	Mardi.....	6,2	766,65 — 5,8	37,00	721,84 — 0	1844,090
»	17	Mercredi..	7,1	765,99 — 6,8	33,00	724,61 — 0	1845,202
»	18	Jeudi	4,0	763,75 — 2,0	62,00	695,41 — 0	1790,690
»	19	Vendredi..	4,1	760,95 — 3,5	70,00	684,38 — 0	1761,660
»	20	Samedi ...	15,0	764,00 — 14,5	27,00	723,53 — 0	1791,809
»	21	Dimanche.	14,0	764,87 — 11,0	31,00	720,61 — 0	1790,824
»	22	Lundi	13,0	765,27 — 10,5	35,00	718,82 — 0	1792,721
»	23	Mardi.....	18,0	760,41 — 16,5	18,00	725,04 — 0	1777,022
»	24	Mercredi..					
»	25	Jeudi					
»	26	Vendredi..	10,0	753,65 — 8,8	20,00	723,42 — 0	1823,262
»	27	Samedi ...	15,3	749,10 — 11,0	15,00	719,85 — 0	1780,835
»	28	Dimanche.	14,0	749,95 — 11,0	30,00	706,71 — 0	1756,268
»	29	Lundi	13,0	749,00 — 11,5	42,00	694,46 — 0	1731,868
»	30	Mardi	12,7	748,20 — 14,0	30,00	705,87 — 0	1760,941
»	31	Mercredi..	14,7	747,50 — 14,0	26,00	707,37 — 0	1753,616
Avril.......	1	Jeudi	11,5	760,80 — 9,5	38,00	711,52 — 0	1783,788
							26784,596

Poids de l'air = 34637ᵍʳ,416.

$$P' = 4^{\text{gr}},923$$

Résultat de l'analyse............. $\left\{ \begin{array}{l} P = 4^{\text{gr}},9130 \\ R = 0^{\text{gr}},0018 \end{array} \right\}$ 4,9148

Bichlorure de platine et d'ammoniaque............ 0,0082

D'où ammoniaque.................... 0ᵍʳ,00063155
D'où sesquicarbonate d'ammoniaque... 0ᵍʳ,0218038o

Rapport de l'ammoniaque à l'air..................... 0,0000000018233
Rapport du sesquicarbonate d'ammoniaque à l'air...... 0,000000063047

Ammoniaque pour 1 million de kilogrammes d'air... 18ᵍʳ,233

15ᵉ DÉTERMINATION DE L'AMMONIAQUE DE L'AIR.

1852   Aspirateur n° 3 = 1985ᵘᵗ,745 à 12° et P = 0ᵐ,760. (Extérieur de Paris.)

MOIS.	DATES.	JOURS.	TEM-PÉRATURE intérieure de l'Aspirateur.	BAROMÈTRE.	MANO-MÈTRE.	PRESSION calculée.	VOLUME à 0°. P = 760ᵐᵐ.
			°	°	mm	°	lit
Avril.......	21	Mercredi..	11,2	763,00 — 12,0	20,00	731,61 — 0	1835,665
»	22	Jeudi.....	17,4	757,10 — 11,0	30,00	710,97 — 0	1746,139
»	23	Vendredi..	17,0	757,50 — 13,0	20,00	721,50 — 0	1774,441
»	24	Samedi ...					
»	25	Dimanche.	10,8	752,80 — 9,0	23,00	719,05 — 0	1807,120
»	26	Lundi	11,2	755,12 — 10,0	45,00	698,98 — 0	1754,215
»	27	Mardi	13,5	762,80 — 13,0	25,00	724,68 — 0	1803,755
»	28	Mercredi..	16,5	764,80 — 14,0	30,00	719,10 — 0	1771,606
»	29	Jeudi	13,0	760,70 — 12,0	42,00	706,07 — 0	1760,839
»	30	Vendredi..	15,2	753,63 — 14,5	70,00	669,18 — 0	1665,780
Mai........	1	Samedi ...	14,4	753,54 — 13,0	42,00	697,75 — 0	1731,586
»	2	Dimanche.					
»	3	Lundi	10,5	761,70 — 9,5	22,00	729,06 — 0	1834,830
»	4	Mardi	9,9	760,65 — 9,0	32,00	718,45 — 0	1811,365
»	5	Mercredi..	11,0	764,05 — 11,0	55,00	697,91 — 0	1752,447
»	6	Jeudi	16,0	764,00 — 19,0	38,00	710,14 — 0	1752,558
»	7	Vendredi..	14,2	763,20 — 16,0	68,00	681,18 — 0	1691,639
»	8	Samedi ...	20,0	763,65 — 19,0	63,00	680,93 — 0	1657,502
»	9	Dimanche.					
»	10	Lundi					
»	11	Mardi					
»	12	Mercredi..	13,0	762,13 — 11,0	43,00	706,62 — 0	1762,206
»	13	Jeudi	15,3	761,15 — 15,0	32,00	714,37 — 0	1767,290
							31670,383

Poids de l'air = 40955ᵍʳ,720.

Résultat de l'analyse.............. $\left\{ \begin{array}{l} P' = 3^{gr},796 \\ P = 3^{gr},7800 \\ R = 0^{gr},0015 \end{array} \right\}$ 3,7815

Bichlorure de platine et d'ammoniaque........... 0,0145

D'où ammoniaque...................... 0ᵍʳ,0011168
D'où sesquicarbonate d'ammoniaque..... 0ᵍʳ,0038617

Rapport de l'ammoniaque à l'air..................... 0,000000027268
Rapport du sesquicarbonate d'ammoniaque à l'air...... 0,000000094287

Ammoniaque pour 1 million de kilogrammes d'air... 27ᵍʳ,268

16ᵉ DÉTERMINATION DE L'AMMONIAQUE DE L'AIR.

1852   Aspirateur n° 3 = 1985ˡⁱᵗ,745 à 12° et P = 0ᵐ,760. (Extérieur de Paris.)

MOIS.	DATES.	JOURS.	TEM-PÉRATURE intérieure de l'Aspirateur.	BAROMÈTRE.	MANO-MÈTRE.	PRESSION calculée.	VOLUME à 0°. P = 760ᵐᵐ.
			°	°	mm	°	lit
Mai	15	Samedi ...	11,8	765,65 — 12,0	45,00	708,85 — 0	1775,798
»	16	Dimanche.	13,0	765,65 — 12,0	15,00	738,02 — 0	1841,082
»	17	Lundi	14,0	757,15 — 18,0	52,00	691,06 — 0	1717,924
»	18	Mardi	12,4	751,95 — 23,0	32,00	706,44 — 0	1766,022
»	19	Mercredi..	9,2	758,45 — 15,0	52,00	695,94 — 0	,759,530
»	20	Jeudi	14,5	750,80 — 13,0	22,00	714,93 — 0	1774,180
»	21	Vendredi..	17,0	759,15 — 16,0	35,00	707,78 — 0	1741,265
»	22	Samedi ...	22,0	769,87 — 21,0	32,00	715,62 — 0	1730,648
»	23	Dimanche.	25,3	760,50 — 23,0	38,00	695,64 — 0	1663,422
»	24	Lundi	25,5	758,15 — 24,0	40,00	690,96 — 0	1651,400
»	25	Mardi	28,7	755,65 — 26,0	30,00	693,23 — 0	1720,192
»	26	Mercredi..	19,2	758,55 — 18,0	27,00	712,81 — 0	1740,403
»	27	Jeudi	19,0	756,30 — 17,0	30,00	707,90 — 0	1729,605
»	28	Vendredi..	15,4	755,55 — 16,0	25,00	715,58 — 0	1770,233
»	29	Samedi ...	21,0	752,45 — 21,0	28,00	703,42 — 0	1706,952
»	30	Dimanche.	18,2	754,59 — 15,0	37,00	700,22 — 0	1715,557
»	31	Lundi	18,0	759,45 — 15,0	30,00	712,27 — 0	1746,264
Juin........	1	Mardi.....	19,9	760,85 — 17,0	50,00	691,45 — 0	1684,315
»	2	Mercredi..	14,2	759,85 — 12,0	25,00	721,32 — 0	1791,902
»	3	Jeudi					
»	4	Vendredi..	13,0	756,80 — 12,5	30,00	714,12 — 0	1781,464
»	5	Samedi ...	24,1	761,11 — 14,0	30,00	707,06 — 0	1697,570
»	6	Dimanche.	19,7	757,95 — 19,0	31,00	707,52 — 0	1724,232
»	7	Lundi	17,0	750,71 — 18,0	8,00	726,12 — 0	1790,505
»	8	Mardi	18,1	757,95 — 18,0	35,00	705,16 — 0	1727,953
»	9	Mercredi..	15,0	750,25 — 14,0	30,00	705,87 — 0	1748,633
»	10	Jeudi					
»	11	Vendredi..	11,7	751,65 — 14,0	35,00	704,71 — 0	1766,034
»	12	Samedi ...	16,0	755,15 — 15,0	28,00	711,76 — 0	1756,812
»	13	Dimanche.	12,2	748,35 — 12,0	20,00	716,31 — 0	1791,966
»	14	Lundi					
»	15	Mardi.....	19,1	758,05 — 17,0	32,00	707,54 — 0	1728,121
»	16	Mercredi..					
»	17	Jeudi	13,7	750,50 — 12,5	30,00	707,31 — 0	1760,180
»	18	Vendredi..	21,5	754,17 — 20,0	18,00	714,68 — 0	1731,324
							54031,488

Poids de l'air = 69872ᵍʳ,797.

$$P' = 4,7220$$

Résultat de l'analyse.............. $\left\{ \begin{array}{l} P = 4ᵍʳ,7007 \\ R = 0ᵍʳ,0010 \end{array} \right\}$ 4,7017

Bichlorure de platine et d'ammoniaque............ 0,0203

D'où ammoniaque.................... 0ᵍʳ,0015646

D'où sesquicarbonate d'ammoniaque.... 0ᵍʳ,0054061

Rapport de l'ammoniaque à l'air.................... 0,000000022376

Rapport du sesquicarbonate d'ammoniaque à l'air...... 0,000000077371

Ammoniaque pour 1 million de kilogrammes d'air... 22ᵍʳ,376

DEUXIÈME PARTIE

L'AZOTE DE L'AIR PEUT-IL SERVIR A LA NUTRITION
DES PLANTES?

I.

Pendant qu'on dosait l'ammoniaque de l'air par
la méthode que je viens de décrire, dans une autre
expérience on s'efforçait de remonter à l'origine de
l'azote que les plantes tirent de l'atmosphère. Au
début, cette nouvelle étude était solidaire de la première, plus tard on l'en a rendue indépendante.
Théoriquement, l'expérience est très simple : elle
consiste à semer un poids connu de graines dans du
sable calciné, à enfermer le pot qui les contient dans
une cloche, et à faire passer chaque jour dans l'intérieur de cette cloche un volume d'air qui en représente trois ou quatre fois la capacité. Dans ces conditions, les graines germent; il se produit une végétation
qui prospère. Au bout de cinq à six mois, le poids
des plantes l'emporte beaucoup sur celui des graines
qu'on avait semées. Alors on arrête l'expérience; on

récolte les plantes, on détermine combien elles contiennent d'azote, et l'on voit si l'ammoniaque de l'air peut en rendre compte.

Dans la réalité, les choses ne se passent pas aussi simplement que je viens de le dire. Pour que les plantes absorbent 1 ou 2 grammes d'azote, il faut donner aux appareils de très grandes dimensions, et alors leur construction présente de réelles difficultés. Au lieu d'employer une seule cloche, on peut en mettre deux, l'une à la suite de l'autre, mais alors il faut doubler la capacité de l'aspirateur qui sert à renouveler l'air.

Dans la nature, l'air contient 3 ou 4 dix-millièmes d'acide carbonique; cette faible quantité suffit amplement aux besoins des plantes. Ce résultat s'explique par le renouvellement presque indéfini de l'atmosphère qui les entoure. Dans une cloche, les conditions ne sont plus les mêmes, le renouvellement de l'air s'opère plus lentement et dans une proportion incomparablement plus limitée; aussi faut-il ajouter un excès d'acide carbonique à l'air qui passe dans la cloche. Dans mes expériences, je me sers d'une pendule électrique pour régler la production de ce gaz.

Jusque-là les difficultés que je signale sont de l'ordre de celles auxquelles on s'attend lorsqu'on entreprend un travail de précision. Mais ce qu'il était impossible de prévoir, et ce qu'aucune expérience antérieure ne pouvait m'apprendre, c'est l'art

de cultiver les plantes dans les conditions particulières que m'imposait le but que je m'étais proposé.
Pour que la végétation soit florissante, il faut ajouter
au sable une certaine quantité de cendres fournies
par la combustion des mêmes plantes qu'on veut
cultiver. Cette quantité varie suivant la nature des
plantes, mais elle ne doit jamais aller au delà
de $\frac{1}{2}$ pour 100. Au lieu d'opérer par semis, il est
souvent préférable de repiquer une plante qui a
germé dans la bonne terre. Malheureusement, lorsqu'on repique une plante dans le sable additionné
de cendres, on n'est jamais sûr qu'elle reprendra.
Pour qu'elle reprenne, il faut la repiquer dans le
sable pur et ajouter les cendres sur la couche supérieure du sable, lorsque les racines ont atteint le
fond des pots. Cette précaution suffit pour assurer
le succès des repiquages. L'arrosage des pots est
une chose importante. Le moyen qui m'a le mieux
réussi consiste à verser 8 à 10 litres d'eau distillée
dans les cloches : le fond des pots plonge ainsi dans
une nappe d'eau, et l'arrosage se fait par la capillarité de leurs parois. Je laisserai de côté maintenant les autres détails de l'expérience; j'y reviendrai
dans un Chapitre séparé et plus au long encore dans
l'Appendice. Le dessin représente l'appareil que j'ai
adopté depuis 1851, et dans lequel l'expérience est
indépendante du dosage de l'ammoniaque de l'air.
En 1849 et en 1850, l'appareil ne différait du pré-

cédent qu'en ce que le manchon E, qui est actuellement rempli de fragments de pierre ponce imbibée d'acide sulfurique, était remplacé par un tube U rempli de fils de verre pour arrêter seulement les poussières et les insectes.

Expériences de 1849.

SEMENCES.	NON DES-SÉCHÉES.	DES-SÉCHÉES à 120°.	AZOTE.	RÉCOLTES.	VERTES.	DES-SÉCHÉES à 120°.	AZOTE.
	gr	gr	gr		gr	gr	gr
Cresson..........	0,5915	0,531	0,026	Cresson..........	35,65	8,733	0,147
Lupins (grands)..	1,1265	0,991	0,064	Lupins (grands)..	17,02	3,506	0,064
Lupins (petits)...	1,1265	0,991	0,064	Lupins (petits)...	12,45	2,565	0,047
Totalité des semences..	2,513			Totalité des récoltes...	14,804		
Totalité de l'azote........			0,154	Totalité de l'azote........			0,258

VOLUME DE L'AIR QUI A PASSÉ DANS LA CLOCHE.

	Volume de l'air à 0°. $P = 760$.	Ammoniaque contenue.	Azote de l'ammoniaque.
	lit	gr	gr
Du 3 août au 3 septembre.....	19328,238	0,0006294	0,0005195
Du 4 septembre au 4 octobre..	19505,457	0,0006245	0,0005155
	38833,695	0,0012539	0,0010350

Résultats de l'expérience.

Azote des récoltes............................... 0,258 gr

Azote de l'ammoniaque de l'air.......... 0,001 gr

Azote des semences.................... 0,154

              0,155   0,155

Azote absorbé par les plantes............. 0,103

Si nous analysons les résultats de l'expérience, nous voyons que le cresson a absorbé tout l'azote. Sur les six lupins, trois n'ont rien perdu ni rien gagné ; je les appelle les *grands lupins*. Les trois autres ont perdu $0^{gr},016$ d'azote ; je les appelle, par opposition, les *petits lupins*. Ces différences tiennent aux conditions dans lesquelles l'expérience a eu lieu. Les lupins ont été semés trop tard, et la cloche était trop petite. Les trois lupins qui étaient le plus rapprochés des parois ont beaucoup souffert. L'air contenait 2 pour 100 d'acide carbonique.

Pour les éléments analytiques, *voir* à l'Appendice le Chapitre intitulé : *Expériences de 1849.*

J'ai hâte d'arriver à l'expérience de 1850, car, à partir de ce moment, le terrain se raffermit sous nos pas, et nous n'aurons plus désormais qu'à compléter, en les étendant à d'autres plantes, les résultats qu'elle va nous fournir.

Expériences de 1850.

SEMENCES.	NON DES-SÉCHÉES.	DES-SÉCHÉES à 120°.	AZOTE.	RÉCOLTES.	VERTES.	DES-SÉCHÉES à 120°.	AZOTE.	AZOTE absorbé.
Colza	$6^{gr},68$	$0,599$	$0,026$	Colza	$379,40$	$53,761$	$1,070$	$1,044$
Blé	$0,81$	$0,682$	$0,016$	Blé	$15,00$	$2,807$	$0,031$	$0,015$
Seigle	$0,73$	$0,617$	$0,013$	Seigle	$17,75$	$3,136$	$0,037$	$0,024$
Maïs	$1,72$	$1,488$	$0,029$	Maïs	$29,37$	$4,503$	$0,128$	$0,098$
Totalité des semences.	$3,386$			Totalité des récoltes...		$64,207$		
Totalité de l'azote........			$0,084$	Totalité de l'azote........			$1,266$	

VOLUME DE L'AIR QUI A PASSÉ DANS LA CLOCHE.

	Volume de l'air à 0°. P = 760.	Ammoniaque contenue.	Azote de l'ammoniaque.
	lit	gr	gr
Du 1er juillet au 17............	$9302,251$	$0,000324$	$0,000267$
Du 18 juillet au 17 août.......	$16821,425$	$0,000389$	$0,000321$
Du 18 août au 21 septembre...	$20342,896$	$0,000834$	$0,000688$
Du 22 septembre au 23 octobre.	$18687,591$	$0,000589$	$0,000486$
	$65154,163$	$0,002136$	$0,001762$

Résultats de l'expérience.

Azote des récoltes..		$1,266^{gr}$
Azote des semences.................	$0,084^{gr}$	
Azote fourni par l'ammoniaque de l'air.	$0,0017$	
	$0,0857$	$0,0857$
Azote absorbé par les plantes.............		$1,1803$

Ainsi, plus de doute possible, l'ammoniaque de l'air ne rend pas compte de l'azote absorbé par les plantes, et puisque cet azote ne peut venir ni de l'eau distillée ni du sable calciné, il faut de toute nécessité qu'il vienne de l'azote même de l'atmosphère. Donc l'azote de l'air sert à la nutrition des plantes. Or, c'est là précisément la question qu'il s'agissait de démontrer.

Pendant les mois de juillet, août et septembre, on a dégagé chaque jour dans la cloche 25 litres d'acide carbonique; en octobre, on a porté cette quantité à 47 litres.

II.

Jusqu'à présent je n'ai pas parlé des traces d'ammoniaque que l'eau distillée contient, parce qu'elles ne jouent aucun rôle dans l'expérience. Après la végétation, l'eau est plus chargée d'ammoniaque qu'avant, résultat qui s'explique par la chute d'un certain nombre de feuilles qui se décomposent en partie dans la cloche. Ainsi, en 1851, l'eau contenait $0^{gr},007$ d'ammoniaque par litre lorsqu'on l'a employée, et $0^{gr},00012$ lorsqu'on l'a retirée de la cloche. En 1850, je n'ai pas analysé l'eau après l'expérience, mais je l'ai analysée avant : elle contenait $0^{gr},0011$ d'ammoniaque par litre. On en a employé 22 litres.

Lorsqu'une eau contient à la fois de l'azote à l'état d'ammoniaque et à l'état plus complexe d'une matière organique, son dosage est une opération délicate. Le procédé que j'ai suivi fournit des résultats d'une grande précision, et offre de plus l'avantage d'être très expéditif.

On prend 1 litre d'eau, on la filtre : on en verse 100 grammes dans une capsule de porcelaine, et l'on y ajoute $0^{gr},50$ d'acide oxalique. On évapore à une douce chaleur, au bain de sable ou au bain d'eau, et l'on ajoute de nouvelles quantités d'eau à mesure que les premières s'évaporent. Finalement, on obtient un résidu formé d'oxalate d'ammoniaque, de matière organique et d'un excès d'acide oxalique. On brûle le tout au moyen de la chaux sodée, dans un tube à analyse organique de 15 centimètres de long, et l'on dose l'ammoniaque par la méthode des volumes ; seulement, il faut employer un acide très faible.

L'acide oxalique a sur les acides minéraux l'avantage de ne pas altérer la matière organique pendant l'évaporation de l'eau, et, de plus, celui de produire un courant d'hydrogène pendant la combustion : ce qui est une condition excellente lorsque la quantité d'azote est très faible. De plus, le produit de l'évaporation se détache avec la plus grande facilité de la capsule. Pour l'analyse de l'eau de pluie, par exemple, ce procédé·sera d'une·grande utilité. On jugera mieux de son degré de précision par un exemple :

$$
\begin{array}{lr}
 & \text{Az H}^{\text{s}}. \\
 & \overset{\text{gr}}{} \\
\text{A } 1^{\text{lit}} \text{ d'eau distillée qui contenait} \ldots\ldots\ldots\ldots & 0,00077 \\
\text{On a ajouté} \ldots\ldots\ldots\ldots\ldots\ldots\ldots\ldots\ldots\ldots\ldots & 0,0046 \\
\hline
\text{Soit} \ldots\ldots\ldots\ldots\ldots\ldots\ldots\ldots\ldots & 0,00537
\end{array}
$$

L'analyse a fourni $0^{\text{gr}},00531$; différence, $0,00006$. On peut répondre de $\frac{1}{10}$ de milligramme au moins (¹).

III.

La nature des pots a une grande influence sur le succès des cultures. Les pots de porcelaine, et en général tous les pots de terre vernis, doivent être rejetés. Dans un pot de porcelaine, la végétation est toujours languissante : sur ce point, l'expérience des jardiniers est conforme à mes propres observations. On trouve dans le commerce des pots de terre poreuse qui portent à la partie inférieure quatre fentes de 2 centimètres de haut sur $\frac{1}{2}$ centimètre de large :

(¹) Voici les éléments de l'analyse :

$$
\begin{array}{lr}
 & \text{Az H}^{\text{s}}. \\
10^{\text{cc}} \text{ de l'acide employé} \ldots\ldots\ldots\ldots\ldots\ldots\ldots\ldots & 0^{\text{gr}},0175 \\
\end{array}
$$
10^{cc} du même acide saturent $14,5$ de la liqueur alcaline.

Après l'analyse, ils n'ont plus saturé que $10,1$.

ce sont les meilleurs. Avant de les employer, on les fait tremper pendant deux ou trois jours dans de l'acide chlorhydrique étendu, puis on les passe au feu dans un four à porcelaine ou dans un four à réchauffer la tôle. Chaque pot est rempli à moitié avec des fragments de brique gros comme des noisettes, qu'on a préalablement lavés à l'acide chlorhydrique et calcinés. On finit de remplir les pots avec du sable blanc calciné et lavé, ou avec un mélange de sable et de brique traité de la même manière, ou bien encore avec un mélange de sable et de charbon de sucre candi. Chaque pot reçoit enfin $\frac{1}{4}$, $\frac{1}{2}$ et jusqu'à 1 pour 100 de cendres fournies par la combustion des mêmes plantes qu'on veut cultiver (¹).

Dans ces conditions les plantes réussissent à merveille. Les racines traversent facilement la première couche de sable, qui fait l'office de terre végétale. Il se forme beaucoup de chevelu entre les gros fragments de brique; il vient même un moment où le chevelu sort par les fentes inférieures des pots et se répand dans l'eau de la cloche. Il faut mettre les cloches à l'abri du soleil; pour cela, on les entoure d'un bâti de menuiserie sur lequel on étend des rideaux. On laisse à découvert les côtés qui reçoivent la lumière diffuse.

(¹) J'ai reconnu depuis que cette quantité est trop forte (*voir* p. 72 et 73).

IV.

Expérience de 1851.

Dans les expériences antérieures, l'air arrivait dans les cloches chargé de toute l'ammoniaque qu'il contient naturellement; dans celles qui vont suivre, il en a été privé. A partir de 1851, l'ammoniaque atmosphérique n'est plus intervenue dans l'expérience; avant d'entrer dans les cloches, l'air passait sur des fragments de pierre ponce imbibée d'acide sulfurique, et de là dans une dissolution de bicarbonate de soude. Dans ces nouvelles conditions, les choses se sont passées comme les années précédentes; la végétation a suivi son cours ordinaire, et les plantes ont absorbé des quantités importantes d'azote, ainsi qu'on peut s'en convaincre par les résultats suivants :

SEMENCES (1).	NON DES-SÉCHÉES.	DES-SÉCHÉES à 120°.	AZOTE.	RÉCOLTES (2).	VERTES.	DES-SÉCHÉES à 120°.	AZOTE.	AZOTE absorbé.
	gr	gr	gr		gr	gr	gr	gr
Soleils...........	0,20	0,184	0,005	Soleils...........	82,60	25,586	0,157	0,152
Tabac (T)........	1,05	0,084	0,004	Tabac (T)........	103,50	22,436	0,175	0,171
Tabac (t)........	1,05	0,084	0,004	Tabac (t)........	92,00	20,780	0,162	0,158
Totalité des semences.		0,352		Totalité des récoltes ..		68,802		
Totalité de l'azote.......			0,013	Totalité de l'azote........				0,494

Cendres.

		gr
(1)	Soleils..	0,005
	Tabac (T)..	0,017
	Tabac (t)..	0,017
(2)	Soleils...	2,243
	Tabac (T)..	2,440
	Tabac (t)..	2,259

VOLUME DE L'AIR QUI A PASSÉ DANS LA CLOCHE.

	Volume à 0°. P = 760. lit.
Du 13 juin au 30........................	17357,592
Du 1er juillet au 31.......................	31255,943
Du 1er août au 31........................	31034,750
Du 1er septembre au 13....................	13260,207
	92908,492

Résultats de l'expérience.

Azote des récoltes...................	$0^{gr},494$
Azote des semences.................	$0^{gr},013$
Azote absorbé par les plantes................	$0^{gr},481$

La quantité d'azote que les plantes ont absorbée en 1851 est moindre qu'en 1850, mais le rapport de l'azote des semences à celui des récoltes est plus élevé. En 1850, l'azote des récoltes était 15 fois celui des semences, et en 1851 il est 38.

Les tabacs n'ont pas fleuri. Les soleils ont fleuri et fructifié; ils ont produit quatre-vingt-quinze graines rudimentaires; elles se bornaient au tégument extérieur. Desséchées au soleil, elles pesaient $0^{gr},35$.

V.

Toutes les cultures n'épuisent pas également le sol. Les céréales l'épuisent plus que le trèfle et les légumineuses. Pour expliquer ces différences, on admet que les premières tirent tout leur azote du sol, et que les secondes en empruntent la plus grande partie à l'atmosphère. Sans préjuger la valeur des témoignages que la grande culture fournit à cet égard, il y a un intérêt considérable à constater, par des expériences certaines, que les céréales peuvent emprunter une partie de leur azote à l'air comme les autres plantes.

L'expérience de 1852 a commencé le 25 septembre 1851 et a fini le 14 octobre 1852. Elle comprend trois cultures :

1° Trois colzas repiqués le 25 septembre 1851 et récoltés le 12 juin 1852; je les appelle *colzas d'automne;*

2° Une culture de blé : elle commence le 20 mars 1852 et finit le 10 juillet de la même année; une culture de soleils : elle commence le 20 mars 1852 et finit le 14 octobre;

3° Deux cultures de colzas, les uns repiqués le 1er juillet, je les appelle *premiers colzas d'été;* les autres repiqués le 8 août, je les appelle *deuxièmes colzas d'été;* on a récolté tous les colzas le 14 octobre.

Comme l'appareil se composait de deux cloches, il m'était facile de faire succéder les cultures sans interrompre la régularité du travail. Pour les colzas, on a opéré sur des plantes repiquées; pour le blé et les soleils, on a opéré par semis.

Expérience de 1852.

SEMENCES.	NON DES- SÉCHÉES.	DES- SÉCHÉES à 120°.	AZOTE.	RÉCOLTES ([1]).	VERTES.	DES- SÉCHÉES à 120°.	AZOTE.	AZOTE absorbé.
	gr	gr	gr		gr	gr	gr	gr
Colzas d'automne.	11,68	0,854	0,048	Colzas d'automne.	94,80	27,412	0,226	0,178
Blé de mars......	1,36	1,194	0,029	Blé de mars	26,10	12,917	0,065	0,036
Soleils...........	0,64	0,588	0,016	Soleils...........	275,00	64,090	0,408	0,392
1ers colzas d'été...	37,50	3,723	0,173	1ers colzas d'été...	437,10	60,408	0,595	0,422
2es colzas d'été ...	16,90	1,833	0,105	2es colzas d'été...	466,00	64,786	0,701	0,596
Totalité des semences.		8,192		Totalité des récoltes ..		229,613		
Totalité de l'azote.......			0,371	Totalité de l'azote........			1,995	

([1]) *Voir* à l'Appendice, p. 151, la balance des cendres.

VOLUME DE L'AIR QUI A PASSÉ DANS LES CLOCHES.

Volume à 0°.
P = 760°.

	lit
Du 4 octobre 1851 au 3 novembre..............	58394,736
Du 4 novembre au 3 décembre................	55869,966
Du 4 décembre au 3 janvier 1852.............	39151,634
Du 4 janvier au 3 février....................	49772,773
Du 4 février au 4 mars......................	53401,570
Du 5 mars au 3 avril........................	53334,919
Du 4 avril au 4 mai	56381,250
Du 5 mai au 3 juin	51572,807
Du 4 juin au 3 juillet	53370,598
Du 4 juillet au 3 août.......................	53783,095
Du 4 août au 5 septembre....................	59739,133
Du 6 septembre au 11 octobre................	66743,402
	651515,883

Résultats de l'expérience.

Azote des récoltes	1gr,995
Azote des semences...................	0gr,371
Azote absorbé par les plantes................	1gr,624

Dans cette série, les colzas d'hiver ont fleuri sans
qu'il y ait eu production de fruits. Les soleils ont

produit 412 graines rudimentaires. Le blé a fructifié
complètement : la récolte a été de 47 grains. Je
rapporte en note tous les détails de cette culture (¹).
J'ai la preuve que les colzas auraient produit plus de
récolte, si j'avais ajouté moins de cendres au sable
qui leur servait de sol.

VI.

Si l'on compare la composition des récoltes de
colzas venus en 1852, on trouve que les deuxièmes
colzas d'été contiennent 1,18 pour 100 d'azote, les
cendres déduites, et les colzas d'automne seulement

(¹)   EXPÉRIENCE SUR LE BLÉ (TRITICUM VULGARE).

Semence (20 mars 1852).

	gr
Trente grains de blé de mars	1,360
Trente grains de blé desséchés à 120°	1,194
Cendres	0,025
Matière organique réelle	1,169
Azote	0,029

Récolte (10 juillet 1852).

	Grains.	Paille.
	gr	gr
Verte	1,150	24,950
Desséchée	1,051	11,866
Cendres	0,035	1,302
Matière organique réelle	1,016	10,564
Azote	0,022	0,043

Résultats de l'expérience.

		Azote.
Récolte desséchée à 120°, déduction faite des cendres	11,580	0,065
Semence desséchée à 120°, déduction faite des cendres	1,169	0,029
D'où excédant de la récolte	10,411	
D'où excédant de l'azote de la récolte		0,036

0,94 pour 100; on trouve de plus que la récolte des colzas d'été s'élève à 64^{gr},786 et contient 0^{gr},701 d'azote, tandis que les colzas d'automne n'ont produit que 27^{gr},412 de récolte, dans laquelle il y a 0^{gr},226 d'azote. Ainsi les colzas d'été ont produit plus de récolte que les colzas d'automne, et cette récolte est plus azotée. D'où vient cette différence? Toutes les conditions de l'expérience étaient les mêmes; dans les deux cas on s'est servi du même appareil. La différence résulte de deux causes : la première, c'est que les colzas d'automne ont été repiqués au mois d'octobre, et que, sur les six mois que l'expérience a duré, il y en a eu au moins trois pendant lesquels la végétation a été suspendue à cause du froid; la seconde, c'est que ces mêmes colzas ont fleuri. Or, lorsqu'une plante, qui est cultivée dans le sable, entre en fleur, l'absorption de l'azote se ralentit si elle ne cesse complètement. L'activité de la plante, qui jusque-là avait résidé dans les feuilles, se concentre dans la fleur. La plante ne trouvant pas dans le sol les matériaux que la formation de ces nouveaux organes exige, une partie de la substance des feuilles y supplée : il y a résorption des feuilles au profit des fleurs et des graines qui leur succèdent.

Lorsqu'on sème, toujours dans le sable, une plante à une époque trop tardive pour qu'elle fleurisse, et que la belle saison n'est pourtant pas trop avancée, les choses se passent tout autrement. Dans le premier cas, c'est-à-dire lorsque la plante fleurit et porte graine, la tige s'élève démesurément, alors que les feuilles restent presque à l'état rudimentaire; dans le second, les feuilles prennent un développement remarquable, et la tige ne s'élève presque pas. Toute l'activité de la plante se concentre dans les feuilles : si les feuilles les plus anciennes se flétrissent, des feuilles nouvelles leur succèdent. La surface d'absorption, loin de diminuer, augmente toujours, et finalement la plante produit plus de récolte et absorbe plus d'azote. Le colza se prête merveilleusement à ce genre d'expériences. Si on le sème au mois de mars, on obtient une plante grêle qui fleurit et ne produit qu'un petit nombre de feuilles étroites dont le limbe est presque adhérent à la tige. Si on le sème au mois de juin, au contraire, la tige s'élève moins, mais elle est forte; les feuilles prennent beaucoup de développement et leur pétiole est très long. Dans le premier cas, la récolte contient de 0,60 à 0,70 pour 100 d'azote; et, dans le second, de 1,40 à 1,70.

VII.

En 1850, la récolte en blé s'élève à 2^{gr},807; elle contient 0^{gr},031 d'azote, ce qui fait 1,10 pour 100. En 1852, au contraire, la récolte s'élève à 7^{gr},75 et contient o^{gr},o39, ce qui ne fait plus que o,5o pour 1oo (¹). Ainsi, en 1852, la récolte est plus forte, mais moins azotée qu'en 1850. D'où vient cette singulière anomalie? Elle vient uniquement de ce que les deux expériences n'ont pas eu lieu à la même époque, et si j'y insiste, c'est pour montrer combien ces phénomènes sont compliqués, et combien il faut être réservé dans la discussion des résultats qu'on obtient.

VIII.

En 1850, on a semé le blé le 1er juillet, et on l'a récolté le 23 octobre. L'expérience a duré environ trois mois. L'époque des semis était trop avancée pour avoir une végétation régulière; aussi le blé n'a-t-il produit ni chaume ni grains : il a produit une touffe d'herbe.

En 1852, on a semé le blé au mois de mars, et on l'a récolté au mois de juillet. La floraison a commencé à la fin de mai. Dans ces nouvelles conditions, la végétation du blé a suivi son cours ordinaire : la plante a produit du chaume et des grains. Dans les deux cas, la quantité d'azote que les plantes ont absorbée est à peu près la même; seulement, en 1852,

---

(¹) En 1850, on a semé 18 grains; en 1852, on en a semé 3o. 7^{gr},75 représentent la récolte de 18 grains.

cet azote a servi à former du chaume dans lequel le rapport de l'azote aux autres éléments est moindre que dans les feuilles vertes et plus charnues qu'il a exclusivement produites en 1850.

IX.

Enfin, si l'on étend la comparaison aux colzas de 1850 et aux colzas d'été de 1852, on trouve que les premiers contiennent 1,99 pour 100 d'azote, et les seconds 1,18 pour 100; et cependant ils ont été semés à la même époque, et ni l'un ni l'autre n'ont fleuri. D'abord il est à remarquer qu'en 1850 l'air contenait 5 et 7 pour 100 d'acide carbonique, et qu'en 1852 il n'en contenait que 1; mais, sans nier que cette circonstance ait pu avoir quelque influence sur le résultat de l'expérience, la différence vient d'une autre cause.

J'ai dit à plusieurs reprises que j'avais ajouté trop de matières salines au sable qui servait de sol aux cultures. En effet, en 1852, j'en ai trop ajouté au sable des colzas.

En 1850, chaque pot contenait de 6 à 800 grammes de sable, au-dessous duquel il y avait de la brique en gros fragments. Les racines n'avaient donc qu'une couche de sable de 5 à 6 centimètres à traverser pour atteindre la brique, et, en réalité, c'est dans cette partie du pot qu'elles se sont développées. En 1852, j'ai cru mieux faire en augmentant la quantité de sable et en diminuant celle des fragments de brique. Chaque pot contenait 2000 grammes de sable et 20 grammes de cendres, et quoiqu'on ait répandu celles-ci sur la couche supérieure du sable lorsque les plantes avaient bien repris, cependant elles en ont souffert : les feuilles n'avaient pas cette belle couleur verte que j'avais remarquée et qu'elle m'ont reproduite depuis.

En effet, dans une expérience plus récente (elle a été faite en 1853), des colzas repiqués dans des pots semblables à ceux de 1850, et en réduisant la quantité de cendres à 5 grammes pour 800 grammes de sable, ont produit une récolte qui contenait 1,70 d'azote pour 100 de matière sèche (¹).

De l'ensemble des faits qui précèdent nous tirerons deux conclusions :

1° L'azote de l'air est absorbé par les plantes et sert à leur nutrition;

2° Dans les conditions où l'expérience s'est accomplie, l'ammoniaque de l'air n'a pas contribué dans une mesure appréciable à pourvoir les plantes de cet élément.

Plus tard, nous verrons ce qui arrive lorsque la végétation a lieu en plein air, et quelle est l'impor-

---

(¹) M. Payen a suivi les détails de cette dernière expérience.

tance relative des autres sources qui, avec le secours
de l'azote de l'air, fournissent tout l'azote des végétaux.

———

N.-B. — Les résultats que l'on vient d'exposer
ont trouvé un contradicteur bien inattendu. M. Boussingault, qui avait le premier soutenu l'opinion que les
végétaux absorbent et s'assimilent l'azote de l'air, lui
dont les travaux avaient reçu, à deux reprises succes-
sives et dans des conditions presque solennelles, l'ap-
probation de l'Académie des Sciences, a cru devoir réfuter ce qu'il avait défendu, et immoler de ses propres
mains ses titres les plus sérieux à l'estime des savants.

On trouvera, sous le titre de *Cinquième Partie,*
comment ce renversement d'opinion s'est produit
chez l'éminent professeur du Conservatoire des Arts
et Métiers, sous quelles formes il a été porté devant le
public, et comment le débat qui s'en est suivi a pris
naissance. On y trouvera enfin le Rapport de l'honorable M. Chevreul, rendant compte, à l'Académie des
Sciences, des expériences qui furent exécutées au
Muséum d'Histoire naturelle pour décider ce point
fondamental de physiologie et de science agricole.

Dans ces diverses pièces on ne trouvera pas trace
de discussion. C'est une publication de pièces offi-
cielles; la discussion viendra plus tard. L'auteur la
réserve pour le deuxième Volume.

TROISIÈME PARTIE.

INFLUENCE DE L'AMMONIAQUE SUR LA VÉGÉTATION.

I.

Si l'on ajoute de l'ammoniaque à l'air, la végétation prend une activité remarquable. A la dose de 4 dix-millièmes, et même à des doses beaucoup plus faibles, l'influence de ce gaz se fait sentir au bout de huit à dix jours, et, à partir de ce moment, elle se manifeste avec une intensité toujours croissante. Les feuilles, qui à l'origine étaient d'un vert pâle, prennent une coloration de plus en plus foncée; il vient un moment où elles sont presque noires, leurs pétioles sont longs et redressés, et leur surface large et brillante : on les dirait enduites d'une couche de mine de plomb. Enfin, lorsque la végétation est arrivée à son terme, on trouve que la récolte l'emporte beaucoup sur celle des mêmes plantes qui sont venues dans l'air pur; on trouve, de plus, qu'à égalité de poids, elles contiennent beaucoup plus d'azote. Ainsi l'ammoniaque ajoutée à l'air produit deux effets sur la végétation : 1° elle favorise l'accroissement des plantes ; 2° elle rend leurs produits plus azotés.

II.

A côté de ces effets généraux, il en est d'autres qui sont plus variables, qui dépendent de circonstances particulières, mais qui sont également dignes d'intérêt. En effet, au moyen de l'ammoniaque, on peut non seulement activer la végétation, mais encore en modifier le cours, ralentir l'exercice de certaines fonctions, exagérer le développement et la multiplication de certains organes. Si son emploi est mal dirigé, il peut occasionner des accidents. Ceux qui se sont produits dans le cours de mes expériences me semblent jeter un jour inattendu sur le mécanisme de la nutrition des plantes ; ils m'ont appris du moins au prix de quels soins l'ammoniaque peut devenir l'auxiliaire de la végétation. Il est bien entendu qu'il ne peut être question ici que de la végétation dans les serres ; je dirai plus tard quelle extension son emploi est susceptible de recevoir.

III.

Ces nouvelles expériences ont été exécutées dans les mêmes conditions que les précédentes. Dans les deux cas, la végétation avait lieu dans des cloches dont on renouvelait l'air chaque jour et dans le sable calciné; seulement on dégageait de l'ammoniaque dans l'une des cloches et l'on n'en dégageait pas dans l'autre.

Expérience de 1850.

SEMENCES.	NON DES-SÉCHÉES.	DES-SÉCHÉES à 120°.	AZOTE.	RÉCOLTES.	VERTES.	DES-SÉCHÉES à 120°.	AZOTE.	AZOTE absorbé.
	gr	gr	gr		gr	gr	gr	gr
Colzas...........	6,68	0,599	0,026	Colzas...........	443,20	67,024	2,812	2,786
Blé..............	0,81	0,682	0,016	Blé..............	99,00	19,285	0,727	0,711
Seigle	0,64	0,617	0,013	Seigle	119,50	18,655	0,573	0,560
Maïs.............	1,72	1,488	0,029	Maïs.............	35,20	6,020	0,201	0,172
Totalité des semences.	3,386			Totalité des récoltes..	110,984			
Totalité de l'azote		0,084		Totalité de l'azote			4,313	

VOLUME DE L'AIR QUI A PASSÉ DANS LA CLOCHE.

	Volume de l'air à 0°. P = 760.	Ammoniaque ajoutée à l'air.	Rapport de l'ammoniaque à l'air.
	lit	gr	
Du 1ᵉʳ juillet au 17.............	9225,247	5,088	0,00042
Du 18 juillet au 17 août........	16709,970	9,222	0,00042
Du 18 août au 21 septembre....	20231,396	10,812	0,00041
Du 22 septembre au 23 octobre..	19281,343	10,176	0,00040
	65447,956	35,298	
Rapport moyen........			0,00041

Résultats de l'expérience.

Azote des récoltes.................... 4^{gr},313

Azote des semences................... 0^{gr},084

Azote absorbé par les plantes................ 4^{gr},229

Comparaison des résultats obtenus dans l'air pur et dans l'air ammoniacal.

CULTURE DANS L'AIR PUR.					CULTURE DANS L'AIR AMMONIACAL.				
RÉCOLTES.	VERTES.	DES-SÉCHÉES à 120°.	AZOTE.	AZOTE absorbé.	RÉCOLTES.	VERTES.	DES-SÉCHÉES à 120°.	AZOTE.	AZOTE absorbé.
	gr	gr	gr	gr		gr	gr	gr	gr
Colzas...........	379,40	53,761	1,070	1,044	Colzas...........	443,20	67,024	2,812	2,786
Blé..............	15,00	2,807	0,031	0,015	Blé..............	99,00	19,285	0,727	0,711
Seigle..........	17,75	3,136	0,037	0,024	Seigle..........	119,50	18,655	0,573	0,560
Maïs............	29,37	4,503	0,128	0,098	Maïs............	35,20	6,020	0,201	0,172
Totalité des récoltes..		64,207			Totalité des récoltes..		110,984		
Totalité de l'azote........			1,266		Totalité de l'azote........			4,313	

100 parties de récolte desséchées à 120° contiennent d'azote :

	Air pur.		*Air ammoniacal.*
Colzas....................	1,99	Colzas....................	4,19
Blé.....................	1,10	Blé.....................	3,77
Seigle....................	1,18	Seigle....................	3,07

On voit que dans l'air mêlé de vapeurs ammoniacales la végétation donne des produits à la fois plus abondants et plus azotés. Les expériences de 1851 et de 1852 conduisent aux mêmes résultats. En 1850, l'expérience n'est vraiment comparable que pour les colzas. Le blé et le seigle, qui étaient cultivés dans l'air pur, ont mal germé, ce qui a contribué à abaisser la récolte. La même chose a eu lieu pour le maïs : il a mal germé dans l'air ammoniacal.

L'air contenait en moyenne 0,00041 d'ammoniaque. Pendant les mois de juillet, d'août et de septembre, on a dégagé chaque jour 25 litres d'acide carbonique dans la cloche; pendant le mois d'octobre, on a porté cette quantité à 47 litres.

Expérience de 1851.

Végétation dans l'air ammoniacal.

SEMENCES.	NON DES-SÉCHÉES.	DES-SÉCHÉES à 120°.	AZOTE.	RÉCOLTES.	VERTES.	DES-SÉCHÉES à 120°.	AZOTE.	AZOTE absorbé.
	gr	gr	gr		gr	gr	gr	gr
Soleils...........	0,20	0,184	0,005	Soleils (¹).......	145,30	35,862	0,402	0,397
Tabac (T').......	1,05	0,084	0,004	Tabac (T').......	255,05	54,475	0,623	0,619
Tabac (t').......	1,05	0,084	0,004	Tabac (t').......	307,00	44,958	0,480	0,476
Totalité des semences.	0,352			Totalité des récoltes..	135,295			
Totalité de l'azote.......			0,013	Totalité de l'azote........			1,505	

(¹) Le soleil a produit 1,50 de graines desséchées à 90° qu'il faut ajouter au poids de 37ᵍʳ,75 de la récolte, rapporté page 174. L'analyse des graines de soleil se décompose ainsi : graines desséchées à 120°, 1ᵍʳ,320; cendres, 0ᵍʳ,067; azote, 0ᵍʳ,021.

Le tabac (T') a produit 2ᵍʳ,60 de capsules desséchées au soleil qu'il faut ajouter au poids 56ᵍʳ,42 de la récolte rapporté page 174. L'analyse des capsules se décompose ainsi : capsules desséchées à 120°, 2ᵍʳ,23; cendres, 0ᵍʳ,24; azote, 0ᵍʳ,064. *Voir* à l'Appendice, page 176, la balance des cendres.

VOLUME DE L'AIR QUI A PASSÉ DANS LA CLOCHE.

	Volume de l'air à 0°. P = 760.	Ammoniaque ajoutée à l'air.	Rapport de l'ammoniaque à l'air.
	lit	gr	
Du 13 juin au 30............	17 387,476	8,586	0,00038
Du 1ᵉʳ juillet au 31..........	31 530,984	14,787	0,00036
Du 1ᵉʳ août au 31............	31 448,271	14,787	0,00036
Du 1ᵉʳ septembre au 13.......	13 417,046	6,201	0,00036
	93 783,777	44,361	
	Rapport moyen........		0,00036

Résultats de l'expérience.

Azote des récoltes................... 1ᵍʳ,505

Azote des semences.................. 0ᵍʳ,013

Azote absorbé par les plantes............... 1ᵍʳ,492

Comparaison des résultats obtenus dans l'air pur et dans l'air ammoniacal.

CULTURE DANS L'AIR PUR.					CULTURE DANS L'AIR AMMONIACAL.				
RÉCOLTES (¹).	VERTES.	DES-SÉCHÉES à 120°.	AZOTE.	AZOTE absorbé.	RÉCOLTES (¹).	VERTES.	DES-SÉCHÉES à 120°.	AZOTE.	AZOTE absorbé.
	gr	gr	gr	gr		gr	gr	gr	gr
Soleils............	82,60	25,586	0,157	0,152	Soleils............	145,30	35,862	0,402	0,397
Tabac (T')......	103,50	22,436	0,175	0,171	Tabac (T')......	255,05	54,475	0,623	0,619
Tabac (ι')........	92,00	20,780	0,162	0,158	Tabac (ι')........	207,00	44,958	0,480	0,476
Totalité des récoltes..		68,802			Totalité des récoltes..		135,295		
Totalité de l'azote........			0,494		Totalité de l'azote........			1,505	

(¹) *Voir* à l'Appendice, page 176, la balance des cendres.

100 parties de récoltes desséchées à 120° contiennent d'azote :

	Air pur.			*Air ammoniacal.*	
		Déduction faite des cendres.			Déduction faite des cendres.
Soleils.......	0,61	0,67	Soleils.......	1,12	1,22
Tabac (T')... Tabac (ι')....	} 0,78	0,87	Tabac (T')... Tabac (ι')....	} 1,11	1,18

Dans l'air pur, les tabacs n'ont ni fleuri ni fructifié. Dans l'air ammoniacal, la fructification de l'un d'eux a été complète : il a produit 26 capsules qui, desséchées au soleil, pesaient 2^{gr},60 ; l'autre a fleuri sans fructifier. Dans l'air pur, les soleils ont fleuri et produit 95 graines rudimentaires. Dans l'air ammoniacal, le nombre des graines s'est élevé à 215 ; leur organisation était plus avancée que celle des précédentes.

Expérience de 1852.

Végétation dans l'air ammoniacal.

SEMENCES.	NON DES-SÉCHÉES.	DES-SÉCHÉES à 120°.	AZOTE.	RÉCOLTES.	VERTES.	DES-SÉCHÉES à 120°.	AZOTE.	AZOTE absorbé.
	gr	gr	gr		gr	gr	gr	gr
Colzas d'automne.	11,68	0,854	0,048	Colzas d'automne.	609,15	115,394	1,171	1,123
Blé de mars	1,36	1,194	0,029	Blé de mars	67,25	23,892	0,230	0,201
Soleils..........	0,64	0,588	0,016	Soleils..........:	260,00	74,299	1,026	1,010
1ers colzas d'été...	40,00	3,971	0,184	1ère colzas d'été...	870,00	156,860	2,372	2,188
Totalité des semences.	6,607			Totalité des récoltes ..	370,445			
Totalité de l'azote.........			0,277	Totalité de l'azote			4,799	

VOLUME DE L'AIR QUI A PASSÉ DANS LES CLOCHES.

	Volume de l'air à 0°. P = 760.	Ammoniaque ajoutée à l'air.	Rapport de l'ammoniaque à l'air [1].
	lit	gr	
Du 4 octobre 1851 au 3 novembre.	57 723,548	9,920	0,00013
Du 4 novembre au 3 décembre...	55 255,214	9,600	0,00013
Du 4 décembre au 3 janvier 1852.	38 620,334	6,400	0,00013
Du 4 janvier au 3 février........	48 987,412	8,320	0,00013
Du 4 février au 4 mars..........	52 847,832	8,960	0,00013
Du 5 mars au 3 avril...........	52 686,687	9,280	0,00013
Du 4 avril au 4 mai............	55 407,467	9,600	0,00013
Du 5 mai au 3 juin	50 837,269	9,280	0,00014
Du 4 juin au 3 juillet..........	52 630,978	9,280	0,00014
Du 4 juillet au 3 août..........	53 052,706	9,600	0,00014
Du 4 août au 5 septembre.......	58 916,087	10,560	0,00014
Du 6 septembre au 11 octobre....	65 974,107	11,520	0,00013
	642 939,641	112,320	

Rapport moyen 0,00013

Résultats de l'expérience.

Azote des récoltes................... 4gr,799

Azote des semences 0gr,277

Azote absorbé par les plantes............... 4gr,522 [1]

---

[1] Pour le calcul du rapport de l'ammoniaque à l'air, *voir*, à l'Appendice, la fin du premier Tableau, du 4 octobre au 3 novembre.

Comparaison des résultats obtenus dans l'air pur et dans l'air ammoniacal.

CULTURE DANS L'AIR PUR.					CULTURE DANS L'AIR AMMONIACAL.				
RÉCOLTES.	VERTES.	DES-SÉCHÉES à 120°.	AZOTE.	AZOTE absorbé.	RÉCOLTES (¹).	VERTES.	DES-SÉCHÉES à 120°.	AZOTE.	AZOTE absorbé.
	gr	gr	gr	gr		gr	gr	gr	gr
Colzas d'automne.	94,80	27,412	0,226	0,178	Colzas d'automne.	609,15	115,394	1,171	1,123
Blé de mars	26,10	12,917	0,065	0,036	Blé de mars	67,25	23,892	0,230	0,201
Soleils..........	275,00	64,090	0,408	0,392	Soleils..........	260,00	74,299	1,036	1,010
1ᵉʳˢ colzas d'été..	437,10	60,408	0,595	0,422	1ᵉʳˢ colzas d'été...	870,00	156,860	2,372	2,188
Totalité des récoltes..	164,927				Totalité des récoltes..	370,445			
Totalité de l'azote........			1,294		Totalité de l'azote........			4,799	

(¹) *Voir* à l'Appendice, page 185, pour la balance des cendres.

Dans l'air pur, la récolte du blé se compose de quarante-cinq grains et de 11ᵍʳ,86 de paille, et dans l'air ammoniacal, de soixante-quinze grains et de 21ᵍʳ,98 de paille.

100 parties de récoltes desséchées à 120° contiennent d'azote :

	Air pur.			*Air ammoniacal.*	
		Déduction faite des cendres.			Déduction faite des cendres.
Colzas d'automne....	0,82	0,94	Colzas d'automne ...	1,02	1,08
Paille..............	0,37	0,41	Paille..............	0,75	0,82
Grains de blé.......	2,09	2,16	Grains de blé.......	3,40	»
Soleils.............	0,65	0,77	Soleils.............	1,38	1,64
Premiers colzas d'été.	0,98	1,18	Premiers colzas d'été.	1,51	1,66

Voici comment se décompose la récolte du froment venu dans l'air additionné d'ammoniaque.

CULTURE DE BLÉ DANS L'AIR AMMONIACAL.

	Paille.	Grains.	Nombre de grains.
Récolte verte	65,10	2,15	75
Desséchée à 120°	21,982	1,91	»
Cendres	1,890	»	»
Azote	0,165	0,065	»

Résultats de l'expérience.

Azote des récoltes	0^{gr},230
Azote des semences	0^{gr},029
Azote absorbé par les plantes	0^{gr},201

Comparons enfin, sous le rapport de la paille et des grains, les deux récoltes obtenues dans l'air pur et dans l'air additionné d'ammoniaque.

COMPARAISON DES RÉSULTATS OBTENUS DANS L'AIR PUR
ET DANS L'AIR AMMONIACAL.

Récolte dans l'air pur.

		Azote.
Paille desséchée à 120°	11,866	0,043
Grains desséchés à 120°	1,051	0,022
Totalité de la récolte	12,917	
Totalité de l'azote		0,065

Récolte dans l'air ammoniacal.

		Azote.
Paille desséchée	21,982	0,165
Grains desséchés	1,910	0,065
Totalité de la récolte	23,892	
Totalité de l'azote		0,230

En 1850, l'ammoniaque a produit plus d'effet que les années suivantes; ce résultat n'a rien de surprenant. En 1850, l'air contenait en moyenne 0,00041 d'ammoniaque; en 1851, il n'en contenait que 0,00036, et en 1852 que 0,00015.

Mais, en 1852, les colzas d'automne contiennent moins d'azote que les colzas d'été, et cependant la quantité d'ammoniaque n'a pas changé. Dans ce cas particulier, la différence vient de ce que les premiers ont fleuri, ce que n'ont pas fait les autres. Nous retrouvons dans l'air ammoniacal le même contraste que dans l'air pur; dans les deux cas, la floraison coïncide avec un ralentissement dans l'absorption de l'azote extérieur ([1]).

Et maintenant arrivons aux effets physiologiques de l'ammoniaque.

I.

Si l'on soumet les plantes à l'action de l'ammoniaque, lorsqu'un intervalle de plusieurs mois les sépare de la floraison, la végétation ne présente rien de particulier, elle suit son cours ordinaire. Elle est plus active que dans l'air pur, mais il ne se produit aucun trouble dans la succession des phases qu'elle doit traverser. Mais si l'on change les conditions de l'expérience, si l'on attend qu'une plante soit sur le point de fleurir pour la soumettre à l'action de l'am-

---

([1]) *Voir* la deuxième Partie, p. 66.

moniaque, les phénomènes changent aussitôt. Dans
ces nouvelles conditions, la floraison s'arrête ; la végétation prend un nouvel essor : on dirait que la plante
repasse par la phase qu'elle vient de traverser. La
tige s'élève et se ramifie dans tous les sens, elle se
couvre de nouvelles feuilles ; puis, si la saison n'est
pas trop avancée, la floraison, un moment suspendue,
s'opère encore, mais toutes les fleurs sont stériles. Si
l'on fait l'expérience sur une céréale dont la tige fistu-
leuse s'oppose à la production de nouveaux rameaux,
le phénomène se produit autrement : l'accroissement
de la tige s'arrête, et du collet de la racine il part de
véritables touffes de chaume qui ont bientôt atteint
et dépassé la tige mère, et la plante encore ne donne
pas de fruits.

II.

Tous ces phénomènes rentrent dans les lois les
plus générales de la Physiologie.

En effet, tous les êtres organisés sont soumis à une
loi de compensation qui maintient l'harmonie entre
les fonctions et règle le développement des organes.
Toutes les fois qu'un organe prend un développement exagéré, c'est aux dépens d'un autre organe ;
et toutes les fois qu'une fonction s'exerce avec trop
d'activité, c'est aux dépens d'une autre fonction. Si

les organes de la végétation, c'est-à-dire la tige, les branches et les feuilles, se développent au delà d'une certaine mesure, c'est aux dépens des organes de la reproduction. Les fleurs sont stériles et la plante ne donne pas de fruits. Dans l'expérience qui précède, la plante, parvenue au moment de la floraison, a été soumise à l'action des vapeurs ammoniacales; leur influence a déterminé la formation d'un certain nombre de feuilles : cette brusque formation de nouveaux organes foliacés a détruit l'équilibre entre les fonctions de la végétation et celles de la reproduction, et a fait prédominer les premières sur les secondes.

III.

L'action de l'ammoniaque ne s'exerce pas avec la même intensité pendant toutes les périodes de la végétation; ses effets sont plus marqués depuis la germination jusqu'à la floraison que depuis cette dernière période jusqu'à la maturation du fruit. Cette différence est facile à comprendre. Jusqu'au moment de la floraison, toute l'activité de la plante réside dans les organes foliacés; si une influence favorable se produit, elle détermine la formation d'un plus grand nombre de feuilles, lesquelles, étant des organes d'absorption, ajoutent leur effet à la cause qui les a fait naître. Il se passe dans ce cas quelque chose d'analogue à la chute d'un corps. Plus le corps tombe de haut, plus la vitesse est grande lorsqu'il arrive à la surface de la Terre, parce que la vitesse qu'il acquiert à chaque instant s'ajoute à l'action constante de la pesanteur. A partir de la floraison, au contraire, toute l'activité de la plante se tourne vers les organes de la reproduction, une partie des feuilles se flétrissent et tombent. Celles qui poussent sont loin d'avoir les mêmes dimensions que les premières; il en résulte que la surface d'absorption a diminué. D'un autre côté, à partir de la floraison, la plante approche de la limite extrême du développement qu'elle doit acquérir, et la nutrition s'opère avec moins d'activité. Par ces deux considérations, on se rend compte des effets moins marqués que l'ammoniaque produit pendant la seconde période de la vie des plantes.

IV.

L'ammoniaque imprime à la végétation une activité si remarquable, son emploi est si facile et si peu dispendieux, qu'il ne peut manquer de se répandre dans les serres. En Angleterre, on a fait quelques tentatives dans ce sens avec le plus grand succès. De mon côté, j'ai opéré sur deux serres d'orchidées, et le résultat a été le même. Dans ces nouveaux essais, j'ai employé l'ammoniaque à la dose de $0^{gr},25$ par mètre cube, ce qui fait 0,00019; on pourrait sans inconvénient la porter beaucoup plus haut.

En Angleterre, on se borne à frotter un morceau de carbonate d'ammoniaque sur les tuyaux de chauffage; on fait deux fumigations par semaine. Je préfère employer l'ammoniaque mêlée à un grand excès d'acide carbonique et produire un dégagement non interrompu, qu'on entretient comme le feu du calorifère. L'appareil est d'ailleurs très simple. Il se compose d'un ballon à fond plat et d'un flacon à trois tubulures. Chaque matin on verse dans le ballon quelques morceaux de chaux caustique et un volume déterminé d'une dissolution de sel ammoniac. Le bouchon du ballon porte deux tubes : l'un communique avec un système de tuyaux de plomb qui conduisent les gaz en cinq ou six points différents de la serre; l'autre communique avec le flacon à trois tubulures. Dans ce flacon on met de la craie ou du marbre, et de temps en temps on y verse de l'acide sulfurique étendu d'eau. Il se produit un dégagement d'acide carbonique. Ce gaz passe dans le ballon, se charge d'ammoniaque et va sortir par des tuyaux de dégagement : ainsi la diffusion des gaz est instantanée et complète. Au commencement, une partie du carbonate d'ammoniaque se dépose dans les tuyaux de plomb, mais il est entraîné bientôt par le courant d'acide carbonique. Pour activer le dégagement de l'ammoniaque, on place le ballon sur une plaque de fonte chauffée par le calorifère. On trouvera dans le Chapitre suivant les résultats de cette intéressante application.

V.

Pendant les fortes chaleurs de l'été, l'ammoniaque peut occasionner des accidents; on fera bien d'en suspendre l'usage pendant les mois de juin, juillet et août. Ceux que j'ai observés se sont toujours produits dans les mêmes conditions et avec des caractères dont la constance dénote un phénomène bien déterminé. Ils se déclarent de préférence sur les plantes dont la végétation est déjà avancée : les feuilles inférieures jaunissent, se crispent et se dessèchent, bien que l'atmosphère soit saturée d'humidité; puis le mal s'étend à un certain nombre de feuilles du sommet, et la plante succombe.

Je crois que cet effet est le résultat d'un défaut d'équilibre survenu tout à coup entre les divers éléments absorbés par les feuilles et les racines. Je m'explique. D'une manière générale, les racines sont destinées à pourvoir les plantes de substances minérales. Si l'absorption de ces substances va au delà d'une certaine limite, les plantes ne peuvent utiliser tout ce qu'elles reçoivent, et il se forme des efflorescences salines à la surface des feuilles. Lorsque, après une forte pluie, le temps se remet au sec, on observe de fréquents exemples de ces sortes d'efflorescences sur les larges feuilles des cucurbitacées. Lorsque, par un concours de circonstances différentes, l'activité des feuilles l'emporte sur celle des racines, l'absorption des éléments organiques devient prédominante. A défaut d'une quantité suffisante de matières minérales, ces éléments ne peuvent recevoir leur emploi; alors il se passe un phénomène remarquable. Ce que les racines n'ont pu amener à la plante, la plante le puise elle-même; il y a résorption de la substance d'une partie des feuilles, et si la résorption va au delà d'une certaine mesure, la plante succombe.

Dans la nature, il se présente souvent des exemples où une partie des organes les plus anciens sont résorbés au profit des organes venus les derniers. Si l'on arrache un pied de pourpier lorsqu'il est en fleur, et si on le met à l'ombre sur une feuille de papier, la végétation continue, la graine se forme et mûrit ([1]). Or, dans ce cas particulier, les substances minérales contenues dans la graine ne peuvent pas venir du sol : il faut donc qu'elles viennent des tissus mêmes de la plante. Dans les accidents que je signale, il se produit un phénomène du même ordre ([2]).

([1]) Je dois cette observation à l'amitié obligeante de M. Lefebvre, de la maison Vilmorin.

([2]) Il est encore possible que l'organisation des tissus soit incomplète, à cause de leur trop rapide formation, et que les plantes ne puissent résister à l'action réunie de la chaleur et des vapeurs ammoniacales. Telle est, du moins, l'opinion que le Dr Lindley m'a paru disposé à se faire des accidents que je signale.

Ces nouvelles études nous conduisent aux propositions suivantes :

1° A la dose de 0,0002, et surtout de 0,0004, l'ammoniaque ajoutée à l'air exerce une influence extraordinaire sur la végétation;

2° Les plantes venues dans l'air ammoniacal sont plus azotées que celles venues dans l'air pur;

3° Au moyen de l'ammoniaque, on peut modifier le cours ordinaire de la végétation, arrêter ou tout au moins ralentir la floraison, et, par suite de ce temps d'arrêt, provoquer un développement remarquable de nouvelles feuilles.

QUATRIÈME PARTIE.

EMPLOI DE L'AMMONIAQUE DANS LES SERRES.

Jusqu'à présent ce que j'ai dit des effets de l'ammoniaque sur la végétation se rapporte à des plantes qui étaient cultivées dans le sable calciné; lorsque la culture a lieu dans la bonne terre, à la même dose, l'ammoniaque produit des effets beaucoup plus marqués. Afin de donner plus de rigueur, s'il est possible, aux observations pratiques qui vont suivre, j'exprimerai par quelques chiffres le cours ascendant de cette action. Les quatre expériences que je rapporte ont eu lieu en même temps. On a opéré chaque fois sur trois colzas qui pesaient $0^{gr},853$, desséchés à 120°, et qui contenaient $0^{gr},048$ d'azote.

L'expérience a commencé le 25 septembre 1851 et fini le 12 juin 1852. L'air contenait 0,00015 d'ammoniaque et 1 pour 100 d'acide carbonique.

Résultats comparés des quatre cultures.

	Récoltes desséchées à 120°. gr	Azote. gr
Colzas cultivés dans le sable calciné et l'air pur ...	27,34	0,226
Colzas cultivés dans la bonne terre et l'air pur....	51,51	0,840
Colzas cultivés dans le sable calciné et l'air additionné d'ammoniaque......................	115,40	1,171
Colzas cultivés dans la bonne terre et l'air additionné d'ammoniaque......................	133,15	4,612

Observations pratiques faites dans quatre serres sur l'influence des fumigations ammoniacales.

Ces fumigations ont eu lieu dans quatre serres :

1° Une serre chaude principalement affectée aux orchidées; 2° une autre serre chaude; 3° une serre à pélargoniums, à cinéraires, à calcéolaires, etc.; 4° une serre à camellias, à azaléas, etc.

Elles ont commencé le 15 février 1852 et ont été continuées, savoir : dans la serre à orchidées, jusqu'à la fin de juin. C'est, à proprement parler, la seule serre où les fumigations aient été faites avec suite au moyen de l'appareil disposé par M. Ville; elles ont été interrompues pendant les chaleurs et reprises vers la fin d'août. Dans la seconde serre chaude, les fumigations ont été faites moins régulièrement et au moyen de petits ballons contenant quelques morceaux de chaux sur lesquels on versait 15 à 20 grammes de dissolution d'hydrochlorate d'ammoniaque. Ces bouteilles étaient promenées à la main dans les diverses parties de la serre. Des réparations commencées en mai ont interrompu les expériences. Dans les serres à pélargoniums et à camellias, les fumigations, faites très irrégulièrement, ont cessé à la fin d'avril. Les opérations qui ont été continuées avec suite peuvent se résumer de la manière suivante :

1° A la mi-mars, on remarque un changement

très marqué dans la verdure des plantes des serres chaudes. Les feuilles des plantes succulentes sont injectées d'une couleur vert sombre : cette couleur fait bourrelet autour des parties maculées ou froissées. Dans les feuilles en cours de développement, on aperçoit des veines très foncées de couleur verte qui se ramifient à l'infini et marbrent les tissus. Ces effets sont surtout très caractérisés dans les *Musa*, *Caladium*, *Crinum*, *Ravenala;* dans plusieurs espèces d'orchidées, *Phajus*, *Zygopetalum*, *Lycastes*, *Houletia*, etc. Dans la serre à pélargoniums, les plantes, qui, en général, avaient souffert et étaient très jaunes, ont poussé vigoureusement et développé un feuillage abondant et très foncé. La serre à camellias et à azaléas ne donne lieu à aucune observation.

2° Au milieu du mois d'avril, la végétation des plantes de serre chaude est remarquable par sa couleur verte et par la force et la grandeur des feuilles. Sur les feuilles des plantes succulentes existe une couche grasse : on dirait que les tissus ont été enduits de mine de plomb. Le développement des parties foliacées se fait rapidement et avec vigueur. Des plantes qui sont ordinairement d'un vert pâle, les *Miltonia*, *Oncidium roseum,* et autres, ont une teinte plus vive. Les *Begonia* ont des feuilles sombres et veinées; il semble que les plantes à feuillage dur et résistant sont plus vertes qu'à l'ordinaire. Des *Crinum* qui avaient souffert se développent avec une grande vigueur, et prennent de fortes dimensions. Il en est de même des *Musa* et des *Caladium*. Quelques fleurs d'orchidées, telles que *Phajus grandifolium*, *Cælia Baueriana* et autres, paraissent avoir des teintes plus foncées et une vivacité de coloris plus grande. Les pélargoniums, les cinéraires et autres plantes de serre froide sont d'un vert et d'une vigueur très remarquables. Rien d'appréciable dans la serre à camellias, si ce n'est que ces plantes végètent d'une manière assez puissante.

3° Au milieu du mois de mai, les observations ne portent plus que sur les plantes de serre chaude ; leur végétation vigoureuse, leur état de santé, la verdure de leur feuillage, frappent tous les yeux. Les plantes succulentes sont surtout remarquables par la grandeur des feuilles, la force des pétioles, le vert foncé du limbe ; les tissus sont pour ainsi dire injectés, et l'on suit à l'œil tous les dessins que la couleur verte a faits en circulant dans les vaisseaux. Ces plantes sont fermes et portent bien tous leurs appendices. Les orchidées et plusieurs espèces de plantes dures végètent avec vigueur et très abondamment. Mais plusieurs plantes qui auraient dû montrer leurs fleurs sont en retard ; d'autres qui auraient dû être au repos continuent à végéter ; d'autres enfin, dont le repos aurait dû se prolonger, se remettent en végétation avant le temps : on dirait que les fumigations sollicitent les plantes à pousser et prolongent leur période de croissance. Quelques orchidées, qui montrent leurs tiges à fleurs en développant leurs pseudo-bulbes, ont de nombreuses tiges florales; il n'en est pas de même des orchidées à tiges, dont la végétation est presque constante.

4° A la fin de juin, les effets déjà signalés sont encore plus saillants, la végétation de certaines plantes est splendide; l'aspect général est des plus satisfaisants. Beaucoup d'espèces d'orchidées ont développé de nombreux pseudo-bulbes ou de nombreuses tiges; les feuilles sont généralement plus grandes et plus vertes que dans les végétations précédentes. Sur quelques espèces, il semble que cette croissance des feuilles nuit à la formation des pseudo-bulbes, qui n'atteignent pas leur grosseur ordinaire, quoique la partie foliacée soit plus forte. Quelques *Cattleya*, dont les pseudo-bulbes sont toujours dressés, et dont le feuillage est ferme et droit, laissent infléchir leurs feuilles plus longues que de coutume. Il est remarquable que les *Stanhopea*, toutes très vigoureuses, et qui ont eu un long temps de repos, ne fleurissent pourtant pas. Il l'est encore qu'une très forte plante d'*OErides crispum*, qui a trois fortes tiges de un mètre chacune, et qui, par conséquent, aurait dû donner de nombreuses fleurs, n'en montre aucune; à leur place, et entre les feuilles, il est sorti neuf branches ou tiges nouvelles qui se développent rapidement sans nuire à la croissance des tiges mères. Cette végétation est extraordinaire. Les orchidées à tiges, les *Vanda*, par exemple, végètent bien, mais ne fleurissent pas. Toutes les espèces de broméliacées poussent aussi rapidement et donnent de nombreux rejetons. Du pied d'un *Nepenthes distillatoria,* qui a $2^m,5o$ de haut, il part quatre rejetons, tout en continuant de s'allonger avec vigueur. Un bananier et un *Caladium odorum,* plantés en pleine terre près du bassin, offrent une végétation luxuriante, et produisent de nombreux rejetons.

Au total, la végétation est très belle, mais la floraison est peu abondante. L'observation précédemment faite, que si les dégagements sont favorables à la croissance des plantes, ils ne le sont pas autant à leur floraison, semble se confirmer. Pendant les mois de juillet et d'août, les dégagements ont été discontinués. Les plantes se sont, en général, bien comportées; quelques-unes ont vu leurs feuilles jaunir pendant les fortes chaleurs et sous l'influence des coups de soleil, la floraison a été un peu plus nombreuse, quoiqu'elle ait laissé à désirer. Les expériences ont été reprises depuis trois semaines, et les plantes ont acquis une grande vigueur de végétation. Les mêmes phénomènes déjà signalés continuent à se manifester, les plantes sont particulièrement remarquables par leur teinte verte et leur aspect de santé.

A. GUIBERT.

Passy, le 21 septembre 1852.

On peut éviter facilement l'inconvénient que
M. Guibert signale sous le rapport des fleurs. Pour
cela, il suffit de faire passer les plantes dans une serre
où l'on ne fait pas de fumigations, trois semaines ou
un mois avant l'époque où elles fleurissent. Je crois
même que, dans ces conditions, l'effet observé sur le
Cœlia Baueriana se généralisera, et que les fleurs
auront des tons plus chauds. L'exemple de l'*OErides
crispum,* qui a poussé neuf bourgeons herbacés au
lieu de fleurir, est une belle confirmation des effets
que j'ai signalés moi-même.

EMPLOI DE L'AMMONIAQUE POUR LA PRODUCTION DES FRUITS.

Je soumets aux horticulteurs les conjectures suivantes :

D'une manière générale, le fruit est une feuille modifiée. Lorsque ces modifications n'altèrent pas l'épiderme au point de le rendre dur ou corné, le fruit doit participer de la faculté que possèdent les feuilles d'absorber les gaz. Je crois qu'on pourrait favoriser la croissance des melons, des pastèques, des raisins, des pêches, en les exposant à des émanations faibles et constantes d'acide carbonique et d'ammoniaque. Pour les melons, je comprendrais qu'on mît une poignée de bon fumier sous les cloches dont on a l'habitude de les recouvrir, et qu'on le changeât de temps en temps. Dans les serres à vigne, je conseillerais l'emploi du même moyen. De petits tas de fumier placés immédiatement au-dessous du fruit formeraient autour de lui une atmosphère artificielle chargée d'ammoniaque et d'acide carbonique.

Je crois qu'on obtiendrait encore de bons effets sur les arbres à fruits en agissant de la manière suivante. Je ne parle, bien entendu, que des arbres cultivés en espalier dans les serres. La première année on dégagerait dans la serre de l'acide carbonique et de l'ammoniaque. On produirait une végétation très active :

l'arbre se couvrirait de feuilles, les branches et le tronc prendraient plus de force; mais, à cause de ce développement ligneux, l'arbre produirait peu de fruits. L'année suivante, on suspendrait les fumigations ammoniacales; je crois que l'arbre produirait alors beaucoup de fruits, le travail de l'année précédente l'ayant fortifié en faisant prédominer le développement du bois. Ainsi je conseillerais l'emploi intermittent des vapeurs ammoniales.

Je comprends encore une troisième manière d'employer l'ammoniaque. Je prendrai la vigne pour exemple. On soumettrait la serre au régime de l'ammoniaque et de l'acide carbonique, et, lorsque l'époque de la floraison approcherait, on dépouillerait la vigne des trois quarts de ses feuilles et l'on suspendrait les fumigations. A la suite de cette double suppression, il est probable que la végétation changerait de cours, et que, ne pouvant continuer de s'exercer au profit du bois, elle tournerait au profit des fruits. Mais, de ces trois moyens, les deux premiers me paraissent mériter plus de confiance. Cependant je prie le lecteur de ne pas oublier que ce ne sont ici que des conjectures.

————

N.-B. — Le lecteur voudra bien remarquer que les prévisions exprimées par l'auteur n'étaient que des inductions théoriques. J'ai la satisfaction de pouvoir annoncer que l'expérience en a confirmé la justesse. Si l'on projette, sur les grappes de raisins, de l'eau à l'état de fine poussière à l'aide d'un appareil où la division de l'eau est déterminée par un courant d'air, et si cette eau contient en petite quantité du carbonate d'ammoniaque, les grains des grappes soumises à ce traitement acquièrent un volume double des autres. L'essai en a été fait à Thomery sur des chasselas, et il a complètement réussi. Je consacrerai, dans le second Volume, un article à cette intéressante application.

APPENDICE.

Je réunis dans l'Appendice tout ce qui concerne la construction des appareils que j'ai employés, l'étude des méthodes que j'ai suivies et les données numériques de chaque expérience. Je m'occupe d'abord des appareils et des méthodes : les données numériques viendront en dernier lieu.

Elles sont divisées en deux séries qui comprennent :

Première série. — Absorption de l'azote de l'air par les plantes.

> Expériences de 1849.
> Expériences de 1850.
> Expériences de 1851.
> Expériences de 1852.

Deuxième série. — Influence de l'ammoniaque ajoutée à l'air sur la végétation.

> Expériences de 1850.
> Expériences de 1851.
> Expériences de 1852.

Construction des aspirateurs.

Les aspirateurs qui m'ont servi en 1849 et en 1850 étaient de bois de chêne; ceux que j'ai employés en 1851 étaient de zinc; enfin ceux que j'ai employés en 1852, et qui me servent actuellement, sont de fonte et de tôle de fer. Le fond et la calotte supérieure sont de fonte; les parois sont de tôle. Tous les ajustages sont établis, comme dans les chaudières des machines à vapeur, au moyen de clous rivés; les robinets sont ajustés au moyen de deux platines qu'on fixe à l'aide de boulons à vis. Entre la platine du robinet et la platine correspondante de l'aspirateur, on met une couche de mastic au minium et à l'huile de lin; on serre ensuite les boulons : c'est le système adopté

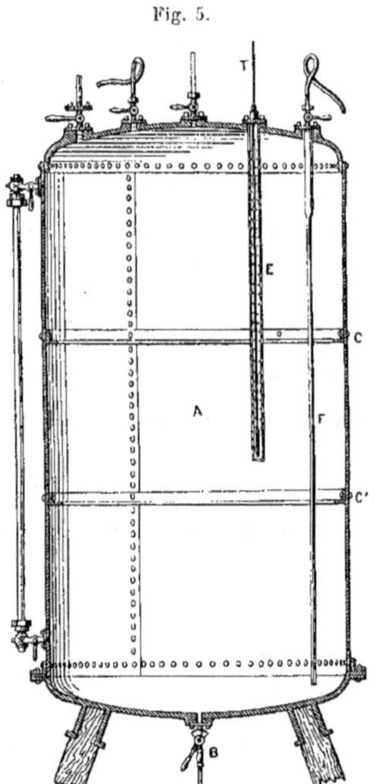

Fig. 5.

dans la grande mécanique. Le thermomètre T et les tubes de verre sont ajustés au moyen de presse-étoupe. L'étoupe employée est enduite de mastic au minium. L'aspirateur porte sur sa hauteur deux fortes cornières C et C' qui en assurent la solidité. L'entrée de l'air a lieu par le tube F; l'aspirateur fait vase de

Mariotte, et l'écoulement est constant. La coupe ci-jointe (*fig.* 5) permet de se rendre compte de tous les détails de construction, sans qu'il soit nécessaire d'y joindre une légende plus détaillée. Je ferai remarquer cependant que le robinet B porte une aiguille dont les indications servent à en régler l'ouverture.

Comment on a jaugé les aspirateurs.

Le moyen est très simple et d'une grande précision. A (*fig.* 6) est un grand ballon dont on a déterminé la capacité. L'aspirateur étant plein d'eau, on remplit le ballon, on le vide, et l'on recommence la manœuvre jusqu'à ce qu'il n'y ait plus d'eau dans l'aspirateur. Pour faciliter l'opération, on met le ballon sur une table qui porte au milieu une ouverture circulaire du même diamètre que l'équateur du ballon et une échancrure sur le côté. Les parois de l'ouverture sont garnies d'un bourrelet de drap; de cette manière on renverse le ballon sur lui-même avec la plus grande facilité, le col passe par l'échancrure. Afin que le remplissage se fasse toujours dans les mêmes conditions, on a muni le col d'une armature conique qui porte deux tubes. On a introduit l'eau par le tube T, et lorsque son niveau arrive dans le tube *t*, à une marque M, on arrête l'écoulement, on renverse le ballon, et on le laisse égoutter chaque fois pendant une minute. La formule suivante donne la capacité de l'aspirateur $\frac{n\mathrm{P}+p}{\delta}$, $n\mathrm{P}$ étant le nombre des ballons pleins; p, la fraction du ballon qui ter-

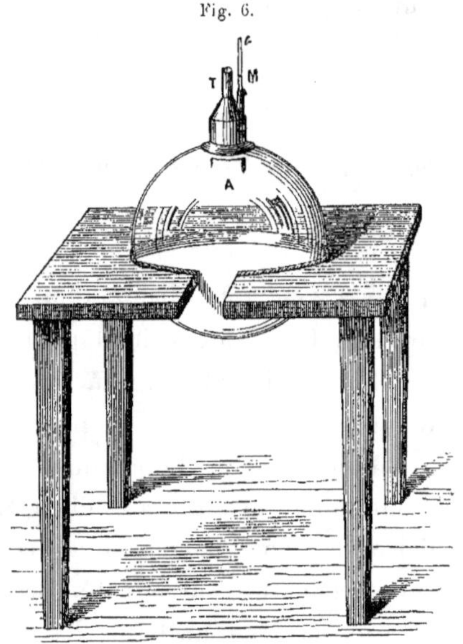

Fig. 6.

mine l'expérience; δ, la densité de l'eau à la température où se fait l'opération.

Voici les deux pesées qui ont fourni la capacité du ballon :

<pre>
Poids du ballon plein...................... 2o33o⁶ʳ,83
Température de l'eau...................... 13°,5
Baromètre................................ 748,5o — 14°

Poids du ballon vide...................... 1876⁶ʳ,44
Température intérieure du ballon........... 13°
Baromètre................................ 748,oo — 15°
</pre>

D'où l'on tire

Pour la capacité du ballon à 13°.................. $18^{lit},463$

et

Pour la capacité du ballon à 21°................. $18^{lit},479$

Je me suis servi, pour ces deux pesées, d'une grande balance de Parent, qui fait partie des collections du Conservatoire des Arts et Métiers, que M. Pouillet, alors administrateur de cet établissement, avait mise à ma disposition.

ASPIRATEURS DE BOIS EMPLOYÉS EN 1849 ET 1850.

N° **1.** 35 ballons + 11 380^{gr},22, l'eau à 21″.
   Capacité à 21° = 658^{lit},158.

N° **2.** 34 ballons + 12 624^{gr}, l'eau à 21°.
   Capacité à 21° = 640^{lit},918.

N° **3.** 36 ballons + 14 400^{gr}, l'eau à 21″.
   Capacité à 21° = 679^{lit},653.

ASPIRATEURS DE ZINC EMPLOYÉS EN 1851.

N° **1.** 59 ballons + 17 714^{gr}, l'eau à 10″.
   Capacité à 12° = 1107^{lit},171; à 21° = 1108^{lit},050.

N° **2.** 60 ballons + 00 000^{gr}, l'eau à 11°.
   Capacité à 12° = 1107^{lit},858; à 21° = 1108^{lit},747.

N° **3.** 59 ballons + 16 457^{gr}, l'eau à 15°.
   Capacité à 12° = 1105^{lit},571; à 21° = 1106^{lit},450.

ASPIRATEURS DE FER EMPLOYÉS EN 1851 ET 1852.

N° **1.** 108 ballons + 5 800^{gr}, l'eau à 6″.
   Capacité à 12° = 1998^{lit},916; à 21° = 1999^{lit},555.

N° **2.** 106 ballons + 16 042^{gr}, l'eau à 5″.
   Capacité à 12° = 1973^{lit},250; à 21° = 1973^{lit},880.

N° **3.** 107 ballons + 10 203^{gr}, l'eau à 12″.
   Capacité à 12° = 1985^{lit},745; à 21° = 1986^{lit},380.

On a pris dans les calculs :

1° Pour densité de l'eau, d'après la Table d'Hallstrom, à 10°..   0,9997825

   Pour densité de l'eau, d'après la Table d'Hallstrom, à 13°..   0,9995080

   Pour densité de l'eau, d'après la Table d'Hallstrom, à 15°..   0,9992647

2° Pour la dilatation cubique du zinc, d'après Smeaton......   0,0000882

3° Pour la dilatation cubique du fer, d'après M. Lamé.......   0,0000355

4° Pour la dilatation du verre, d'après M. Lamé.............   0,0000258

En 1849 et en 1850, on n'a pas tenu compte des changements de volume que les aspirateurs éprouvent par la température, la dilatation du bois de chêne étant à peu près nulle. Mais en 1851, les aspirateurs étant de zinc, les changements de volume étaient assez importants pour n'être pas négligés; on a donc déterminé le volume des aspirateurs aux deux températures 12° et 21°, et l'on prenait l'un de ces deux volumes suivant que la température de l'expérience s'en rapprochait le plus. En 1852, les aspirateurs ayant une capacité double, et les expériences s'étant prolongées pendant tout l'hiver, on a eu des changements de température plus étendus. Pour donner aux calculs toute la précision désirable, on a construit des Tables d'interpolations pour chaque aspirateur qui vont de 3 en 3 degrés depuis 0° jusqu'à 30° ('). Voici les éléments des Tables qu'on a employées.

(') On n'a pas construit de Table d'interpolation pour l'aspirateur n° 3. Pour les 13°, 14° et 15° déterminations de l'ammoniaque de l'air, p. 50, 51, 52, on a pris le volume de l'aspirateur à 12°. Pour la 16° détermination, p. 53, on a pris le volume du même aspirateur à 21°.

Aspirateurs n° 1.

	Volume.	Logarithme.	Différences.
°	ᵐ		
0	1998,064	3,3006095	
3	1998,277	3,3006558	463
6	1998,490	3,3007020	462
9	1998,703	3,3007483	463
12	1998,916	3,3007916	463
15	1999,129	3,3008408	462
18	1999,342	3,3008871	463
21	1999,555	3,3009334	463
24	1999,768	3,3009796	462
27	1999,981	3,3010259	463
30	2000,194	3,3010721	462

Aspirateurs n° 2.

	Volume.	Logarithme.	Différences.
°	ᵐ		
0	1972,410	3,2949972	
3	1972,620	3,2950434	462
6	1972,830	3,2950897	463
9	1973,040	3,2951359	462
12	1973,250	3,2951821	462
15	1973,460	3,2952283	462
18	1973,670	3,2952745	462
21	1973,880	3,2953207	462
24	1974,090	3,2953669	462
27	1974,300	3,2954131	462
30	1974,510	3,2954593	462

Essais des Aspirateurs.

L'essai d'un aspirateur est très simple. On fait écouler une certaine quantité d'eau, de manière à lui faire supporter une pression extérieure de 40 à 50 centimètres de mercure; on observe alors la température intérieure, le manomètre et le baromètre, et l'on abandonne l'appareil à lui-même pendant vingt-quatre heures. Lorsque la température intérieure est revenue à son point initial, on observe de nouveau le baromètre et le manomètre, et si l'aspirateur ne perd pas, on trouve que l'air intérieur possède la même force élastique que dans le premier cas.

ASPIRATEURS DE ZINC (21 MAI 1851).

Aspirateur nᵒ 1.

	11^h du matin.	7^h du soir.
Température intérieure.....	14^n,9	14^n,7
Baromètre................	770^{mm},13 — 14°	769^{mm},43 — 13°
Manomètre................	40^{mm},75	40^{mm},30

Différence entre les deux observations............. 0^{mm},33

Aspirateur nᵒ 2.

	11^h du matin.	7^h du soir.
Température intérieure.....	15^n,4	14^n,6
Baromètre................	770^{mm},13 — 14°	769^{mm},43 — 13°
Manomètre................	41^{mm},25	40^{mm},50

Différence entre les deux observations............. 0^{mm},17

ASPIRATEURS DE FER (1853).

J'ai essayé ces aspirateurs en 1851; mais j'ai voulu les soumettre à une nouvelle épreuve après dix-huit mois de service.

Voici les résultats de cette dernière épreuve :

Aspirateur nᵒ 1.

	18 sept., 9^h du matin.	19 sept., midi.
Température intérieure	19^n,5	19^n,5
Baromètre................	766^{mm},51 — 17^n,5	767^{mm},14 — 21^n,5
Manomètre................	84^{mm},50	85^{mm},50

Différence entre les deux observations................ 0^{mm},86

Aspirateur n° 2.

	9 oct., 11ʰ du matin.	10 oct., 3ʰ après-midi
Température intérieure	$16°,00$	$16°,00$
Baromètre	$750^{mm},55 - 15°,00$	$750^{mm},95 - 16°,5$
Manomètre	$47^{mm},00$	$47^{mm},50$

Différence entre les deux observations................. $0^{mm},28$

Aspirateur n° 3.

	17 sept., 9ʰ du matin.	18 sept., 10ʰ.
Température intérieure	$16°,7$	$16°,7$
Baromètre	$759^{mm},15 - 18°,0$	$764^{mm},39 - 17°,5$
Manomètre	$83^{mm},00$	$88^{mm},00$

Différence entre les deux observations................. $0^{mm},29$

Construction et montage des laveurs
qui ont servi pour doser l'ammoniaque de l'air.

Les laveurs sont formés essentiellement de trois
parties, de deux éprouvettes de hauteurs inégales et
d'un disque de cuivre doré, qui est divisé au milieu
par une cloison qui porte onze trous (*fig.* 7).

A, éprouvette supérieure. B, disque vu de face.
C, éprouvette inférieure. Les deux éprouvettes s'ajus-
tent à frottement sur le disque, comme le bouchon
d'un flacon à l'émeri. La vue de l'appareil suffit pour
en comprendre le jeu. Lorsqu'on aspire par le tube T,
on diminue la pression dans l'éprouvette C; l'air tend
donc à passer de l'éprouvette A dans l'éprouvette C :
c'est, en effet, ce qui a lieu lorsque la différence des

pressions en A et en C est égale au poids de la colonne
de liquide dans laquelle plongent les tubes *t*. Il faut
beaucoup de soin pour monter convenablement ces
laveurs. Voici comment on procède.

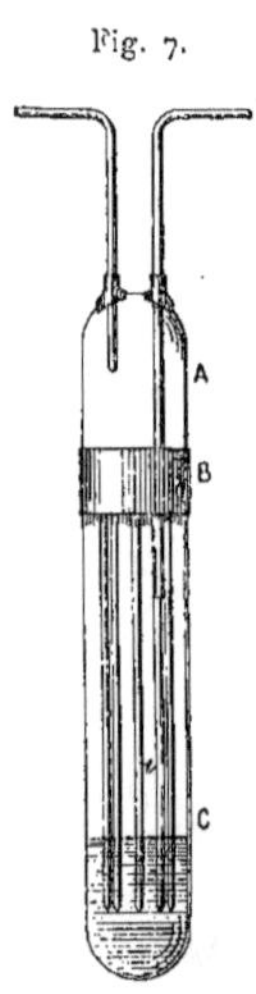

Fig. 7.

On prend des tubes de verres *t* qu'on
effile par un bout et qu'on renfle légèrement au bout opposé ('); on les
choisit de même diamètre que les
trous du disque B. On introduit dans
l'éprouvette C une couche de sable
sur laquelle on pose un disque de
carton; on maintient l'éprouvette dans
la position verticale à l'aide d'un sup-
port. On chauffe avec une lampe à
esprit-de-vin le disque B; lorsqu'on ne
peut plus le tenir dans la main, on le
place sur l'éprouvette C. On chauffe
alors l'extrémité de chaque tube, on y
met un peu de cire à cacheter, et on l'introduit dans
un trou du disque. La cire à cacheter garnit le trou
et fixe le tube. On répète la même manœuvre pour
chaque trou du disque. Celui-ci se trouve à la fin
muni de dix tubes dont les pointes sont exactement
sur le même plan. Le tube T par lequel se fait l'aspiration s'ajuste comme les autres; il n'en diffère
que parce que son extrémité inférieure s'arrête à

(') *Voir* la *fig.* 1, p. 26.

o^m,o3 au-dessus de la cloison du disque, au lieu de plonger dans le liquide.

Lorsque tous les tubes sont en place, on coule sur la cloison supérieure du disque une couche de mastic, obtenu en fondant ensemble 1 partie d'huile d'olive, 3 parties de cire blanche et 1 partie de térébenthine; pendant que le mastic est encore bouillant, on ajuste l'éprouvette A sur le disque. Lorsqu'il est refroidi, on enlève l'éprouvette C, on renverse le disque B, et l'on coule une nouvelle couche de mastic bouillant sur la face qui recouvre l'éprouvette C.

Nouvelle méthode pour doser l'ammoniaque de l'air.

Au lieu de procéder comme je l'ai indiqué dans la première Partie, et d'employer les laveurs précédents, on peut suivre une autre méthode qui est plus facile et aussi exacte. On prend deux laveurs indiqués *fig.* 8; on remplit les deux boules inférieures avec une dissolution d'acide oxalique; on met les deux laveurs en communication au moyen d'un tube de caoutchouc; on termine l'appareil par un ballon à fond plat qui porte deux tubes : l'un communique avec un laveur, et l'autre avec un aspirateur. Ce ballon a pour but de retenir la petite quantité de dissolution acide que l'air entraîne en se lavant. Lorsqu'on a fait passer

Fig. 8.

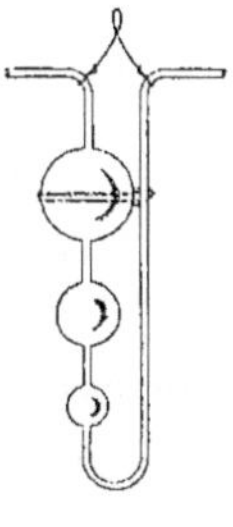

dans l'appareil un volume d'air suffisant, on évapore la dissolution d'acide oxalique au bain-marie, et l'on brûle le résidu au moyen de la chaux sodée dans un tube à analyse organique; on dose ensuite l'ammoniaque par la méthode des volumes. On pourrait encore, et avec plus d'avantage, se servir d'acide hydrochlorique étendu d'eau pour laver l'air, puis ajouter au liquide un excès d'oxalate neutre de potasse, et terminer l'opération comme dans le premier cas.

Pour que ces nouveaux laveurs fonctionnent bien, il faut que le diamètre intérieur des tubes qui relient les boules entre elles n'ait pas plus de $\frac{1}{2}$ millimètre de diamètre ('). Au moyen des laveurs à pointes, on peut opérer sur un volume d'air beaucoup plus considérable, et le lavage est plus complet; cependant les laveurs à boules sont d'un bon usage.

Construction des cloches.

Les cloches (*fig.* 9) ont 2 mètres de haut sur o^{m},90 de large; elles sont à six faces. La charpente est de fer étamé; chaque cadre est revêtu à l'intérieur de fortes tringles de fer. Les verres ont 2 millimètres d'épaisseur; on les ajuste dans des cadres séparés qu'on soude ensuite sur la cloche.

L'intérieur et l'extérieur sont peints au minium; le

(') Le principe de ces nouveaux laveurs m'a été indiqué par M. Chatin. *Voir* p. 33, à la note.

fond intérieur reçoit une dernière couche d'huile de
lin cuite dans laquelle on délaye du blanc de zinc. A

Fig. 9.

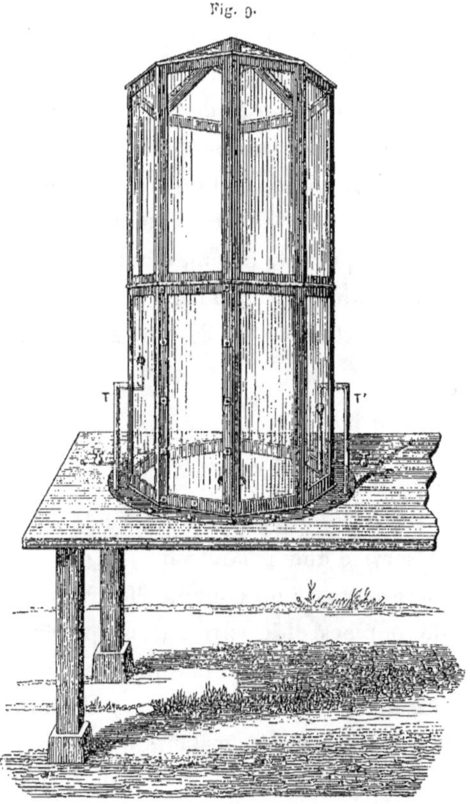

l'extérieur, on recouvre chaque montant d'une bande
de toile enduite de minium délayé dans de l'huile sic-
cative. Chaque bande déborde les montants du cadre

et adhère au verre sur une largeur de 1 centimètre au moins. Un des cadres inférieurs est mobile; on le fixe au moyen de boulons à vis; c'est l'ouverture par laquelle on entre et l'on sort les pots. Entre la cloche et le cadre, on met une forte couche de mastic. En serrant les boulons, on ferme la cloche hermétiquement. L'air entre par le tube T et sort par le tube T'; de cette manière, il descend du sommet de la cloche, et le renouvellement est plus complet. Pour essayer les cloches on procède comme pour les aspirateurs : on leur fait supporter pendant vingt-quatre heures une pression extérieure de 8 à 10 centimètres d'eau.

Dégagement de l'acide carbonique dans l'intérieur des cloches.

Pour régler le dégagement de l'acide carbonique, on s'est servi d'une pendule qui, à des intervalles égaux, laisse passer un courant électrique dans une paire de bobines. L'électro-aimant produit par le courant ouvre le robinet d'une pipette, et la pipette laisse écouler, dans une dissolution de bicarbonate de soude, une quantité constante d'acide sulfurique. Avant de passer dans la cloche, l'acide carbonique se lave dans une dissolution de bicarbonate de soude.

La *fig.* 10 représente une coupe de robinet, et la *fig.* 11 l'ensemble de l'appareil.

Le robinet (*fig.* 10) est très simple; il se compose

de deux parties essentielles A et D. A est un disque
de fer qui porte un cylindre de cuivre B qui est ter-
miné en cône. D est un cylindre creux qui porte à
son milieu un cône rentrant dans lequel le cône du
cylindre B s'ajuste exactement. Lorsque, au moyen de

Fig. 10.   Fig. 11.

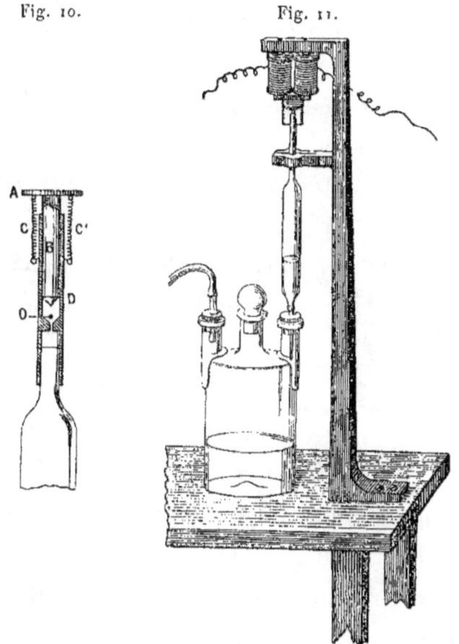

l'électro-aimant, on soulève le disque A, le cylindre B
monte et l'ouverture O est mise à découvert; alors
l'air extérieur entre et le liquide de la pipette s'écoule.
Si le courant passe pendant trois secondes, il s'écoule
pendant un temps égal. Suivant la quantité d'acide
carbonique qu'on veut dégager, on emploie un acide
sulfurique plus ou moins fort ou une pipette plus ou

moins grande. C et C' sont des petits ressorts à boudin qui font descendre le disque A lorsque le courant ne passe plus. Le pendule et les robinets ont été construits par M. Breguet.

Pinces pour serrer les tubes de caoutchouc.

Le dessin (*fig.* 12) explique assez l'usage des nouvelles pinces pour qu'il ne soit pas nécessaire d'y joindre beaucoup d'explications. Pour s'en servir, on prend un morceau de tube de verre, on le passe dans le tube de caoutchouc dont on a besoin. On passe celui-ci dans les cordons de la pince, on tire un des bouts de chaque cordon de manière à serrer un peu le tube. On maintient les cordons en place au moyen des deux vis V, V' autour desquelles on les enroule; on retire alors le tube de verre : la pince est prête à servir. En tournant le bouton B, on éloigne ou l'on rapproche les deux platines de cuivre et l'on serre plus ou moins le tube de caoutchouc. Le même caoutchouc peut servir très longtemps. Lorsqu'on emploie des tubes de caoutchouc galvanisé, il faut les faire tremper pendant une dizaine de jours dans une dissolution de potasse, puis les laver à grande eau : après cette préparation, ils ne cèdent plus de soufre aux gaz qui les traversent.

Fig. 12.

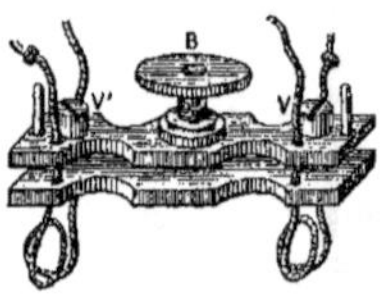

Dosage de l'azote.

On a toujours fait les combustions avec la chaux
sodée, et dosé l'azote par la méthode des volumes.
L'analyse de chaque substance a été faite au moins
deux fois; on opérait chaque fois avec deux acides de
titres différents et assez distants l'un de l'autre. J'ai
remarqué qu'il y avait avantage à opérer sur de petites
quantités de matière; des tubes de 20 à 25 centimètres suffisent pour faire la combustion, mais alors
il faut employer des acides très faibles : ceux qui
m'ont servi variaient entre $0^{gr},023$ et $0^{gr},015$ d'azote
pour 10 centimètres cubes d'acide. Depuis plusieurs
années, je fais les combustions avec un nouvel appareil dans lequel on remplace le charbon par deux chalumeaux dont les flammes se croisent et enveloppent
le tube. Pour régler l'étendue des flammes, il suffit de
tourner un tube à hélice qui découvre successivement
les trous des chalumeaux.

Dosage des cendres.

Le dosage des cendres est une opération laborieuse
que les chimistes les plus habiles se sont appliqués à
simplifier sans y avoir complètement réussi. Les procédés de combustion se réduisent essentiellement à
deux : le premier est fondé sur l'emploi de la lampe à
esprit-de-vin, et le second sur celui du fourneau à
moufle. L'un et l'autre présentent de grands inconvé-

nients. Si l'on opère sur une quantité un peu forte de matière, on ne peut pas employer la lampe à esprit-de-vin, à cause de la dépense qu'elle occasionne. La lampe à esprit-de-vin a, de plus, l'inconvénient de produire une température trop élevée sur les points du creuset que la flamme frappe; il est bien rare que les cendres ne se frittent pas en partie. L'emploi du fourneau à moufle est commode, si l'on ne considère que la rapidité d'exécution; cependant il est bien difficile de régler la chaleur, et la combustion se fait presque toujours à une température trop élevée. Pour obvier à une partie de ces inconvénients, M. Boussingault avait eu l'idée de remplacer la lampe à esprit-de-vin par une lampe à huile. A cet effet, il plaçait un creuset de platine au sommet de la cheminée d'une lampe Carcel. Dans ces conditions, les cendres sont très blanches, mais la combustion exige de six à huit heures, et, avant qu'elle soit terminée, il arrive presque toujours qu'il se forme un dépôt de noir de fumée sur un point du creuset; la lampe fume, et l'opération est presque inévitablement perdue. Le procédé que je propose est fondé aussi sur l'emploi de la lampe à huile, mais j'évite cet inconvénient. Au moyen des verres que je vais décrire, toute lampe à mèche circulaire (*fig.* 13) devient un fourneau fumivore des plus commodes et des plus économiques. On peut placer le creuset dans le centre de la flamme, régler la température avec la plus grande facilité, et la faire varier dans des limites très étendues. Pour cela, on adapte à une lampe ordinaire, dont la mèche a 18 millimètres de diamètre, un verre qui a la forme indiquée (*fig.* 14). Ce verre repose sur une galerie qui glisse à volonté sur le cylindre qui porte la mèche; on peut, à volonté, descendre et monter la galerie, et faire varier la hauteur de l'étranglement du verre. Une lampe ainsi disposée est absolument fumivore. On produit facilement, à son aide, la température du rouge-cerise, et l'on descend, par des degrés insensibles, aux températures les plus basses. Si l'on voulait produire une température plus élevée, il suffirait de surmonter le verre d'une

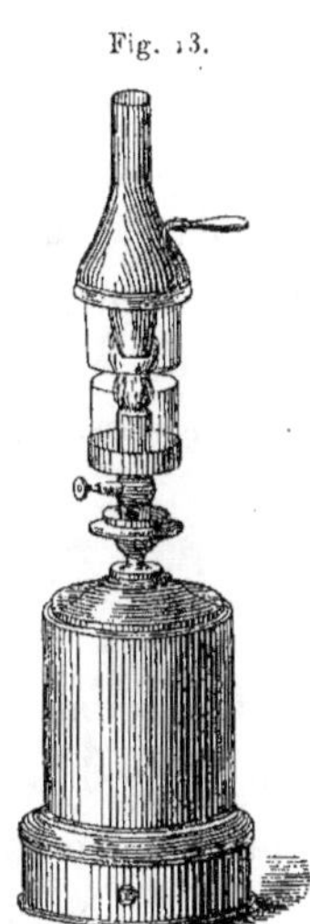

Fig. 13.

petite cheminée de cuivre, comme le représente la *fig.* 13; mais, dans un grand nombre de cas, la cheminée est inutile : la lampe n'en est pas moins fumivore. La dimension du verre a beaucoup d'importance. Pour une lampe dont la mèche a 18 millimètres, il faut que le verre ait 12 centimètres de hauteur; le boisseau inférieur B′ doit avoir 6 centimètres de diamètre; le boisseau supérieur B, 8 centimètres, non compris le rebord; l'étranglement E doit avoir 22 mil-

Fig. 14.

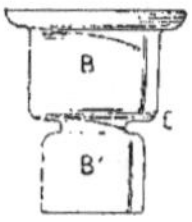

limètres. Les lampes dites à *modérateur* sont les meilleures.

Pour rendre leur emploi plus commode, je me sers d'une table qui porte un certain nombre d'ouvertures sur toute sa longueur et une traverse immédiatement au-dessous. On fait passer chaque lampe dans une ouverture séparée; il n'y a que le bec de lampe qui sort de la table. On peut en avoir ainsi cinq ou six, et surveiller plusieurs opérations en même temps sans le moindre embarras.

Dosage proprement dit.

On prend 1 gramme ou 1 gramme $\frac{1}{2}$ de matière; on l'introduit dans un creuset de platine couvert, et on la carbonise à la lampe. On réduit le charbon en poudre fine dans un mortier d'agate; on le verse dans l'entonnoir (*fig.* 15). Pour empêcher le charbon de tomber, on introduit dans la tige de l'entonnoir un petit tampon de coton; à l'aide d'un autre petit tampon, on ramasse tout ce qui reste de charbon dans le mortier, et l'on fait glisser ce nouveau tampon dans la tige de l'entonnoir : le charbon se trouve ainsi rassemblé entre deux tampons de coton, *t, t.*

On remplit l'entonnoir d'eau bouillante, et on laisse filtrer tout doucement. Par l'évaporation de l'eau, on obtient le poids des cendres solubles. Lorsque la filtration est achevée, à l'aide d'un tube de verre on

pousse le tampon supérieur et l'on fait tomber le
charbon et les deux tampons dans un creuset de platine; on met le creuset à l'étuve. Dès que la matière
est sèche, on met le creuset sur la lampe, et la combustion se fait alors avec la plus grande facilité. Le
poids des cendres obtenues, moins celles
laissées par le coton, représente le poids des
cendres contenues dans la matière. 1 déci-
gramme de coton suffit pour chaque dosage.
L'emploi du coton a l'avantage de réunir le
charbon en un point déterminé de l'entonnoir, d'où on le retire sans en laisser la
moindre parcelle, car le tampon supérieur
fait l'effet d'un piston et nettoie la douille
de l'entonnoir, lorsqu'on le pousse avec un
tube de verre pour le faire sortir.

Si l'on opère sur des matières riches en
phosphates, il faut laver le charbon avec de
l'eau aiguisée d'acide hydrochlorique. Dans
ce cas, je modifie le procédé de la manière
suivante. Lorsque le charbon est introduit
dans l'entonnoir, je bouche la douille à l'aide d'un
petit bouchon de liège, et je verse 1 gramme d'acide
hydrochlorique sur le charbon. Après douze heures
de digestion, je remplis l'entonnoir d'eau bouillante,
et je procède comme à l'ordinaire. Pour évaporer
les eaux de lavage, je me sers d'un petit bain de sable
chauffé lui-même par une lampe.

On jugera de la précision de ce procédé par les dosages suivants :

$$
\begin{array}{lr}
& \text{gr} \\
\text{Paille} & 1,0000 \\
\text{Cendres solubles} & 0,0155 \\
\text{Cendres insolubles} & 0,0465 \\
\qquad \text{Pour 100} & 6,20 \\
\end{array}
$$

Paille.. 1,0000 gr
Cendres solubles................................. 0,0155
Cendres insolubles............................... 0,0465

    Pour 100..................... 6,20

Même paille...................................... 1,0000 gr
Cendres solubles................................. 0,0150
Cendres insolubles............................... 0,0480

    Pour 100..................... 6,30

Colzas desséchés à 90°........................... 0,9245 gr
Cendres solubles................................. 0,0955
Cendres insolubles............................... 0,1015

    Pour 100..................... 21,31

Mêmes colzas..................................... 1,2820 gr
Cendres solubles................................. 0,1320
Cendres insolubles............................... 0,1385

    Pour 100..................... 21,11

Semis.

Comme plantes à semer, je recommande le soleil, le blé et le cresson; leurs tiges droites, leurs feuilles peu charnues, les mettent à l'abri des moisissures et les rendent très propres au genre d'expériences qui nous occupe. Le colza et le tabac sont aussi d'un bon emploi, mais comme plantes à repiquer. Pour que les semis réussissent bien dans un sol froid comme le sable, il ne faut pas enfoncer les graines

de plus de 1 centimètre, et il ne faut pas tasser la
terre; il faut aussi éviter les variations de température, et, autant que possible les changements d'humidité dans l'état du sol. Ce qu'il y a de mieux à faire,
c'est de préparer quatre ou cinq pots qu'on enferme
dans une cloche. Lorsque la germination est achevée,
on choisit ceux qui ont le mieux levé et l'on jette les
autres. Il est très important d'avoir une ou deux
cloches exclusivement réservées pour les semis et les
repiquages.

Repiquage des plantes.

Pour qu'une plante repiquée dans le sable reprenne,
la première condition c'est d'opérer dans le sable pur.
Il ne faut ajouter les cendres ou les matières salines
que lorsque les racines ont atteint la fente inférieure
des pots. Si l'on veut opérer par repiquage, il faut
faire au moins quatre semis à huit jours d'intervalle,
afin que, si les plantes repiquées les premières ne
reprennent pas, on en ait d'autres pour les remplacer.
Pour savoir si une plante a bien repris, il faut environ
huit jours, et, pendant ce temps, les plantes qui sont
dans la bonne terre prennent trop de développement
pour remplacer les premières, si le repiquage avait
manqué : au moyen de semis échelonnés, on se met
à l'abri de cet inconvénient. Lorsque le temps est
très chaud, il arrive souvent que des plantes qui ne
devraient pas fleurir fleurissent néanmoins. Un semis

fait quinze jours plus tard en fournit qui ne fleuriront pas, et, grâce à la précaution que je recommande, on ne se trouve pas arrêté.

Lorsque les plantes qu'on veut repiquer ont 8 à 10 centimètres de haut, on cesse de les arroser. Deux ou trois jours après, on les arrache sans fatiguer les racines; on détache avec soin la terre qui adhère au chevelu, puis on choisit celles sur lesquelles on opérera : on fait en sorte qu'elles soient aussi semblables que possible. On en prend une à laquelle on arrache une feuille ou deux pour qu'elle pèse un peu moins que les autres, on la met sur un plateau de la balance, et l'on s'en sert comme d'un étalon invariable pour peser toutes les autres. Il se fait à la surface des feuilles une évaporation très active qui empêche qu'on se serve de poids. La deuxième plante qu'on pèse contient moins d'eau que la première; mais, comme la plante qui sert d'étalon a éprouvé une perte égale, il y a compensation. Lorsque les pesées sont finies, on prend le poids de la plante-étalon, on la fait ensuite sécher et l'on détermine, à son aide, le poids de la matière sèche de toutes les autres.

Revenons au repiquage. Le sable qui sert aux repiquages doit être humide; il ne faut pas le tasser. On fait un trou qui descend presque jusqu'à la couche de brique; on étale bien les racines de la plante et on les recouvre avec le sable à l'aide d'une fourchette. On enferme ensuite les pots dans une cloche au fond de laquelle il y a une couche d'eau distillée, on met la cloche à l'abri du soleil. On fait passer un courant d'air dans la cloche et tous les soirs on l'ouvre pour mouiller les plantes avec de l'eau distillée fraîche. Je n'ai jamais opéré par repiquage que sur le colza et le tabac; je pense que les autres plantes demandent les mêmes soins. Lorsque la plante a bien repris, on ajoute les cendres, on les mêle avec la couche supérieure du sable : si on les eût ajoutées avant, les plantes auraient repris difficilement, et l'on en eût perdu beaucoup. 8 à 10 grammes de cendres suffisent amplement pour 2 kilogrammes de sable. Il y a toute sorte d'avantage à employer des cendres frittées, c'est-à-dire à demi fondues. Dans ma première Note insérée dans le XXI⁰ Volume des *Comptes rendus de l'Académie des Sciences* (¹), il est dit qu'on mêle avec le sable 5 pour 100 de cendres. Il y a erreur : c'est 1 pour 100 qu'il faut lire. Pour produire une grande absorption d'azote, il faut semer les colzas le 20 mai et les repiquer du 15 au 20 juin.

Si l'on opère sur des plantes repiquées, l'expérience va beaucoup plus vite que par semis. On ne peut pas se faire une idée du développement que prennent les colzas. Cette plante a cependant un inconvénient : à mesure que les feuilles inférieures jaunissent, elles sont envahies par des moisissures, et

------

(¹) Séance du 21 octobre 1850.

il faut, de toute nécessité, ouvrir les cloches et couper
les feuilles une fois tous les mois; sans cette précaution, on s'exposerait à voir toute la plante envahie. Le
colza est attaqué par de petits pucerons blancs qui
font beaucoup de ravages; lorsqu'une cloche en est
une fois infestée, il est bien difficile de les détruire.
Pour s'y soustraire, il faut examiner avec soin les
feuilles de chaque plante pendant toute la durée de
la mise en train; on écrase sur les feuilles mêmes
les œufs et les insectes qu'on y découvre. Le colza est
encore attaqué par les chenilles; ici le danger est plus
grand, car on ne s'aperçoit souvent de leur présence
que lorsqu'elles ont dévoré le cœur de la plante et
que l'expérience est perdue. Le remède est le même
que pour les pucerons. On découvre souvent la présence d'une chenille par les fientes qu'elle dépose sur
les feuilles et le sable du pot. Si l'on examine chaque
plante avec soin tous les jours, pendant toute la durée
du repiquage, on évite ces accidents. On comprend
dès lors combien il est important de procéder avec
soin à cet examen.

PREMIÈRE SÉRIE.

ABSORPTION DE L'AZOTE DE L'AIR PAR LES PLANTES.

EXPÉRIENCE DE 1849.

Données numériques.

SEMENCES.

Dosage de l'eau.

		gr
Graine de cresson	....	1,000
Graine desséchée à 120°	....	0,897
Eau pour 100	....	10,3
Graine de lupin	....	1,000
Graine desséchée à 120°	....	0,880
Eau pour 100	....	12,00

Dosage de l'azote.

	I.	II.	III.
	gr	gr	gr
Graine de cresson	1,00	1,3215	0,702
Titre de l'acide normal	25,5	27,6	27,3
Titre de l'acide après l'analyse	18,9	18,3	20,6
Azote pour 100	4,51	4,46	4,49

	Azote.
10^{cc} de l'acide des analyses I et II	0gr,175
10^{cc} de l'acide de l'analyse III	0gr,1288

Azote en moyenne....... 4,48 pour 100

"

Dosage de l'azote.

	I.	II.
	gr	gr
Graine de lupin	0,80	0,203
Titre de l'acide normal	27,60	22,9
Titre de l'acide après l'analyse	20,40	9,1
Azote pour 100	5,68	5,72

	Azote.
10cc de l'acide de l'analyse I	0gr,175
10cc de l'acide de l'analyse II	0gr,0193

Azote en moyenne....... 5,70 pour 100

RÉCOLTES.

Toutes les récoltes ont d'abord été desséchées à 80°, et c'est en cet état qu'on les a analysées. Voici donc leur poids après cette première dessiccation :

	Récoltes	
	vertes.	desséchées à 80°.
Cresson	35gr,65	10gr,06
Lupin	29gr,47	6gr,821

Dosage de l'eau.

	gr
Récolte de cresson desséchée à 80°	1,000
Récolte de cresson desséchée à 120°	0,868
Eau pour 100	13,2
Récolte de lupin desséchée à 90°	1,000
Récolte de lupin desséchée à 120°	0,890
Eau pour 100	11,00

Dosage de l'azote.

	I.	II.	III.
	gr	gr	gr
Récolte de cresson desséchée à 80°	1,801	1,6135	0,1955
Titre de l'acide normal	27,7	27,6	21,9
Titre de l'acide après l'analyse	23,5	23,8	18,6
Azote pour 100	1,46	1,48	1,48

	Azote.
10^{cc} de l'acide des analyses I et II	0^{gr},175
10^{cc} de l'acide de l'analyse III	0^{gr},0193

Azote en moyenne....... 1,47 pour 100

Dosage de l'azote.

	I.	II.
	^{gr}1,624	^{gr}1,093
Récolte de lupin desséchée à 80°	1,624	1,093
Titre de l'acide normal	27,60	27,7
Titre de l'acide après l'analyse	23,40	24,8
Azote pour 100	1,63	1,66

	Azote.
10^{cc} de l'acide des analyses I et II	0^{gr},175

Azote en moyenne....... 1,64 pour 100

A propos des Tableaux qui vont suivre, je ferai remarquer que l'air qui passait dans la cloche recevant un excès d'acide carbonique, on a dû le déduire lorsqu'il s'est agi de calculer la quantité d'ammoniaque à laquelle ce volume d'air correspond.

Expérience de 1849.

Volumes d'air qui ont passé chaque jour dans la cloche.

Aspirateur n° 3 = 679^{lit},653 à 21°. P = 0^m,760.

MOIS.	DATES.	JOURS.	TEM-PÉRATURE intérieure de l'Aspirateur.	BAROMÈTRE.	MANO-MÈTRE.	PRESSION calculée.	VOLUME à 0°. P = 760^{mm}.
			°	°	mm	°	lit
Août........	2	Jeudi	15,7	766,30 — 16,0	10,00	741,04 — 0	626,594
»	3	Vendredi..	16,7	761,80 — 17,5	8,75	736,77 — 0	620,829
»	4	Samedi ...	16,4	760,65 — 15,5	9,25	735,63 — 0	620,512
»	5	Dimanche.	16,2	757,30 — 17,0	8,75	732,77 — 0	618,528
»	6	Lundi.....	17,4	763,55 — 18,5	10,25	736,25 — 0	618,892
»	7	Mardi.....	20,5	764,95 — 22,0	10,00	734,31 — 0	610,730
»	8	Mercredi..	19,8	761,80 — 21,0	8,50	733,56 — 0	611,568
»	9	Jeudi	21,0	756,55 — 21,8	8,50	726,89 — 0	603,529
»	10	Vendredi..	21,2	760,80 — 21,8	9,50	729,92 — 0	605,632
»	11	Samedi ..	22,4	762,30 — 24,0	10,25	728,98 — 0	602,391
»	12	Dimanche.	20,2	759,10 — 20,0	9,50	729,56 — 0	607,459
»	13	Lundi.....	21,0	757,50 — 21,0	9,00	727,47 — 0	604,011
»	14	Mardi.....	20,2	759,80 — 21,2	7,50	732,12 — 0	609,590
»	15	Mercredi..	17,8	760,40 — 17,5	11,50	731,60 — 0	614,136
»	16	Jeudi	19,0	761,55 — 21,4	8,50	734,10 — 0	613,698
»	17	Vendredi..	18,5	761,70 — 19,5	8,50	734,99 — 0	615,498
»	18	Samedi ...	18,6	762,55 — 20,0	9,50	734,66 — 0	615,010
»	19	Dimanche.	15,8	763,45 — 17,0	6,50	741,51 — 0	626,773
»	20	Lundi.....	15,7	772,40 — 16,8	8,00	748,08 — 0	632,546
»	21	Mardi.....	16,2	771,60 — 16,5	8,50	747,36 — 0	630,843
»	22	Mercredi..	16,0	767,30 — 14,8	8,25	743,71 — 0	628,197
»	23	Jeudi	16,9	760,40 — 16,5	8,00	736,07 — 0	619,810
»	24	Vendredi..	17,5	765,00 — 17,5	9,50	738,48 — 0	620,553
»	25	Samedi ...	17,7	765,80 — 18,8	7,00	741,42 — 0	622,594
»	26	Dimanche.	16,8	766,30 — 17,5	10,00	739,92 — 0	623,268
»	27	Lundi.....	16,9	763,45 — 16,5	7,21	739,90 — 0	623,035
»	28	Mardi	16,6	762,30 — 15,5	10,50	735,88 — 0	620,293
»	29	Mercredi..	19,0	761,65 — 20,0	11,00	731,86 — 0	611,825
»	30	Jeudi	20,4	759,00 — 20,0	9,50	729,18 — 0	606,671
»	31	Vendredi..	18,6	758,80 — 19,0	9,50	731,05 — 0	611,988
Septembre..	1	Samedi ...	18,2	757,35 — 18,5	10,00	729,56 — 0	611,581
»	2	Dimanche.	21,9	758,80 — 21,8	8,50	729,27 — 0	603,654
							19712,238

Volume total de l'air............................ 19712^{lit},238

» CO^2 à raison de 12 litres par jour......... 384^{lit},000

Volume réel..................... 19328^{lit},238

Poids............... 24995^{gr},300

D'où ammoniaque (¹).................... 0^{gr},000629

D'où azote............................. 0^{gr},000519

(¹) *Voir* la 2ᵉ détermination de l'ammoniaque de l'air, page 39.

Expérience de 1849.

Volumes d'air qui ont passé chaque jour dans la cloche.

Aspirateur n° 3 = 679^{lit},653 à 21°. P = 0^m,760.

MOIS.	DATES.	JOURS.	TEM-PÉRATURE intérieure de l'Aspirateur.	BAROMÈTRE.	MANO-MÈTRE.	PRESSION calculée.	VOLUME à 0°. P = 760^{mm}.
			o	o	mm	o	lit
Septembre..	3	Lundi.....	18,8	761,30 — 18,5	10,00	732,90 — 0	613,115
»	4	Mardi....	17,4	764,65 — 17,0	11,50	736,28 — 0	618,918
»	5	Mercredi..	18,0	761,65 — 17,5	9,50	734,67 — 0	616,289
»	6	Jeudi.....	21,3	761,80 — 22,0	8,00	732,28 — 0	607,384
»	7	Vendredi..	17,6	762,80 — 17,0	8,00	737,75 — 0	619,726
»	8	Samedi..	16,1	764,05 — 15,0	10,00	738,60 — 0	623,665
»	9	Dimanche.	14,7	759,95 — 14,0	10,00	735,80 — 0	624,329
»	10	Lundi.....	16,9	752,15 — 17,5	11,50	725,21 — 0	610,666
»	11	Mardi.....	17,2	741,55 — 16,5	9,00	716,00 — 0	602,286
»	12	Mercredi..	13,9	743,69 — 13,0	11,00	720,22 — 0	612,817
»	13	Jeudi.....	12,8	749,95 — 11,5	10,50	727,16 — 0	621,108
»	14	Vendredi..	13,5	767,65 — 13,0	8,75	745,77 — 0	635,444
»	15	Samedi ...	14,1	767,65 — 14,0	10,50	743,46 — 0	632,149
»	16	Dimanche.	13,6	765,15 — 13,5	10,50	741,41 — 0	631,508
»	17	Lundi.....	15,5	766,40 — 17,0	9,50	741,71 — 0	627,596
»	18	Mardi.....	12,4	769,15 — 11,5	10,50	746,50 — 0	638,522
»	19	Mercredi..	13,7	772,43 — 13,0	11,00	748,15 — 0	637,026
»	20	Jeudi.....	13,0	770,55 — 13,0	10,00	747,79 — 0	638,281
»	21	Vendredi..	13,0	763,80 — 13,5	10,75	740,25 — 0	631,845
»	22	Samedi ...	14,0	762,25 — 13,5	10,50	738,21 — 0	627,905
»	23	Dimanche.	15,7	760,20 — 15,5	12,00	733,06 — 0	619,846
»	24	Lundi.....	12,4	759,80 — 11,5	9,50	738,17 — 0	631,397
»	25	Mardi.....	11,6	753,65 — 11,5	9,00	733,08 — 0	628,810
»	26	Mercredi..	14,7	756,30 — 17,0	10,00	731,78 — 0	620,918
»	27	Jeudi.....	19,0	759,35 — 21,0	11,00	729,48 — 0	609,836
»	28	Vendredi..	14,4	761,00 — 15,0	10,50	736,46 — 0	625,543
»	29	Samedi ...	17,0	756,80 — 19,0	7,00	733,09 — 0	617,088
»	30	Dimanche.	16,0	748,10 — 18,0	11,50	730,92 — 0	608,947
Octobre	1	Lundi	15,4	751,00 — 16,0	10,50	725,56 — 0	614,144
»	2	Mardi.....	14,8	755,90 — 15,0	10,50	731,00 — 0	620,041
»	3	Mercredi..	15,5	754,55 — 16,0	11,00	728,51 — 0	616,427
»	4	Jeudi.....	17,5	745,80 — 16,0	8,00	721,02 — 0	605,881
							19889,457

$$\begin{aligned}
&\text{Volume total de l'air} \dots\dots\dots\dots\dots\dots\dots\dots\dots\dots\dots & 19889^{lit},457 \\
&\quad\text{—} \quad CO_2 \text{ à raison de 12 litres par jour} \dots\dots\dots & 384^{lit},000 \\
&\text{Volume réel} \dots\dots\dots\dots\dots\dots\dots\dots\dots & 19505^{lit},457 \\
&\text{Poids} \dots\dots\dots\dots\dots\dots\dots & 25224^{gr},21 \\
&\text{D'où ammoniaque (1)} \dots\dots\dots\dots\dots\dots\dots & 0^{gr},000624 \\
&\text{D'où azote} \dots\dots\dots\dots\dots\dots\dots\dots\dots\dots\dots & 0^{gr},000515
\end{aligned}$$

(¹) *Voir* la 3ᵉ détermination de l'ammoniaque de l'air, p. 40.

EXPÉRIENCE DE 1850.

Données numériques.

SEMENCES.

Dosage de l'eau.

	gr
Colzas (¹) desséchés à 90°......................	1,000
Colzas desséchés à 120°.........................	0,916
Eau pour 100....................	8,4
Grains maïs desséchés à 90°.....................	1,000
Grains maïs desséchés à 120°....................	0,865
Eau pour 100....................................	13,5
Grains blé desséchés à 90°......................	1,000
Grains blé desséchés à 120°.....................	0,840
Eau pour 100....................................	16,00
Grains seigle desséchés à 90°...................	1,000
Grains seigle desséchés à 120°..................	0,844
Eau pour 100....................................	15,6

Dosage de l'azote.

	I.	II.	III.
	gr	gr	gr
Colzas desséchés à 90°.............	3,117	0,785	1,325
Titre de l'acide normal.........	27,8	26,9	26,9
Titre de l'acide après l'analyse..	7,9	21,8	18,2
Azote pour 100	4,01	3,97	4,02

	Azote.
	gr
10cc de l'acide de l'analyse I.................	0,175
10cc de l'acide de l'analyse II.................	0,165
10cc de l'acide de l'analyse III................	0,165

Azote en moyenne....... 4,00 pour 100

Dosage de l'azote.

	I.	II.	III.
	gr	gr	gr
Blé de Flandre...............	0,1675	0,276	0,546
Titre de l'acide normal........	24,2	21,3	27,00
Titre de l'acide après l'analyse .	19,8	16,8	24,7
Azote pour 100	2,08	2,02	2,01

(¹) 31gr,85 de colzas verts, après avoir été desséchés à 90°, ont pesé 3gr,12.

	Azote.
	gr
10ᶜᶜ de l'acide de l'analyse I......................	0,0193
10ᶜᶜ de l'acide de l'analyse II......................	0,0265
10ᶜᶜ de l'acide de l'analyse III....................	0,1288

Azote en moyenne....... 2,03 pour 100

Dosage de l'azote.

	I.	II.
	gr	gr
Maïs....................................	1,457	0,739
Titre de l'acide normal................	27,0	27,00
Titre de l'acide après l'analyse..........	22,9	24,30
Azote pour 100.......................	1,71	1,74

	Azote.
10ᶜᶜ de l'acide de l'analyse I.................	0ᵍʳ,165
10ᶜᶜ de l'acide de l'analyse II.................	0ᵍʳ,1288

Azote en moyenne....... 1,72 pour 100

Dosage de l'azote.

	I.	II.	III.
	gr	gr	gr
Seigle........................	0,170	0,574	0,2405
Titre de l'acide normal........	24,55	26,9	21,4
Titre de l'acide après l'analyse.	20,7	24,8	16,9
Azote pour 100...............	1,77	1,75	1,68

	Azote.
	gr
10ᶜᶜ de l'acide de l'analyse I.................	0,0193
10ᶜᶜ de l'acide de l'analyse II.................	0,1288
10ᶜᶜ de l'acide de l'analyse III................	0,0193

Azote en moyenne..... 1,73 pour 100

RÉCOLTES.

Comme en 1849, les récoltes ont d'abord été desséchées à 90°, et soumises, en cet état, à l'analyse.
Voici donc leur poids après cette première dessiccation. On trouvera souvent de grandes différences dans
le rapport des récoltes vertes aux récoltes sèches.

Ces différences proviennent de ce qu'une partie des feuilles se sont détachées quelquefois de la plante mère, et ont séjourné dans l'eau de la cloche.

	Récoltes	
	vertes.	desséchées à 90°.
Cinq colzas......................	379^{gr},40	56^{gr},95 (1)
Maïs.............................	29,37	5,02
Blé..............................	15,00	3,15
Seigle...........................	17,75	3,48

Dosage de l'eau.

Colzas desséchés à 105°..........................	1^{gr},000
Colzas desséchés à 120°..........................	0,944
Eau pour 100....................................	5,6
Maïs desséché à 90°..............................	1,000
Maïs desséché à 120°.............................	0,897
Eau pour 100....................................	10,3
Blé desséché à 90°...............................	1,000
Blé desséché à 120°..............................	0,891
Eau pour 100....................................	10,9
Seigle desséché à 90°............................	1,000
Seigle desséché à 120°...........................	0,901
Eau pour 100....................................	9,9

Dosage de l'azote.

	I.	II.
Colzas desséchés de 100° à 105°........	3^{gr},484	0^{gr},1905
Titre de l'acide normal................	27,8	24,2
Titre de l'acide après l'analyse.........	17,3	19,7
Azote pour 100.......................	1,89	1,87

	Azote.
10^{cc} de l'acide de l'analyse I................	0^{gr},175
10^{cc} de l'acide de l'analyse II...............	0^{gr},0193

Azote en moyenne........ 1,88 pour 100

---

(1) La dessiccation des colzas a eu lieu de 100° à 105°.

Dosage de l'azote.

	I.	II.
	^{gr}	^{gr}
Blé desséché à 90°......................	0,779	0,143
Titre de l'acide normal..................	27,5	23,3
Titre de l'acide après l'analyse..........	26,3	21,5
Azote pour 100........................	0,978	1,04

	Azote.
10^{cc} de l'acide de l'analyse I.................	0^{gr},175
10^{cc} de l'acide de l'analyse II................	0^{gr},0193

Azote en moyenne......... 1,0 pour 100

Dosage de l'azote.

	I.	II.
	^{gr}	^{gr}
Seigle desséché à 90°.................	0,6785	0,1235
Titre de l'acide normal...............	26,6	22,0
Titre de l'acide après l'analyse........	25,4	20,50
Azote pour 100......................	1,09	1,06

	Azote.
10^{cc} de l'acide de l'analyse I................	0^{gr},165
10^{cc} de l'acide de l'analyse II................	0^{gr},0193

Azote en moyenne....... 1,07 pour 100

Dosage de l'azote.

	I.	II.
	^{gr}	^{gr}
Maïs desséché à 90°....................	0,6135	0,206
Titre de l'acide normal...............	27,8	25,00
Titre de l'acide après l'analyse.........	25,3	20,05
Azote pour 100......................	2,56	2,54

	Azote.
10^{cc} de l'acide de l'analyse I................	0^{gr},175
10^{cc} de l'acide de l'analyse II...............	0^{gr},026

Azote en moyenne....... 2,55 pour 100

Expérience de 1850.

Volumes d'air qui ont passé chaque jour dans la cloche.

Aspirateur n° 3 = 679^{lit},653 à 21°. P = 0^{m},760.

MOIS.	DATES.	JOURS.	TEM-PÉRATURE intérieure de l'Aspirateur.	BAROMÈTRE.	MANO-MÈTRE.	PRESSION calculée.	VOLUME à 0°. P = 760^{mm}.
			°	°	mm	°	lit
Juillet......	2	Mardi.....	18,5	762,75 — 19,0	10,50	734,03 — 0	614,694
»	3	Mercredi..	19,4	764,30 — 20,0	11,50	733,59 — 0	612,437
»	4	Jeudi.....	21,0	762,55 — 23,0	12,00	729,25 — 0	605,489
»	5	Vendredi..	20,0	766,55 — 20,0	12,00	734,65 — 0	612,058
»	6	Samedi ...	19,5	766,30 — 20,0	8,50	738,42 — 0	616,252
»	7	Dimanche.	20,0	755,50 — 20,5	13,00	722,63 — 0	602,044
»	8	Lundi.....	18,3	766,00 — 19,0	12,00	736,02 — 0	616,784
»	9	Mardi.....	17,5	762,95 — 18,0	10,00	735,86 — 0	618,351
»	10	Mercredi..	16,2	764,12 — 18,0	13,00	735,21 — 0	620,587
»	11	Jeudi.....	16,3	764,10 — 18,0	10,00	738,50 — 0	623,148
»	12	Vendredi..	18,8	764,50 — 19,0	13,00	733,02 — 0	613,216
»	13	Samedi ...	18,0	761,80 — 20,0	12,00	732,00 — 0	614,049
»	14	Dimanche.	21,8	762,30 — 23,5	12,00	728,00 — 0	602,808
»	15	Lundi.....	25,8	760,30 — 27,0	11,00	721,31 — 0	589,259
»	16	Mardi.....	26,0	760,55 — 27,0	15,00	717,27 — 0	585,566
»	17	Mercredi..	25,0	756,00 — 26,5	12,00	717,24 — 0	587,509
							9734,251

Volume total de l'air............................ 9734^{lit},251

»   CO² à raison de 27 litres par jour........ 432^{lit},000

Volume réel.................... 9302^{lit},251

Poids........ .... 12029^{gr},54

D'où ammoniaque (¹)................... 0^{gr},0003245

D'où azote............................ 0^{gr},0002678

(¹) *Voir* la 9° détermination de l'ammoniaque de l'air, page 46.

Expérience de 1850.

Volumes d'air qui ont passé chaque jour dans la cloche.

Aspirateur n° 3 $= 679^{lit},653$ à 21°. $P = 0^m,760$.

MOIS.	DATES.	JOURS.	TEMPÉRATURE intérieure de l'Aspirateur.	BAROMÈTRE.	MANOMÈTRE.	PRESSION calculée.	VOLUME à 0°. $P = 760^{mm}$.
			°	°	mm	°	lit
Juillet......	18	Jeudi.....	21,0	760,00 — 21,5	17,00	721,89 — 0	599,378
»	19	Vendredi..	21,2	763,00 — 21,5	13,00	728,64 — 0	604,570
»	20	Samedi ...					
»	21	Dimanche.					
»	22	Lundi.....	22,8	761,00 — 24,0	12,00	725,43 — 0	598,645
»	23	Mardi.....	21,1	759,30 — 22,5	10,50	727,45 — 0	603,788
»	24	Mercredi..	20,1	762,50 — 19,5	16,50	725,92 — 0	604,578
»	25	Jeudi	18,8	760,55 — 18,5	16,00	726,15 — 0	608,095
»	26	Vendredi..	19,1	757,55 — 19,0	16,00	722,79 — 0	604,036
»	27	Samedi ...	20,4	759,30 — 21,1	15,50	723,52 — 0	601,962
»	28	Dimanche.	16,5	757,00 — 15,0	16,00	725,20 — 0	611,502
»	29	Lundi.....	19,0	761,05 — 19,0	15,00	727,39 — 0	608,088
»	30	Mardi.....	18,5	764,50 — 19,0	16,00	730,32 — 0	611,587
»	31	Mercredi..	17,8	765,70 — 17,0	16,00	732,45 — 0	614,850
Août.......	1	Jeudi	20,2	765,00 — 22,0	15,00	729,69 — 0	607,510
»	2	Vendredi..	20,7	764,55 — 21,5	14,50	729,25 — 0	608,108
»	3	Samedi ...	20,0	765,10 — 21,0	16,00	729,13 — 0	607,459
»	4	Dimanche.	21,0	762,75 — 22,0	16,00	725,48 — 0	602,358
»	5	Lundi.....	20,0	759,70 — 20,0	16,00	723,87 — 0	603,077
»	6	Mardi.....	22,2	754,10 — 22,0	15,50	716,04 — 0	592,100
»	7	Mercredi..	17,8	762,00 — 19,0	15,00	729,51 — 0	612,382
»	8	Jeudi	19,0	761,10 — 20,0	16,00	726,31 — 0	607,185
»	9	Vendredi..	19,0	762,00 — 20,0	15,00	728,21 — 0	608,774
»	10	Samedi ...	20,0	763,10 — 20,0	13,00	730,27 — 0	608,409
»	11	Dimanche.	19,2	762,00 — 17,5	13,00	730,31 — 0	610,111
»	12	Lundi.....	20,5	755,80 — 21,0	14,00	721,76 — 0	601,113
»	13	Mardi.....	18,5	757,30 — 19,0	13,50	725,65 — 0	607,676
»	14	Mercredi..	18,2	757,00 — 18,0	14,00	725,27 — 0	607,985
»	15	Jeudi	17,7	762,30 — 17,5	13,00	732,08 — 0	614,751
»	16	Vendredi..	17,2	759,00 — 18,0	13,00	729,20 — 0	613,389
»	17	Samedi ...	16,2	764,00 — 17,5	12,50	735,65 — 0	620,959
							17604,425

Volume total de l'air........................... $17604^{lit},425$

»   CO² à raison de 27 litres par jour......... $783^{lit},000$

Volume réel................... $16821^{lit},405$

Poids............... $21753^{gr},240$

D'où ammoniaque...................... $0^{gr},0003893$

D'où azote............................ ...... $0^{gr},0003213$

(¹) *Voir* la 10ᵉ détermination de l'ammoniaque de l'air, page 47.

APPENDICE.

Expérience de 1850.

Volumes d'air qui ont passé chaque jour dans la cloche.

Aspirateur n° 3 = $679^{lit},653$ à 21°. P. = $0^m,760$.

MOIS.	DATES.	JOURS.	TEMPÉRATURE intérieure de l'aspirateur.	BAROMÈTRE.	MANO-MÈTRE.	PRESSION calculée.	VOLUME à 0°. P = 760·m
			°	°	mm	°	lit
Août	18	Dimanche.	17,1	764,21 — 17,0	12,00	735,62 — 0	619,004
»	19	Lundi	16,0	760,15 — 17,0	15,00	729,54 — 0	616,228
»	20	Mardi	18,2	759,30 — 17,5	12,00	729,62 — 0	611,631
»	21	Mercredi	15,4	754,50 — 15,0	15,00	724,66 — 0	613,382
»	22	Jeudi	14,7	760,55 — 14,5	13,00	733,32 — 0	622,225
»	23	Vendredi	17,1	763,65 — 17,0	15,00	732,06 — 0	616,008
»	24	Samedi	14,3	763,30 — 16,0	14,00	735,20 — 0	624,690
»	25	Dimanche.	20,0	767,20 — 20,0	15,00	731,47 — 0	607,746
»	26	Lundi	15,8	764,55 — 15,5	12,50	736,78 — 0	622,775
»	27	Mardi	15,2	769,35 — 15,5	14,00	740,57 — 0	627,284
»	28	Mercredi	18,2	765,20 — 20,0	13,00	734,19 — 0	615,458
»	29	Jeudi	14,3	760,50 — 15,7	14,00	732,45 — 0	622,354
»	30	Vendredi	13,0	767,10 — 13,0	3,00	751,34 — 0	641,311
»	31	Samedi	14,5	769,20 — 15,0	12,00	743,05 — 0	630,920
Septembre	1	Dimanche.	15,7	772,50 — 15,0	15,00	742,30 — 0	627,658
»	2	Lundi	12,0	772,55 — 11,0	12,50	748,23 — 0	640,902
»	3	Mardi	16,9	768,30 — 17,0	12,00	739,88 — 0	623,018
»	4	Mercredi	15,3	762,00 — 15,0	14,00	733,16 — 0	620,792
»	5	Jeudi	14,1	758,20 — 15,0	15,00	729,39 — 0	620,186
»	6	Vendredi	14,4	768,15 — 15,0	13,50	740,58 — 0	629,042
»	7	Samedi					
»	8	Dimanche.	11,6	770,00 — 15,0	13,00	745,21 — 0	639,214
»	9	Lundi	11,7	770,00 — 11,0	13,00	745,38 — 0	639,135
»	10	Mardi	12,1	769,21 — 13,0	15,00	742,08 — 0	635,411
»	11	Mercredi	12,0	768,20 — 11,0	14,00	742,38 — 0	635,913
»	12	Jeudi	15,0	766,55 — 15,0	13,00	739,00 — 0	626,390
»	13	Vendredi	14,5	763,20 — 15,0	14,00	735,07 — 0	624,145
»	14	Samedi	14,0	763,00 — 14,0	15,00	734,38 — 0	624,656
»	15	Dimanche.	12,3	764,25 — 14,0	14,50	737,37 — 0	630,934
»	16	Lundi	14,2	765,20 — 14,7	14,00	737,33 — 0	626,719
»	17	Mardi	15,6	765,00 — 15,4	5,00	744,92 — 0	630,093
»	18	Mercredi	13,4	762,00 — 13,4	15,00	733,90 — 0	625,548
»	19	Jeudi	12,6	758,00 — 10,5	12,00	733,84 — 0	627,253
»	20	Vendredi	12,6	752,80 — 11,5	10,50	730,03 — 0	623,996
»	21	Samedi	14,5	758,10 — 16,0	15,00	728,86 — 0	618,875
							21260,896

Volume total de l'air............................ $21 260^{lit},896$

  » CO^2 à raison de 27 litres par jour......... $918^{lit},000$

      Volume réel.................... $20 342^{lit},896$

        Poids.............. $26 307^{gr},170$

   D'où ammoniaque (1).................... $0^{gr},000834 ?$

   D'où azote............................. $0^{gr},000687$

(1) *Voir* la 11° détermination de l'ammoniaque de l'air, page 48.

Expérience de 1850.

Volumes d'air qui ont passé chaque jour dans la cloche.

Aspirateur n° 3 = 679^{lit},653 à 21°. P = 0^m,760.

MOIS.	DATES.	JOURS.	TEM- PÉRATURE Intérieure de l'Aspirateur.	BAROMÈTRE.	MANO- MÈTRE.	PRESSION calculée.	VOLUME à 0° P = 760^{mm}.
			°	°	mm	°	lit
Septembre..	22	Dimanche.	17,1	762,55 — 19,0	14,50	731,18 — 0	615,267
»	23	Lundi.....	14,0	758,15 — 16,0	15,00	729,30 — 0	620,326
»	24	Mardi.....	15,0	756,00 — 17,0	14,00	727,24 — 0	616,422
»	25	Mercredi..	15,6	759,20 — 17,0	16,00	728,03 — 0	615,807
»	26	Jeudi.....	14,4	761,30 — 14,0	13,50	733,87 — 0	623,343
»	27	Vendredi..	14,9	762,05 — 13,5	12,00	735,75 — 0	623,852
»	28	Samedi...	15,0	759,55 — 16,0	14,00	730,90 — 0	619,525
»	29	Dimanche.	12,5	762,30 — 12,0	15,00	735,02 — 0	628,482
»	30	Lundi.....	14,7	755,00 — 15,5	12,50	728,17 — 0	617,855
Octobre....	1	Mardi.....	13,5	751,10 — 13,5	13,00	724,94 — 0	617,693
»	2	Mercredi..	13,0	755,50 — 12,0	14,00	728,89 — 0	622,149
»	3	Jeudi.....	12,2	759,80 — 12,0	15,00	732,74 — 0	627,193
»	4	Vendredi..	12,2	759,20 — 12,0	16,00	731,14 — 0	625,823
»	5	Samedi...	13,2	757,20 — 13,0	15,00	730,31 — 0	622,072
»	6	Dimanche.	10,3	759,20 — 12,0	15,00	733,39 — 0	631,967
»	7	Lundi.....	13,0	755,20 — 15,0	15,00	727,22 — 0	620,724
»	8	Mardi.....	13,7	757,15 — 14,5	12,00	731,71 — 0	623,028
»	9	Mercredi..	14,0	761,30 — 13,5	12,75	734,99 — 0	625,166
»	10	Jeudi.....	11,5	761,35 — 11,0	13,00	736,89 — 0	632,300
»	11	Vendredi..	10,7	758,25 — 11,5	14,00	733,25 — 0	630,954
»	12	Samedi...	8,4	768,50 — 9,0	13,50	745,65 — 0	646,878
»	13	Dimanche.	8,0	770,10 — 10,0	14,00	746,84 — 0	648,834
»	14	Lundi.....	10,7	762,00 — 12,0	14,00	736,93 — 0	634,120
»	15	Mardi.....	9,0	764,30 — 10,5	12,60	741,84 — 0	642,201
»	16	Mercredi..	10,1	766,20 — 10,5	14,00	741,68 — 0	639,563
»	17	Jeudi.....	8,5	765,00 — 8,0	14,00	741,73 — 0	643,240
»	18	Vendredi..	10,4	767,00 — 10,5	15,00	741,29 — 0	638,549
»	19	Samedi...	9,4	763,20 — 10,5	15,00	738,11 — 0	638,065
»	20	Dimanche.	10,7	760,55 — 11,5	15,00	734,55 — 0	632,073
»	21	Lundi.....	10,2	756,15 — 10,5	13,50	732,08 — 0	631,061
»	22	Mardi.....	7,0	752,30 — 6,5	15,00	729,03 — 0	635,628
»	23	Mercredi..	5,0	747,00 — 5,0	14,00	725,87 — 0	637,431
							20127,591

Volume total de l'air............................. 20127^{lit},591

  » CO^2 à raison de 45 litres par jour......... 1440^{lit},000

    Volume réel.................... 18687^{lit},591

      Poids................ 24166^{gr},544

D'où ammoniaque (¹).................... 0^{gr},0005888

D'où azote............................. 0^{gr},0004860

(¹) *Voir* la 12ᵉ détermination de l'ammoniaque de l'air, page 49.

EXPÉRIENCE DE 1851.

Données numériques.

Préparation des pots.

On a ajouté :

Dans chaque pot de tabac.

	gr
Bicarbonate de potasse	4,95
Carbonate de chaux	4,08
Carbonate de magnésie	0,96
Chlorure de sodium	0,20
Phosphate de chaux	0,80
Sous-carbonate de peroxyde de fer (humide) (¹)	8,00
Sulfate de chaux	0,50
Silice gélatineuse (²)	17,92

Dans le pot des soleils.

Cendres de soleils obtenues en brûlant la plante chargée de ses graines.......................... 10^{gr},00

(¹) Le sous-carbonate de fer contenait 90 pour 100 d'eau.

(²) La silice gélatineuse contenait 95 pour 100 d'eau.

Ces mélanges salins sont loin d'être les meilleurs auxquels on puisse recourir. On peut leur substituer avec de grands avantages les deux suivants :

	1.	2.
Phosphate de chaux	2,61	2,61
Phosphate de magnésie	3,91	1,90
Chlorure de sodium	0,20	0,30
Sulfate de fer	0,10	0,10
Sulfate de chaux	»	1,00
Silicate de potasse	3,00	3,00
Silicate de soude	0,30	0,30

Je mets ordinairement les silicates dans l'eau des cuvettes. On peut encore les mêler au sable. On fait bien généralement d'opérer par les deux procédés.

Chaque pot était à moitié rempli avec des fragments de briques gros comme des noisettes, sur lesquels on a ajouté 600 grammes de sable mêlé avec 600 grammes de brique pulvérisée, le tout lavé à l'acide hydrochlorique et calciné au rouge. Pour les soleils, on a opéré par semis, et pour les tabacs, sur des plantes repiquées.

SEMENCES.

Dosage de l'eau.

	gr
Soleils (graines)..	1,000
Après dessiccation à 120°.............................	0,918
Eau pour 100...	8,20
Tabac repiqué desséché à 100°.......................	1,000
Après dessiccation à 120°.............................	0,949
Eau pour 100...	5,10

Dosage des cendres.

	I.	II.
	gr	gr
Soleils (graines).........................	1,324	1,04
Cendres très blanches.................	0,0325	0,0275
Cendres pour 100......................	2,45	2,64
	gr	
Tabac repiqué.............................	0,55	
Cendres solubles.........................	0,06	
Cendres insolubles......................	0,051	
Cendres pour 100........................	19,85	

Dosage de l'azote.

	I.	II.	III.
	gr	gr	gr
Soleils (graines)............................	1,343	0,7075	0,5735
Titre de l'acide normal....................	25,6	27,6	27,6
Titre de l'acide après l'analyse..........	20,7	23,7	24,5
Azote pour 100............................	2,49	2,56	2,52

	Azote.
	gr
10^{cc} de l'acide de l'analyse I................	0,175
10^{cc} de l'acide de l'analyse II...............	0,1288
10^{cc} de l'acide de l'analyse III..............	0,1288

Azote en moyenne....... 2,52 pour 100

Dosage de l'azote.

	I.	II.	III.
	gr	gr	gr
Tabac repiqué desséché à 90°..	1,274	0,2525	0,188
Titre de l'acide normal........	25,4	20,0	22,7
Titre de l'acide après l'analyse.	17,8	9,4	16,1
Azote pour 100...............	4,11	4,05	4,08

	Azote.
	gr
10ᶜᶜ de l'acide de l'analyse I..................	0,175
10ᶜᶜ de l'acide de l'analyse II.................	0,0193
10ᶜᶜ de l'acide de l'analyse III...............	0,0265

Azote en moyenne....... 4,01 pour 100

RÉCOLTES.

Après la première dessiccation à 90°, les récoltes pesaient :

	Récoltes	
	vertes.	desséchées à 90°.
	gr	gr
Soleils.............................	82,60	27,60
Tabac (T).........................	103,50	23,97
Tabac (t).........................	92,00	22,20

Dosage de l'eau.

	gr
Soleils desséchés à 90°........................	1,000
Après dessiccation à 120°......................	0,927
Eau pour 100.................................	7,3
Tabac desséché à 90°..........................	1,000
Après dessiccation à 120°......................	0,936
Eau pour 100.................................	6,4

Dosage des cendres.

	gr
Soleils (récolte) desséchés à 90°..................	0,974
Cendres solubles...............................	0,051
Cendres insolubles.............................	0,030
Cendres pour 100..............................	8,13
Tabac desséché à 90°...........................	1,1115
Cendres solubles...............................	0,055
Cendres insolubles.............................	0,06
Cendres pour 100..............................	10,18

Balance des cendres.

	Semences.	Récoltes
	gr	gr
Soleil	0,005	2,243
Tabac (T)	0,017	2,440
Tabac (t)	0,017	2,259

Dosage de l'azote.

	I.	II.	III.
	gr	gr	gr
Soleils desséchés à 90°	1,054	0,931	0,581
Titre de l'acide normal	25,6	19,5	22,7
Titre de l'acide après l'analyse ..	24,8	14,0	19,6
Azote pour 100	0,52	0,58	0,62

	Azote.
	gr
10ᶜᶜ de l'acide de l'analyse I	0,175
10ᶜᶜ de l'acide de l'analyse II	0,0193
10ᶜᶜ de l'acide de l'analyse III	0,0265

Azote en moyenne .... 0,57 pour 100

Dosage de l'azote.

	I.	II.	III.
	gr	gr	gr
Tabac desséché à 90°	2,000	0,479	0,311
Titre de l'acide normal	25,6	20,00	23,6
Titre de l'acide après l'analyse ..	23,3	16,40	20,9
Azote pour 100	0,785	0,725	0,707

	Azote.
	gr
10ᶜᶜ de l'acide de l'analyse I	0,175
10ᶜᶜ de l'acide de l'analyse II	0,0193
10ᶜᶜ de l'acide de l'analyse III	0,0193

Azote en moyenne .... 0,73 pour 100

Expérience de 1851.

Volumes d'air qui ont passé chaque jour dans la cloche.

Aspirateur n° 1 = 1108^{lit},050 à 21°. P = 0^m,760.

MOIS.	DATES.	JOURS.	TEM-PÉRATURE intérieure de l'Aspirateur.	BAROMÈTRE.	MANO-MÈTRE.	PRESSION calculée.	VOLUME à 0°. P = 760^{mm}.
			o	o	mm	o	lit
Juin........	13	Vendredi..	19,8	769,39 — 19,0	12,00	737,87 — 0	1002,908
»	14	Samedi ...	16,0	765,05 — 15,0	10,50	739,17 — 0	1017,909
»	15	Dimanche.					
»	16	Lundi.....	14,8	761,95 — 14,0	6,00	741,70 — 0	1025,660
»	17	Mardi.....	13,8	766,08 — 12,5	10,00	742,79 — 0	1030,655
»	18	Mercredi..	13,0	771,75 — 11,5	3,50	755,67 — 0	1051,567
»	18	Jeudi	15,4	768,75 — 15,0	10,00	743,87 — 0	1026,517
»	20	Vendredi..	18,8	765,85 — 19,0	0,00	747,38 — 0	1019,322
»	21	Samedi ...	17,9	760,85 — 17,0	10,00	733,52 — 0	1003,519
»	22	Dimanche.	18,2	767,79 — 18,0	9,00	741,03 — 0	1012,747
»	23	Lundi.....	13,7	764,07 — 12,0	9,00	741,92 — 0	1029,908
»	24	Mardi.....	11,0	766,15 — 10,0	12,00	743,13 — 0	1041,413
»	25	Mercredi..	12,0	769,15 — 11,0	11,50	745,83 — 0	1041,522
»	26	Jeudi	17,5	767,65 — 12,5	1,00	750,23 — 0	1027,796
»	27	Vendredi..	18,4	765,57 — 18,0	8,50	739,50 — 0	1009,962
»	28	Samedi ...	18,2	763,85 — 17,5	10,50	735,56 — 0	1005,272
»	29	Dimanche.	19,0	763,87 — 19,5	6,00	739,14 — 0	1007,392
»	30	Lundi	17,8	762,45 — 16,5	12,00	733,27 — 0	1003,523
							17357,592

Poids.................................... 22446^{gr},605

Poids excédant de l'acide carbonique........... 232^{gr},265

Poids total................. 22678^{gr},870

En 1851, l'air, avant d'entrer dans la cloche, passait sur de la ponce imbibée d'acide sulfurique. A partir de ce moment, l'ammoniaque de l'air n'est plus intervenue dans l'expérience; mais, comme les années précédentes, l'air recevait chaque jour un excès d'acide carbonique (20^{lit} par jour). Il en résulte que, pour obtenir le poids de l'air, il a fallu tenir compte de l'excès de poids de l'acide carbonique ajouté; c'est ce qu'on exprime, à la fin de chaque Tableau, par ces mots : *Poids excédant de l'acide carbonique.* Les aspirateurs étaient de zinc. Il s'est produit à plusieurs reprises des accidents, à cause de la trop forte pression qu'ils supportaient; un aspirateur de réserve m'a toujours permis de continuer les expériences sans interruption. Ainsi s'expliquent les changements d'aspirateurs qu'on remarque souvent dans le même Tableau.

Expérience de 1851.

Volumes d'air qui ont passé chaque jour dans la cloche.

Aspirateur n° 1 = 1108^{lit},050 à 21°. P = 0^{gr},760.

MOIS.	DATES.	JOURS.	TEMPÉRATURE intérieure de l'Aspirateur.	BAROMÈTRE.	MANOMÈTRE.	PRESSION calculée.	VOLUME à 0°. P = 730^{mm}.
			°	°	mm	°	lit
Juillet......	1	Mardi.....	19,4	761,45 — 18,0	12,00	730,49 — 0	994,231
»	2	Mercredi..	18,0	756,65 — 17,5	2,50	736,67 — 0	1007,482
»	3	Jeudi.....	15,4	756,15 — 16,0	10,00	731,18 — 0	1009,005
»	4	Vendredi..	14,6	758,43 — 15,0	2,00	742,33 — 0	1027,246
»	5	Samedi ...	15,0	760,31 — 15,0	7,50	738,28 — 0	1020,220
»	6	Dimanche.	14,5	762,25 — 14,0	12,50	735,74 — 0	1018,482
»	7	Lundi.....	14,1	763,35 — 14,5	9,00	740,59 — 0	1026,626
»	8	Mardi.....	16,2	757,95 — 11,5	13,00	729,84 — 0	1004,365
»	9	Mercredi..	15,0	753,57 — 15,0	12,50	726,56 — 0	1004,025
»	10	Jeudi.....	14,0	754,47 — 14,0	12,50	728,37 — 0	1010,039
»	11	Vendredi..	12,1	763,35 — 12,0	15,00	736,35 — 0	1027,923
»	12	Samedi ...	13,0	764,57 — 15,0	13,00	739,57 — 0	1029,163
»	13	Dimanche.	15,8	759,85 — 11,5	12,50	732,58 — 0	1009,534
»	14	Lundi.....	14,0	754,55 — 11,5	13,50	727,75 — 0	1009,179
»	15	Mardi.....	13,6	758,13 — 14,5	15,00	729,77 — 0	1013,396
»	16	Mercredi..	14,2	755,77 — 14,0	16,00	726,01 — 0	1006,064
»	17	Jeudi.....	14,0	755,00 — 11,5	12,50	729,20 — 0	1011,190
»	18	Vendredi..	13,2	758,68 — 12,5	12,60	733,25 — 0	1019,654
»	19	Samedi ...	15,0	763,23 — 15,0	10,00	738,70 — 0	1020,801
»	20	Dimanche.	14,0	762,50 — 13,0	13,00	736,00 — 0	1020,619
»	21	Lundi.....	13,0	759,40 — 12,0	12,00	734,78 — 0	1022,497
»	22	Mardi.....	14,7	761,50 — 14,0	12,50	734,83 — 0	1015,046
» (¹).....	23	Mercredi..	20,5	749,59 — 22,0	10,00	719,02 — 0	973,545
»	24	Jeudi.....	16,5	751,77 — 17,0	4,00	731,74 — 0	1004,481
»	25	Vendredi..	17,2	749,00 — 17,5	15,00	717,36 — 0	982,362
»	26	Samedi ...	19,5	753,77 — 18,0	12,00	722,74 — 0	981,933
»	27	Dimanche.	17,5	760,53 — 17,0	12,50	731,08 — 0	1000,114
»	28	Lundi.....	14,4	763,02 — 14,0	12,00	737,99 — 0	1019,239
»	29	Mardi.....	19,0	757,65 — 18,5	16,00	723,05 — 0	984,032
»	30	Mercredi..	16,4	757,25 — 16,0	13,50	737,93 — 0	999,591
» (²).....	31	Jeudi.....	20,2	759,37 — 19,5	5,00	724,39 — 0	983,859
							31255,943

(¹) On a remplacé l'aspirateur n° 1 par le n° 3. V = 1106^{lit},450 à 21°. P = 0^{m},760.
(²) On a remplacé l'aspirateur n° 3 par le n° 2. V = 1108^{lit},747 à 21°. P = 0^{m},760.

Poids................................... 40419^{gr},737
Poids excédant de l'acide carbonique.......... 424^{gr},139
Poids total........ .... 40843^{gr},876

Expérience de 1851.

Volumes d'air qui ont passé chaque jour dans la cloche.

Aspirateur n° 2 = 1108^{lit},747 à 21°. P = 0^m,760.

MOIS.	DATES.	JOURS.	TEM-PÉRATURE intérieure de l'Aspirateur.	BAROMÈTRE.	MANO-MÈTRE.	PRESSION calculée.	VOLUME à 0°. P = 760^{mm}.
			°	°	mm	°	lit
Août.......	1	Vendredi..	22,0	764,20 — 21,0	13,50	728,47 — 0	983,553
»	2	Samedi ...	19,5	765,00 — 18,0	14,00	731,93 — 0	996,480
»	3	Dimanche.	20,7	765,00 — 20,0	14,00	730,39 — 0	990,311
»	4	Lundi.....	17,0	763,65 — 16,0	12,50	734,77 — 0	1008,988
»	5	Mardi.....	20,0	763,05 — 19,0	12,00	731,34 — 0	993,971
»	6	Mercredi..	20,3	764,00 — 18,5	12,10	731,92 — 0	993,741
»	7	Jeudi	20,0	760,39 — 18,5	12,00	728,56 — 0	990,190
»	8	Vendredi..	19,5	758,85 — 18,0	12,50	727,30 — 0	989,771
»	9	Samedi ...	16,5	760,14 — 15,8	13,00	731,23 — 0	1005,865
»	10	Dimanche.	17,9	761,45 — 17,5	14,50	729,56 — 0	998,729
»	11	Lundi.....	15,5	763,65 — 16,0	14,00	734,58 — 0	1013,982
»	12	Mardi.....	19,7	765,00 — 20,0	13,00	732,48 — 0	996,549
»	13	Mercredi..	20,1	761,89 — 20,0	10,00	731,95 — 0	994,466
»	14	Jeudi	20,2	763,15 — 20,0	14,00	729,09 — 0	990,242
»	15	Vendredi..	22,0	761,29 — 21,0	14,00	725,07 — 0	978,763
»	16	Samedi ...	20,0	763,35 — 20,0	14,00	729,51 — 0	991,490
»	17	Dimanche.	20,1	764,30 — 20,0	12,00	732,35 — 0	995,010
»	18	Lundi.....	18,7	767,20 — 19,5	13,50	735,26 — 0	1003,767
»	19	Mardi.....	20,3	768,80 — 21,0	13,50	734,99 — 0	997,910
»	20	Mercredi..	20,5	770,05 — 21,0	14,00	735,53 — 0	997,966
»	21	Jeudi	14,1	765,20 — 15,0	10,00	741,37 — 0	1028,354
»	22	Vendredi..	21,5	763,05 — 22,0	13,00	728,29 — 0	984,782
»	23	Samedi ...	15,0	761,60 — 15,5	12,50	734,51 — 0	1015,648
»	24	Dimanche.	16,2	762,80 — 17,0	15,00	732,01 — 0	1007,984
»	25	Lundi.....	14,4	764,00 — 15,0	10,00	739,94 — 0	1025,297
»	26	Mardi.....	15,2	760,35 — 14,5	12,00	733,72 — 0	1013,351
»	27	Mercredi..	16,5	757,30 — 17,0	11,50	729,76 — 0	1003,843
»	28	Jeudi	19,0	753,15 — 19,0	12,50	722,01 — 0	984,663
»	29	Vendredi..	15,0	754,75 — 14,0	10,50	729,86 — 0	1009,219
»	30	Samedi ...	13,0	761,09 — 12,5	10,00	738,40 — 0	1028,181
»	31	Dimanche.	15,5	767,55 — 14,5	12,50	740,16 — 0	1021,684
							31034,750

Poids... 40133^{gr},718

Poids excédant de l'acide carbonique.......... 424^{gr},139

Poids total................. 40557^{gr},857

Expérience de 1851.

Volumes d'air qui ont passé chaque jour dans la cloche.

Aspirateur n° 2, $V = 1107^{lit},858$ à 12°. $P = 0^{m},760$.

MOIS.	DATES.	JOURS.	TEM-PÉRATURE intérieure de l'Aspirateur.	BAROMÈTRE.	MANO-MÈTRE.	PRESSION calculée.	VOLUME à 0°. $P = 760^{mm}$.
			°	°	mm	°	lit
Septembre..	1	Lundi.....	14,5	766,85 — 15,5	12,00	740,65 — 0	1025,093
»	2	Mardi.....	15,4	765,00 — 15,0	13,00	737,13 — 0	1017,032
»	3	Mercredi .	16,0	764,00 — 15,5	12,50	736,07 — 0	1013,457
»	4	Jeudi.....	15,0	762,35 — 15,0	11,50	736,32 — 0	1017,328
»	5	Vendredi .	19,7	764,35 — 20,0	12,00	732,83 — 0	996,219
»	6	Samedi ...	17,7	765,19 — 17,5	13,00	734,97 — 0	1006,014
»	7	Dimanche.	10,8	766,43 — 11,0	12,00	743,42 — 0	1042,366
»	8	Lundi.....	18,0	772,20 — 18,0	12,00	742,61 — 0	1015,422
»	9	Mardi.....	15,0	771,00 — 15,5	10,00	746,39 — 0	1031,241
»	10	Mercredi..	15,3	771,40 — 15,6	10,00	746,52 — 0	1030,346
»	11	Jeudi.....	17,7	771,50 — 18,0	12,00	742,21 — 0	1015,924
»	12	Vendredi..	14,2	768,00 — 15,0	11,00	743,09 — 0	1029,547
»	13	Samedi ...	16,0	767,20 — 17,0	10,50	740,98 — 0	1020,218
							13260,207

Poids................................... $17147^{gr},920$

Poids excédant de l'acide carbonique.......... $177^{gr},865$

Poids total................. $17325^{gr},785$

EXPÉRIENCE DE 1852.

Données numériques.

Préparation des pots.

Les pots qu'on a employés étaient plus grands que ceux des années précédentes. Chaque pot a reçu 1500 grammes de brique en gros fragments, 2000 grammes de sable blanc, 200 grammes de charbon de sucre candi et 20 grammes de cendres de l'espèce de plante qu'on voulait cultiver. Le pot qui a servi à la culture de blé, préparé comme tous les autres, n'a reçu que 7 grammes de cendres.

SEMENCES.

Dosage de l'eau.

Colzas d'automne, desséchés à 90°........	0,361
Après dessiccation à 120°......................	0,321
Eau pour 100.................................	11,08
Blé de mars........	1,4255
Après dessiccation à 120°......................	1,251
Eau pour 100.................................	12,24

Dosage de l'eau.

	I.	II.
Premiers colzas d'été, desséchés à 90°....	0,6990	0,7240
Après deux heures de dessiccation à 120°.	0,6535	0,6775
Eau pour 100...........................	6,50	6,42
	I.	II.
Deuxièmes colzas d'été, desséchés à 90°..	0,67	0,652
Après deux heures de dessiccation à 120°.	0,626	0,610
Eau pour 100.....	6,57	6,44

Dosage des cendres.

	gr
Blé..	1,464
Cendres solubles...........................	0,0115
Cendres insolubles.........................	0,015
Cendres pour 100...........................	1,82
Colzas d'automne desséchés à 90°..........	0,955
Cendres solubles...........................	0,104
Cendres insolubles.........................	0,131
Cendres pour 100...........................	24,41

Dosage des cendres.

	I. gr	II. gr
Premiers colzas d'été, desséchés à 60°...	0,9245	1,2820
Cendres solubles.....................	0,0955	0,1320
Cendres insolubles...................	0,1015	0,1385
Cendres pour 100....................	21,31	21,11

	I. gr	II. gr
Deuxièmes colzas d'été, desséchés à 90°.	1,332	1,041
Cendres solubles.....................	0,120	0,094
Cendres insolubles...................	0,142	0,112
Cendres pour 100....................	19,66	19,78

Balance des cendres.

	Semences. gr	Récoltes. gr
Colzas d'automne....................	0,234	3,332
Blé de mars.........................	0,025	1,337
Soleils.............................	0,016	10,576
Premiers colzas d'été...............	0,844	10,136
Deuxièmes colzas d'été..............	0,386	9,313

Dosage de l'azote.

	I. gr	II. gr
Colzas d'automne desséchés à 90°..........	0,1615	0,535
Titre de l'acide normal................	21,7	19,55
Titre de l'acide après l'analyse..........	10,3	5,7
Azote pour 100.....................	5,07	5,06

	Azote.
10cc de l'acide de l'analyse I................	0gr,0156
10cc de l'acide de l'analyse II...............	0gr,0383

Azote en moyenne....... 5,06 pour 100

Dosage de l'azote.

	I.	II.
	gr	gr
Blé de mars...........................	1,038	0,898
Titre de l'acide normal................	22,3	27,7
Titre de l'acide après l'analyse..........	3,3	6,7
Azote pour 100.......................	2,17	2,23

	Azote.
10ᶜᶜ de l'acide de l'analyse I................	0ᵍʳ,0265
10ᶜᶜ de l'acide de l'analyse II................	0ᵍʳ,0265

Azote en moyenne....... 2,20 pour 100

Dosage de l'azote.

	I.	II.
	gr	gr
Premiers colzas d'été desséchés à 90°......	0,2885	0,255
Titre de l'acide normal................	18,25	18,25
Titre de l'acide après l'analyse.........	3,5	5,3
Azote pour 100.......................	4,36	4,34

	Azote.
10ᶜᶜ de l'acide de l'analyse I................	0ᵍʳ,0156
10ᶜᶜ de l'acide de l'analyse II................	0ᵍʳ,0156

Azote en moyenne....... 4,35 pour 100

Dosage de l'azote.

	I.	II.
	gr	gr
Deuxièmes colzas d'été, desséchés à 90°....	0,196	0,2495
Titre de l'acide normal................	12,65	11,5
Titre de l'acide après l'analyse.........	4,1	7,45
Azote pour 100.......................	5,37	5,40

	Azote.
10ᶜᶜ de l'acide de l'analyse I................	0ᵍʳ,0156
10ᶜᶜ de l'acide de l'analyse II................	0ᵍʳ,0383

Azote en moyenne....... 5,38 pour 100

RÉCOLTES.

Après la première dessiccation à 90°, les récoltes
pesaient :

	Récoltes	
	vertes. gr	desséchées à 90°. gr
Colzas d'automne......................	91,80	29,05
Blé de mars (paille)...................	24,95	12,97
Blé de mars (grains).................		1,15 (¹)
Soleils...............................	275,00	66,90
Premiers colzas d'été................	437,10	63,95
Deuxièmes colzas d'été...............	466,00	66,81

Dosage de l'eau.

	gr
Blé (grains).............................	0,115
Après dessiccation à 120°.................	0,105
Eau pour 100.............................	8,69
Paille desséchée à 90°....................	0,4875
Après dessiccation à 120°.................	0,446
Eau pour 100.............................	8,51

Dosage de l'eau.

	gr
Colzas d'automne desséchés à 90°..............	0,354
Après dessiccation à 120°.....................	0,334
Eau pour 100.................................	5,64
Soleils desséchés à 90°.......................	0,405
Soleils desséchés à 120°......................	0,388
Eau pour 100.................................	4,20

Dosage de l'eau.

	I. gr	II. gr
Premiers colzas d'été, desséchés à 90°....	0,7965	0,853
Premiers colzas d'été, desséchés à 120°...	0,7520	0,806
Eau pour 100..........................	5,58	5,50
	I. gr	II. gr
Deuxièmes colzas d'été, desséchés à 90°...	0,8675	0,8465
Deuxièmes colzas d'été, desséchés à 120°..	0,8410	0,8210
Eau pour 100..........................	3,05	3,01

(¹) Les grains ont été desséchés au soleil.

Dosage des cendres.

	gr
Colzas d'automne	1,004
Cendres solubles	0,075
Cendres insolubles	0,042
Cendres pour 100	11,47

	I.	II.
	gr	gr
Soleils desséchés à 90°	1,078	0,7405
Cendres solubles	0,117	0,086
Cendres insolubles	0,053	0,0315
Cendres pour 100	15,77	15,86

Dosage des cendres.

	I.	II.
	gr	gr
Premiers colzas d'été, desséchés à 90°	1,8325	1,1485
Cendres solubles	0,1625	0,103
Cendres insolubles	0,1300	0,078
Cendres pour 100	15,96	15,75

	I.	II.
	gr	gr
Deuxièmes colzas d'été, desséchés à 90°	1,154	1,229
Cendres solubles	0,102	0,11
Cendres insolubles	0,058	0,0625
Cendres pour 100	13,86	14,03

Dosage des cendres.

	gr
Grains de blé	0,115
Cendres (par combustion directe)	0,0035
Cendres pour 100	3,04
Paille desséchée à 90°	0,898
Cendres solubles	0,051
Cendres insolubles	0,041
Cendres pour 100	10,04

Dosage de l'azote.

	I.	II.
	gr	gr
Colzas d'automne	0,639	1,2965
Titre de l'acide normal	21,7	23,6
Titre de l'acide de l'analyse	14,7	17,45
Azote pour 100	0,787	0,768

	Azote.
10^{cc} de l'acide de l'analyse I	0^{gr},0156
10^{cc} de l'acide de l'analyse II	0^{gr},0383
Azote en moyenne	0,78 pour 100

Dosage de l'azote.

	I.	II.
	gr	gr
Soleils desséchés à 90°	0,288	0,52
Titre de l'acide normal	11,5	8,35
Titre de l'acide après l'analyse	10,97	7,65
Azote pour 100	0,61	0,61

	Azote.
10^{cc} de l'acide de l'analyse I	0^{gr},0383
10^{cc} de l'acide de l'analyse II	0^{gr},0383
Azote en moyenne	0,61 pour 100

Dosage de l'azote.

	I.	II.	III.
	gr	gr	gr
Blé (paille desséchée à 90°)	1,213	0,772	0,8625
Titre de l'acide normal	20,4	20,04	20,4
Titre de l'acide après l'analyse	17,5	18,2	18,2
Azote pour 100	0,31	0,36	0,33

	Azote.
	gr
10^{cc} de l'acide de l'analyse I	0,0265
10^{cc} de l'acide de l'analyse II	0,0265
10re de l'acide de l'analyse III	0,0265
Azote en moyenne	0,33 pour 100

Dosage de l'azote.

	I.	II.
	gr	gr
Blé (grains)	0,156	0,1475
Titre de l'acide normal	20,4	20,4
Titre de l'acide après l'analyse	18,1	18,2
Azote pour 100	1,90	1,94

	Azote.
10^{cc} de l'acide de l'analyse I	0^{gr},0265
10^{cc} de l'acide de l'analyse II	0^{gr},0265
Azote en moyenne	1,92 pour 100

Dosage de l'azote.

	I.	II.
	gr	gr
Premiers colzas d'été, desséchés à 90″	0,446	0,279
Titre de l'acide normal	14,45	12,5
Titre de l'acide après l'analyse	12,9	10,4
Azote pour 100	0,92	0,91

	Azote.
10ᶜᶜ de l'acide de l'analyse I	0ᵍʳ,0383
10ᵘᶜ de l'acide de l'analyse II	0ᵍʳ,0156

Azote en moyenne....... 0,93 pour 100

Dosage de l'azote.

	I.	II.
	gr	gr
Deuxièmes colzas d'été, desséchés à 90°	0,323	0,315
Titre de l'acide normal	12,5	16,6
Titre de l'acide après l'analyse	9,8	15,15
Azote pour 100	1,04	1,06

	Azote.
10ᶜᶜ de l'acide de l'analyse I	0ᵍʳ,0156
10ᶜᶜ de l'acide de l'analyse II	0ᵍʳ,0383

Azote en moyenne....... 1,05 pour 100

On dégageait chaque jour 20 litres d'acide carbonique dans les cloches, soit à peu près 1 pour 100.

Expérience de 1852.

Volumes d'air qui ont passé chaque jour dans les cloches.

1851   Aspirateur de fer n° 1, V = 1998^{lit},916 à 12°. P = 0^m,760.

MOIS.	DATES.	JOURS.	TEMPÉRATURE intérieure de l'Aspirateur.	BAROMÈTRE.	MANO-MÈTRE.	PRESSION calculée.	VOLUME à 0°. P = 760^{mm}.
			°	°	mm	°	lit
Octobre ...	4	Samedi ...	11,9	755,00 — 12,0	1,00	742,990 — 0	1872,404
» ...	5	Dimanche.	9,8	756,50 — 10,5	1,50	744,269 — 0	1890,649
» ...	6	Lundi ...	10,3	759,60 — 10,5	1,50	747,460 — 0	1894,327
» ...	7	Mardi.....	13,5	758,15 — 13,5	3,50	741,480 — 0	1858,143
» ...	8	Mercredi..	13,9	758,75 — 13,5	2,00	743,260 — 0	1861,201
» ...	9	Jeudi	10,6	761,65 — 10,0	0,50	750,370 — 0	1891,731
»	10	Vendredi..	14,7	764,53 — 15,0	2,50	747,740 — 0	1866,147
» ...	11	Samedi ...	14,2	769,15 — 14,0	2,50	752,870 — 0	1882,280
» ...	12	Dimanche.	11,8	770,10 — 10,5	9,00	749,680 — 0	1889,928
» ...	13	Lundi	11,5	768,00 — 10,5	4,00	752,590 — 0	1899,268
» ...	14	Mardi.....	12,4	764,45 — 12,0	3,00	749,250 — 0	1884,865
» ...	15	Mercredi..	13,6	755,35 — 13,0	3,10	739,180 — 0	1851,930
» ...	16	Jeudi	10,7	751,15 — 10,0	4,50	735,350 — 0	1862,269
» ...	17	Vendredi..	8,9	754,65 — 8,0	3,50	741,670 — 0	1888,854
» ...	18	Samedi ...	7,0	764,55 — 6,0	5,00	751,330 — 0	1926,207
» ...	19	Dimanche.	10,0?	764,25 — 10,0	1,50	752,360 — 0	1908,567
» ...	20	Lundi	12,5	765,00 — 12,5	4,00	748,670 — 0	18-8,465
» ...	21	Mardi.....	11,3	761,00 — 10,0	5,00	744,790 — 0	1886,912
» ...	22	Mercredi..	8,9	761,00 — 8,0	4,00	747,510 — 0	1903,676
» ...	23	Jeudi	8,8	765,05 — 8,0	5,00	750,607 — 0	1912,244
» ...	24	Vendredi..	10,0	767,05 — 10,0	5,00	751,655 — 0	1906,778
» ...	25	Samedi ...	11,3	767,43 — 11,0	12,50	743,585 — 0	1877,867
» ...	26	Dimanche.	11,0	764,55 — 11,0	7,00	746,409 — 0	1886,992
» ...	27	Lundi	8,0	761,66 — 8,0	10,00	742,668 — 0	1897,414
» ...	28	Mardi.....	10,8	773,85 — 10,0	5,00	712,944 — 0	1803,662
» ...	29	Mercredi..	11,2	744,64 — 11,0	7,50	725,903 — 0	1833,857
» ...	30	Jeudi	6,8	745,75 — 6,0	5,00	732,740 — 0	1881,240
» ...	31	Vendredi..	6,8	748,39 — 6,0	9,00	731,379 — 0	1876,145
Novembre .	1	Samedi ...	6,0	753,15 — 6,0	4,00	741,428 — 0	1907,647
» ...	2	Dimanche.	6,0	754,43 — 5,0	5,00	741,828 — 0	1908,676
» ...	3	Lundi	6,2	755,85 — 6,0	5,00	743,028 — 0	1910,391
							58394,736

Volume de l'air............................   58394^{lit},736

Poids de l'air..............................   75515^{gr},350

Poids excédant de l'acide carbonique.........   424^{gr},139

Poids total.................   75939^{gr},489

Expérience de 1852.

Volumes d'air qui ont passé chaque jour dans la cloche.

1851 Aspirateur de fer n° 1. $V = 1998^{lit},916$ à 12°. $P = 0^m,760$.

MOIS.	DATES.	JOURS.	TEMPÉRATURE intérieure de l'Aspirateur.	BAROMÈTRE.	MANOMÈTRE.	PRESSION calculée.	VOLUME à 0° $P = 700^{mm}$.
			o		mm	o	lit
Novembre..	4	Mardi.....					
» ...	5	Mercredi..	5,2	750,55 — 5,0	4,00	748,316 — 0	1930,916
» ...	6	Jeudi.....	7,2	753,25 — 7,0	6,00	738,810 — 0	1892,755
» ...	7	Vendredi..	8,3	754,20 — 7,8	9,00	736,078 — 0	1878,568
» ...	8	Samedi ...	7,2	754,90 — 7,0	5,50	740,960 — 0	1893,263
» ...	9	Dimanche.	5,1	755,20 — 4,0	7,00	741,135 — 0	1913,076
» ...	10	Lundi....	5,0	755,19 — 3,5	7,00	741,232 — 0	1914,016
» ...	11	Mardi.....	4,3	757,45 — 3,5	5,00	745,797 — 0	1930,469
» ...	12	Mercredi..	5,2	764,20 — 4,0	5,00	752,084 — 0	1940,634
» ...	13	Jeudi.....	5,1	774,20 — 4,5	10,00	757,261 — 0	1954,701
» ...	14	Vendredi..	5,2	764,35 — 4,0	4,50	752,734 — 0	1937,848
» ...	15	Samedi ...	4,1	760,18 — 3,0	6,00	747,674 — 0	1936,727
» ...	16	Dimanche.	5,2	762,20 — 4,3	8,00	747,049 — 0	1927,647
» ...	17	Lundi.....	4,0	760,80 — 3,5	10,00	744,276 — 0	1928,622
» ...	18	Mardi.....	3,2	756,40 — 3,0	8,00	742,267 — 0	1928,992
» ...	19	Mercredi..	0,7	757,20 — 0,0	4,00	748,362 — 0	1962,427
» ...	20	Jeudi.....	3,2	753,10 — 3,0	6,00	740,969 — 0	1925,625
» ...	21	Vendredi..	3,2	762,20 — 2,0	7,00	749,187 — 0	1946,982
» ...	22	Samedi ...	5,2	757,30 — 4,5	7,50	742,629 — 0	1916,932
» ...	23	Dimanche.	4,0	762,40 — 3,0	10,00	745,937 — 0	1932,926
» ...	24	Lundi.....	3,8	751,20 — 3,0	5,00	739,824 — 0	1918,474
» ...	25	Mardi.....	4,0	747,80 — 4,0	7,00	734,224 — 0	1902,574
» ...	26	Mercredi..	4,2	748,10 — 3,0	5,00	736,556 — 0	1907,237
» ...	27	Jeudi.....	4,1	754,58 — 3,0	4,50	743,577 — 0	1926,114
» ...	28	Vendredi..	4,0	755,17 — 3,5	6,00	742,649 — 0	1924,406
» ...	29	Samedi ...	4,2	756,80 — 3,0	6,00	744,252 — 0	1927,165
» ...	30	Dimanche.	4,3	764,00 — 4,0	6,00	751,282 — 0	1944,666
Décembre ..	1	Lundi.....	3,0?	760,20 — 3,0	4,00	755,834 — 0	1961,161
» ...	2	Mardi.....	5,1	762,48 — 4,8	7,00	748,315 — 0	1931,609
» ...	3	Mercredi..	6,0	763,12 — 5,5	4,00	751,450 — 0	1933,434
							55869,966

Volume de l'air............................ $55869^{lit},966$

Poids de l'air............................ $72250^{gr},300$

Poids excédant de l'acide carbonique......... $396^{gr},776$

Poids total....................... $72647^{gr},076$

Expérience de 1852.

Volumes d'air qui ont passé chaque jour dans les cloches.

1851-52   Aspirateur de fer n° 1. V. = 1998^{lit},916 à 12°. P. = 0^m,760.

MOIS.	DATES.	JOURS.	TEM-PÉRATURE intérieure de l'Aspirateur.	BAROMÈTRE.	MANO-MÈTRE.	PRESSION calculée.	VOLUME à 0° P = 760^{mm}.
			o	o	mm	o	lit
Décembre ..	4	Jeudi.....	7,2	772,20 — 8,0	7,00	756,614 — 0	1938,367
»	5	Vendredi..	8,0	773,00 — 7,0	6,80	757,316 — 0	1934,838
»	6	Samedi ...	7,1	769,20 — 8,0	6,00	754,634 — 0	1934,114
»	7	Dimanche.	7,4	772,40 — 8,0	5,00	758,709 — 0	1943,734
»	8	Lundi.....	4,2	769,40 — 4,0	4,00	758,723 — 0	1964,637
»	9	Mardi.....	6,0	770,20 — 5,0	4,50	758,085 — 0	1950,504
»	10	Mercredi..	8,0	772,30 — 8,0	4,00	759,294 — 0	1939,891
»	11	Jeudi	7,0	769,00 — 7,0	5,00	755,657 — 0	1937,250
»	12	Vendredi..	7,5	772,00 — 8,0	5,00	758,257 — 0	1940,495
»	13	Samedi ...	3,1	770,00 — 2,0	8,00	756,026 — 0	1965,468
»	14	Dimanche.	3,2	772,00 — 3,5	6,50	759,360 — 0	1973,419
»	15	Lundi.....	3,7	772,80 — 3,0	6,50	759,894 — 0	1971,231
»	16	Mardi.....	3,0	769,80 — 4,1	6,00	757,571 — 0	1970,199
»	17	Mercredi..	0,0	769,00 — 0,0	7,00	757,400 — 0	1991,229
» (¹)....	18	Jeudi					
»	19	Vendredi..					
»	20	Samedi ...	2,8	765,20 — 2,0	10,00	749,345 — 0	1950,221
»	21	Dimanche.					
»	22	Lundi.....	3,7	769,50 — 5,0	4,20	758,710 — 0	1968,160
»	23	Mardi.....					
»	24	Mercredi..	• 3,0	770,15 — 3,5	6,00	758,031 — 0	1971,395
»	25	Jeudi					
»	26	Vendredi..	2,1	770,00 — 3,0	5,00	759,290 — 0	1981,864
»	27	Samedi ...	3,0	766,04 — 3,5	6,00	753,923 — 0	1956,202
»	28	Dimanche.	2,1	765,50 — 2,0	5,50	754,413 — 0	1968,416
»	29	Lundi.....					
»	30	Mardi.....					
»	31	Mercredi..					
Janvier 1852	1	Jeudi					
»	2	Vendredi..					
»	3	Samedi ...					39151,634

(¹) On a suspendu la circulation d'air pendant quelques jours, à cause du froid ; la vapeur d'eau qui se congelait dans l'intérieur des tuyaux d'appel finissait par les obstruer complètement.

Volume de l'air............................ 39151^{lit},634

Poids de l'air............................. 50630^{gr},400
Poids excédant de l'acide carbonique.......... 273^{gr},638

Poids total................. 50904^{gr},038

Expérience de 1852.

Volumes d'air qui ont passé chaque jour dans les cloches.

Aspirateur de fer n° 1. $V = 1998^{lit},916$ à 12°. $P = 0^m,760$.

MOIS.	DATES.	JOURS.	TEM-PÉRATURE intérieure de l'Aspirateur.	BAROMÈTRE.	MANO-MÈTRE.	PRESSION calculée.	VOLUME à 0°. $P = 760^{mm}$.
			°	°	mm	°	lit
Janvier....	4	Dimanche.					
»	5	Lundi.....	3,5	768,00 — 3,2	7,60	754,114 — 0	1957,652
»	6	Mardi.....					
»	7	Mercredi..	5,8	755,20 — 5,6	5,00	742,618 — 0	1912,042
»	8	Jeudi					
»	9	Vendredi..	5,4	756,20 — 5,0	5,00	743,876 — 0	1918,077
»	10	Samedi ...	9,0	744,80 — 9,0	4,50	730,653 — 0	1860,186
»	11	Dimanche.	10,0	747,20 — 10,0	5,00	731,887 — 0	1856,604
»	12	Lundi.....	10,2	747,20 — 10,0	5,00	731,775 — 0	1854,638
»	13	Mardi.....					
»	14	Mercredi..	11,7	755,24 — 11,0	6,00	737,651 — 0	1860,257
»	15	Jeudi	11,3	761,80 — 11,0	5,00	745,468 — 0	1882,620
»	16	Vendredi..	11,3	759,18 — 11,0	3,00	744,850 — 0	1881,060
»	17	Samedi ...	8,5	763,77 — 8,0	4,00	749,497 — 0	1911,453
»	18	Dimanche.	3,7	770,00 — 3,0	4,50	759,156 — 0	1969,487
»	19	Lundi.....					
»	20	Mardi.....	2,1	760,75 — 1,0	5,00	750,326 — 0	1957,753
»	21	Mercredi..	6,9	765,20 — 8,5	4,50	752,216 — 0	1929,169
»	22	Jeudi	8,2	750,10 — 8,0	5,00	696,122 — 0	1879,350
»	23	Vendredi..	5,0	753,10 — 10,0	3,50	741,859 — 0	1915,635
»	24	Samedi ...	7,5	763,20 — 8,2	5,00	747,444 — 0	1913,027
»	25	Dimanche.	6,0	761,40 — 5,5	4,60	749,132 — 0	1927,469
»	26	Lundi.....	5,7	765,97 — 7,0	4,50	753,754 — 0	1941,452
»	27	Mardi.....	5,7	756,79 — 4,2	4,00	745,423 — 0	1919,994
»	28	Mercredi..	3,4	753,30 — 4,5	5,00	741,906 — 0	1926,661
»	29	Jeudi	2,1	761,62 — 3,0	4,00	751,914 — 0	1961,896
»	30	Vendredi..	2,5	762,27 — 2,0	2,50	754,034 — 0	1964,566
»	31	Samedi ...	8,2	764,15 — 7,9	12,00	743,167 — 0	1897,336
Février....	1	Dimanche.	9,9	765,19 — 9,0	8,00	746,983 — 0	1898,218
»	2	Lundi.....	7,0	765,04 — 7,0	5,00	751,690 — 0	1927,130
»	3	Mardi.....	5,3	769,10 — 5,0	6,20	755,612 — 0	1949,041
							49772,773

Volume de l'air............................ $49772^{lit},773$

Poids de l'air .... $64365^{gr},510$

Poids excédant de l'acide carbonique.......... $355^{gr},729$

Poids total................. $64708^{gr},329$

Expérience de 1852.

Volumes d'air qui ont passé chaque jour dans les cloches.

Aspirateur de fer n° 1. V = 1998^{lit},916 à 12°. P = 0^m,760.

MOIS.	DATES.	JOURS.	TEMPÉRATURE intérieure de l'Aspirateur.	BAROMÈTRE.	MANOMÈTRE.	PRESSION calculée.	VOLUME à 0°. P = 760^{mm}.
			°	°	mm	°	lit
Février....	4	Mercredi..	7,2	768,07 — 7,5	5,00	764,552 — 0	1933,084
»	5	Jeudi.....	10,3	762,30 — 9,5	7,00	744,689 — 0	1887,103
»	6	Vendredi..	6,8	767,42 — 8,5	7,50	751,486 — 0	1927,987
»	7	Samedi ...	10,7	768,20 — 12,0	7,00	750,122 — 0	1897,388
»	8	Dimanche.	7,6	743,52 — 7,0	3,00	731,833 -- 0	1872,617
»	9	Lundi.....	6,5	747,34 — 5,0	12,00	727,462 — 0	1858,358
»	10	Mardi.....	3,8	737,26 — 2,5	9,00	739,942 — 0	1923,966
»	11	Mercredi..	2,7	759,95 — 0,5	10,00	744,318 — 0	1937,842
»	12	Jeudi	1,9	760,00 — 0,0	8,00	746,735 -- 0	1949,804
»	13	Vendredi..					
»	14	Samedi ...	3,0	758,65 — 2,0	8,00	744,720 — 0	1936,777
»	15	Dimanche.					
»	16	Lundi	5,9	765,83 — 5,0	8,00	750,366 — 0	1931,084
»	17	Mardi.....	8,4	758,95 — 8,0	3,00	746,739 — 0	1905,098
»	18	Mercredi..	5,2	751,60 — 4,0	6,00	738,502 — 0	1905,593
»	19	Jeudi	3,4	752,75 — 2,5	6,00	740,598 — 0	1923,264
»	20	Vendredi..	3,1	758,63 -- 2,5	4,00	748,598 — 0	1946,157
»	21	Samedi ...	2,0	766,39 — 0,0	12,00	749,088 — 0	1955,234
»	22	Dimanche.	4,5	769,75 — 4,0	8,00	754,942 — 0	1948,445
»	23	Lundi	2,2	770.01 — 1,2	8,00	756,484 — 0	1973,102
»	24	Mardi	5,1	765,35 — 4,5	11,00	747,265 — 0	1928,898
»	25	Mercredi..	7,5	763,41 — 4,5	35,00	730,106 — 0	1868,651
»	26	Jeudi	7,5	763,41 — 4,5	35,00	730,106 — 0	1868,651
»	27	Vendredi..	5,9	760,61 — 4,5	32,00	721,114 — 0	1856,046
»	28	Samedi ...	6,0	749,48 — 5,0	20,00	721,882 — 0	1857,356
»	29	Dimanche.	6,0	756,36 — 4,5	29,00	726,813 — 0	1870,043
Mars	1	Lundi.....	7,8	756,45 — 6,5	16,00	731,755 — 0	1870,866
»	2	Mardi.....	8,7	754,27 — 7,0	9,00	736,018 — 0	1875,743
»	3	Mercredi..	8,1	762,15 — 5,0	30,00	723,468 — 0	1847,702
»	4	Jeudi	6,9	770,65 -- 3,5	4,50	758,276 — 0	1944,711
							53401,570

Volume de l'air............................. 53401^{lit},570

Poids de l'air............................. 69058^{gr},220

Poids excédant de l'acide carbonique......... 383^{gr},093

Poids total.................. 69441^{gr},313

Expérience de 1852.

Volumes d'air qui ont passé chaque jour dans les cloches.

Aspirateur de fer n° 1. $V = 1998^{lit},916$ à 12°. $P = 0^m,760$.

MOIS.	DATES.	JOURS.	TEM-PÉRATURE Intérieure de l'Aspirateur.	BAROMÈTRE.	MANO-MÈTRE.	PRESSION calculée.	VOLUME à 0°. P = 760mm.
			o	o	mm	o	lit
Mars	5	Vendredi..	7,0	774,33 — 5,0	4,00	762,218 — 0	1954,122
»	6	Samedi ...	7,6	775,59 — 5,5	8,00	759,101 — 0	1942,169
»	7	Dimanche.	12,3	771,45 — 10,5	36,00	725,502 — 0	1825,764
»	8	Lundi	14,5	768,11 — 12,8	17,00	737,231 — 0	1841,254
»	9	Mardi.....	15,2	766,65 — 12,5	36,50	715,751 — 0	1783,257
»	10	Mercredi..	13,0	764,80 — 9,0	15,80	736,737 — 0	1849,491
»	11	Jeudi	7,0	763,80 — 6,0	16,00	739,575 — 0	1896,071
»	12	Vendredi..	10,2	765,47 — 8,5	15,00	740,138 — 0	1875,570
»	13	Samedi ...	8,9	767,15 — 6,5	11,00	747,833 — 0	1904,499
»	14	Dimanche.	8,8	767,75 — 6,0	8,00	750,551 — 0	1912,100
»	15	Lundi	10,7	768,65 — 3,5	40,00	719,616 — 0	1821,184
»	16	Mardi.....	8,7	765,80 — 8,0	30,00	726,413 — 0	1851,264
»	17	Mercredi..	13,1	765,37 — 10,5	24,00	728,697 — 0	1826,110
»	18	Jeudi	10,7	761,51 — 8,0	35,00	715,932 — 0	1811,860
»	19	Vendredi..	12,2	760,47 — 10,0	33,00	715,653 — 0	1801,611
»	20	Samedi ...	14,0	763,20 — 12,0	19,00	730,824 — 0	1828,438
»	21	Dimanche.	14,7	764,05 — 10,5	12,00	738,363 — 0	1838,559
»	22	Lundi.....	17,0	759,75 — 13,0	11,00	732,748 — 0	1814,447
»	23	Mardi.....					
»	24	Mercredi..	20,7	754,59 — 18,5	0,00	734,193 — 0	1795,272
»	25	Jeudi	11,7	756,65 — 10,0	9,00	736,165 — 0	1856,510
»	26	Vendredi..	8,8	752,59 — 7,5	10,00	733,231 — 0	1857,950
»	27	Samedi ...	15,0	749,00 — 10,2	10,00	725,082 — 0	1807,662
»	28	Dimanche.	14,0	749,95 — 11,0	24,00	712,719 — 0	1783,143
»	29	Lundi	14,0	746,20 — 12,0	10,00	722,857 — 0	1808,406
»	30	Mardi	19,2	748,30 — 16,0	14,00	715,827 — 0	1759,177
»	31	Mercredi..	14,3	754,52 — 13,0	14,00	726,804 — 0	1816,478
Avril......	1	Jeudi	14,2	763,50 — 13,0	13,00	736,844 — 0	1842,213
»	2	Vendredi..	14,0	764,50 — 10,0	13,50	737,867 — 0	1846,034
»	3	Samedi ...	13,0	763,40 — 12,0	40,00	710,770 — 0	1784,305
							53334,919

Volume de l'air............................ $5333.4^{lit},919$

Poids de l'air............................... $68969^{gr},470$

Poids excédant de l'acide carbonique.......... $396^{gr},776$

Poids total.................. $69366^{gr},246$

Expérience de 1852.

Volumes d'air qui ont passé chaque jour dans les cloches.

Aspirateur de fer n° 1. V = 1998^{lit},916 à 12°. P = 0^m,760.

MOIS.	DATES.	JOURS.	TEMPÉRATURE intérieure de l'Aspirateur.	BAROMÈTRE.	MANO-MÈTRE.	PRESSION calculée.	VOLUME à 0°. P = 760^{mm}.
			°	°	mm	°	lit
Avril.......	4	Dimanche.	12,5	761,52 — 11,0	12,00	737,36 — 0	1854,326
»	5	Lundi.....	13,7	763,40 — 13,0	12,20	737,92 — 0	1848,142
»	6	Mardi.....	22,1	762,40 — 18,0	9,00	730,42 — 0	1777,570
»	7	Mercredi..	17,2	761,64 — 12,0	5,00	740,56 — 0	1832,545
»	8	Jeudi.....	15,0	764,20 — 14,0	13,00	636,78 — 0	1836,945
»	9	Vendredi..	13,0	763,00 — 11,0	11,50	739,99 — 0	1855,152
»	10	Samedi ...	14,2	754,84 — 11,0	10,00	731,44 — 0	1828,712
»	11	Dimanche.	19,1	762,40 — 17,0	10,00	733,87 — 0	1804,149
»	12	Lundi.....	19,0	765,10 — 19,0	10,00	736,42 — 0	1811,141
»	13	Mardi.....	22,0	767,00 — 20,0	14,00	730,88 — 0	1779,284
»	14	Mercredi..	23,0	761,25 — 19,0	12,00	726,04 — 0	1761,718
»	15	Jeudi.....	21,5	760,42 — 20,0	12,00	726,90 — 0	1774,662
»	16	Vendredi..	21,0	754,20 — 18,0	11,00	722,53 — 0	1764,949
»	17	Samedi ...	6,9	754,30 — 5,0	8,00	738,15 — 0	1893,105
»	18	Dimanche.	11,4	755,20 — 10,0	12,00	740,62 — 0	1869,631
»	19	Lundi	11,2	760,70 — 8,0	9,00	740,81 — 0	1871,517
»	20	Mardi.....	16,5	764,80 — 14,0	9,00	741,10 — 0	1869,731
»	21	Mercredi..	19,0	760,50 — 15,0	10,00	732,32 — 0	1801,359
»	22	Jeudi.....	22,0	756,57 — 19,0	12,00	722,60 — 0	1759,125
»	23	Vendredi..	16,0	757,50 — 13,0	14,00	728,39 — 0	1810,715
»	24	Samedi ...	17,0	752,80 — 15,0	12,00	724,58 — 0	1794,220
»	25	Dimanche.	15,2	753,20 — 14,0	9,00	739,66 — 0	1842,826
»	26	Lundi	19,3	763,39 — 17,0	14,00	730,67 — 0	1795.038
»	27	Mardi.....	21,5	762,80 — 19,0	8,00	733,42 — 0	1788,502
»	28	Mercredi..	24,2	763,78 — 18,0	11,00	728,41 — 0	1760,306
»	29	Jeudi.....	14,7	758,80 — 14,0	10,00	734,53 — 0	1833,053
»	30	Vendredi..	17,0	754,95 — 16,5	10,00	728,55 — 0	1804,051
Mai	1	Samedi ...	13,5	755,10 — 12,0	10,00	732,11 — 0	1834,663
»	2	Dimanche.	12,5	765,40 — 11,0	12,00	741,24 — 0	1864,060
»	3	Lundi.....	12,2	761,35 — 12,0	10,50	738,79 — 0	1859,857
»	4	Mardi.....	18,5	760,55 — 16,0	12,00	730,76 — 0	1800,196
							56381,250

Volume de l'air............................ 56381^{lit},250

Poids de l'air............................. 72911^{gr},500

Poids excédant de l'acide carbonique.......... 424^{gr},140

Poids total.................. 73335^{gr},640

Expérience de 1852.

Volumes d'air qui ont passé chaque jour dans les cloches.

Aspirateur de fer n° 1. $V = 1998^{lit},916$ à 12°. $P = 0^m,760$.

MOIS.	DATES.	JOURS.	TEM-PÉRATURE intérieure de l'Aspirateur.	BAROMÈTRE.	MANO-MÈTRE.	PRESSION calculée.	VOLUME à 0°. $P = 760^{mm}$.
			°	°	mm	°	lit
Mai	5	Mercredi..	16,0	763,65 — 14,0	12,00	755,81 — 0	1828,150
»	6	Jeudi.....	20,0	764,05 — 16,0	10,00	734,71 — 0	1800,836
»	7	Vendredi..	18,0	761,25 — 19,0	20,00	723,58 — 0	1785,576
»	8	Samedi ...	27,7	763,65 — 22,0	13,50	720,65 — 0	1721,430
»	9	Dimanche.					
»	10	Lundi.....	28,8	761,15 — 22,0	16,00	713,03 — 0	1697,190
»	11	Mardi.....	19,0	763,25 — 14,0	13,00	732,19 — 0	1800,624
»	12	Mercredi..	16,8	759,15 — 16,0	10,00	732,96 — 0	1816,226
»	13	Jeudi	17,6	759,75 — 17,0	31,00	711,70 — 0	1758,682
»	14	Vendredi..	16,0	759,05 — 14,0	14,00	729,81 — 0	1813,242
»	15	Samedi ...	18,2	765,55 — 18,2	21,00	726,68 — 0	1791,992
»	16	Dimanche.	15,5	759,15 — 18,0	12,00	731,86 — 0	1821,493
»	17	Lundi	19,5	757,15 — 18,0	60,00	778,10 — 0	1664,926
»	18	Mardi.....	20,4	753,00 — 28,5	10,00	722,70 — 0	1768,979
»	19	Mercredi..	22,4	758,05 — 19,0	12,00	723,60 — 0	1759,170
»	20	Jeudi	23,3	760,55 — 19,0	12,00	724,97 — 0	1757,324
»	21	Vendredi..	26,4	759,15 — 20,0	11,00	720,12 — 0	1727,646
»	22	Samedi ...	25,0	760,14 — 22,0	10,00	723,91 — 0	1745,301
»	23	Dimanche.	22,0	760,30 — 20,0	10,00	728,15 — 0	1772,636
»	24	Lundi.....	28,5	757,35 — 15,0	12,00	714,59 — 0	1702,599
»	25	Mardi.....	23,1	755,55 — 24,6	8,00	723,74 — 0	1755,530
»	26	Mercredi..	19,0	758,85 — 19,0	12,00	728,19 — 0	1790,784
»	27	Jeudi	19,0	756,30 — 18,0	12,00	725,56 — 0	1784,294
»	28	Vendredi..	16,7	755,55 — 16,0	10,00	729,45 — 0	1808,570
»	29	Samedi ...	19,5	753,05 — 19,0	12,00	729,91 — 0	1772,278
»	30	Dimanche.	12,6	757,15 — 12,0	12,00	732,32 — 0	1842,240
»	31	Lundi	16,0	759,65 — 16,0	19,00	723,71 — 0	1798,087
Juin........	1	Mardi	16,0	759,65 — 16,9	9,00	735,17 — 0	1826,560
»	2	Mercredi..	16,6	760,79 — 16,0	8,00	736,77 — 0	1826,930
»	3	Jeudi.....	15,0	759,82 — 14,0	10,00	735,41 — 0	1833,512
							51572,807

Volume de l'air............................ $51572^{lit},807$

Poids de l'air............................... $66693^{gr},290$

Poids excédant de l'acide carbonique.......... $396^{gr},776$

Poids total.................. $67090^{gr},066$

Expérience de 1852.

Volumes d'air qui ont passé chaque jour dans les cloches.

Aspirateur de fer n° 1. $V = 1998^{lit},916$ à 12°. $P = 0^m,760$.

MOIS.	DATES.	JOURS.	TEM-PÉRATURE intérieure de l'Aspirateur.	BAROMÈTRE.	MANO-MÈTRE.	PRESSION calculée.	VOLUME à 0°. $P = 760^{mm}$.
			°	°	mm	°	lit
Juin........	4	Vendredi..	14,5	754,65 — 15,0	8,00	732,55 — 0	1830,062
»	5	Samedi ...	15,0	760,75 — 16,0	8,00	738,10 — 0	1840,218
»	6	Dimanche.	12,0	756,47 — 14,5	10,00	734,30 — 0	1849,853
»	7	Lundi.....	17,0	751,00 — 16,0	8,00	726,66 — 0	1799,371
»	8	Mardi.....	16,0	750,15 — 16,0	10,00	724,72 — 0	1838,933
»	9	Mercredi..	15,0	752,45 — 15,0	10,00	727,65 — 0	1814,164
»	10	Jeudi	14,0	750,25 — 14,0	12,00	724,57 — 0	1812,767
»	11	Vendredi..	14,0	751,43 — 12,5	8,00	731,03 — 0	1828,953
»	12	Samedi ...	12,7	754,00 — 12,5	10,00	732,55 — 0	1840,915
»	13	Dimanche.	11,6	756,65 — 11,0	10,00	735,12 — 0	1854,527
»	14	Lundi.....	12,2	748,35 — 12,0	10,00	726,29 — 0	1828,389
»	15	Mardi.....	12,5	751,00 — ?	20,00	720,20 — 0	1811,150
»	16	Mercredi..	13,0	751,00 — 13,5	7,00	731,26 — 0	1864,459
»	17	Jeudi	13,0	770,50 — 12,5	4,00	753,88 — 0	1927,584
»	18	Vendredi..	14,0	753,60 — 14,0	4,00	756,02 — 0	1891,476
»	19	Samedi ...	13,6	755,50 — 13,5	5,00	737,26 — 0	1847,120
»	20	Dimanche.	14,0	758,50 — 13,5	8,00	726,96 — 0	1818,771
»	21	Lundi.....	15,2	754,80 — 15,0	10,00	730,14 — 0	1819,107
»	22	Mardi.....	16,7	754,45 — 16,0	8,00	730,38 — 0	1810,876
»	23	Mercredi..					
»	24	Jeudi	16,0	752,30 — 15,0	6,00	730,97 — 0	1816,125
»	25	Vendredi..	13,0	764,00 — 14,0	6,00	745,13 — 0	1870,561
»	26	Samedi ...	15,0	756,50 — 13,0	4,00	739,20 — 0	1842,961
»	27	Dimanche.	15,6	757,85 — 15,0	5,00	737,82 — 0	1835,689
»	28	Lundi.....	11,8	757,65 — 11,0	8,00	739,99 — 0	1860,458
»	29	Mardi.....	15,2	760,00 — 14,0	6,00	739,43 — 0	1842,252
»	30	Mercredi..	17,5	760,80 — 17,0	6,00	737,85 — 0	1823,930
Juillet......	1	Jeudi	16,0	763,55 — 15,0	8,00	736,19 — 0	1829,094
»	2	Vendredi..	13,0	762,30 — 12,5	10,00	741,72 — 0	1862,001
»	3	Samedi ...	15,0	766,00 — 14,0	6,00	745,57 — 0	1858,842
							53370,598

Volume de l'air........................... $53370^{lit},598$

Poids de l'air............................. $69618^{gr},169$

Poids excédant de l'acide carbonique......... $396^{gr},776$

Poids total.................. $69414^{gr},936$

Expérience de 1852.

Volumes d'air qui ont passé chaque jour dans les cloches.

Aspirateur de fer n° 1. $V = 1998^{lit},916$ à 12°. $P = 0^{m},760$.

MOIS.	DATES.	JOURS.	TEM-PÉRATURE intérieure de l'Aspirateur.	BAROMÈTRE.	MANO-MÈTRE.	PRESSION calculée.	VOLUME à 0°. $P = 700^{mm}$.
			°	°	mm	°	lit
Juillet......	4	Dimanche.	16,8	768,20 — 18,0	6,00	743,74 — 0	1842,938
»	5	Lundi	16,0	767,40 — 17,0	8,00	733,77 — 0	1823,081
»	6	Mardi	25,8	756,71 — 24,0	10,00	719,09 — 0	1728,647
»	7	Mercredi..	19,0	760,10 — 17,0	9,00	732,67 — 0	1801,805
»	8	Jeudi	18,0	758,40 — 17,0	9,00	731,97 — 0	1806,280
»	9	Vendredi..	19,5	756,15 — 18,0	6,00	731,10 — 0	1794,864
»	10	Samedi ...	21,0	761,65 — 21,0	3,00	737,60 — 0	1801,759
»	11	Dimanche.	24,0	762,35 — 24,0	4,00	733,25 — 0	1773,198
»	12	Lundi	31,0	761,49 — 29,0	9,00	716,51 — 0	1699,206
»	13	Mardi	27,0	768,30 — 25,0	6,00	782,73 — 0	1754,377
»	14	Mercredi..	21,0	761,00 — 20,0	10,00	730,02 — 0	1783,243
»	15	Jeudi	23,0	761,22 — 21,0	8,00	727,77 — 0	1765,902
»	16	Vendredi..	23,0	759,20 — 21,0	8,00	727,75 — 0	1765,853
»	17	Samedi ...	23,4	756,29 — 23,0	7,00	717,83 — 0	1809,119
»	18	Dimanche.	18,5	757,85 — 19,0	8,00	731,70 — 0	1802,511
»	19	Lundi	20,4	760,22 — 21,0	8,00	731,83 — 0	1791,327
»	20	Mardi.....	18,0	762,87 — 19,0	7,00	738,23 — 0	1821,728
»	21	Mercredi..	18,0	760,22 — 17,2	10,00	732,77 — 0	1808,255
»	22	Jeudi	17,5	764,89 — 16,0	8,00	740,05 — 0	1833,589
»	23	Vendredi..	16,0	764,78 — 15,0	10,00	739,41 — 0	1837,094
»	24	Samedi ...	22,5	760,23 — 20,0	8,00	729,53 — 0	1772,985
»	25	Dimanche.	19,0	757,85 — 19,0	6,00	733,19 — 0	1803,083
»	26	Lundi	19,0	759,22 — 19,6	8,00	732,49 — 0	1801,362
»	27	Mardi	22,5	756,45 — 22,0	10,00	723,52 — 0	1758,565
»	28	Mercredi..	22,5	762,25 — 21,0	8,00	732,03 — 0	1782,081
»	29	Jeudi.....					
»	30	Vendredi..	19,0	760,00 — 18,0	7,00	763,64 — 0	1804,190
»	31	Samedi ...	20,0	761,95 — 20,0	10,00	732,12 — 0	1794,488
Août.......	1	Dimanche.	16,0	762,21 — 17,0	8,00	738,61 — 0	1835,107
»	2	Lundi	19,0	758,40 — 19,0	10,00	729,74 — 0	1791,296
»	3	Mardi.....	17,0	751,55 — 18,0	10,00	724,96 — 0	1795,162
							53783,095

Volume de l'air............................ $53783^{lit},095$

Poids de l'air............................... $70844^{gr},780$

Poids excédant de l'acide carbonique.......... $410^{gr},457$

Poids total.................. $71255^{gr},257$

Expérience de 1852.

Volumes d'air qui ont passé chaque jour dans les cloches.

Aspirateur n° 1. V = 1998^{lit},916 à 12°. P = 0^m,760.

MOIS.	DATES.	JOURS.	TEM-PÉRATURE intérieure de l'Aspirateur.	BAROMÈTRE.	MANO-MÈTRE.	PRESSION calculée.	VOLUME à 0°. P = 760^{mm}.
			o	o	mm	o	lit
Août.......	4	Mercredi..	18,4	752,17 — 19,0	8,00	726,13 — 0	1789,405
»	5	Jeudi.....	17,0	751,15 — 18,0	7,00	727,56 — 0	1800,356
»	6	Vendredi..	18,2	752,10 — 18,0	10,00	724,28 — 0	1786,073
»	7	Samedi ...	17,6	755,40 — 19,0	8,00	730,12 — 0	1804,199
»	8	Dimanche.	16,5	754,09 — 16,0	10,00	728,18 — 0	1806,155
»	9	Lundi	18,0	758,20 — 19,0	10,00	731,53 — 0	1805,194
»	10	Mardi.....	17,2	764,04 — 17,0	10,00	743,37 — 0	1839,477
»	11	Mercredi..	17,5	752,60 — 18,0	9,00	726,55 — 0	1795,996
»	12	Jeudi.....	18,1	754,80 — 17,0	8,00	729,19 — 0	1798,801
»	13	Vendredi..	20,0	756,40 — 18,0	7,00	729,83 — 0	1788,874
»	14	Samedi ...	15,0	751,45 — 17,5	10,00	726,64 — 0	1801,387
»	15	Dimanche.	18,2	752,20 — 18,0	10,00	724,38 — 0	1782,212
»	16	Lundi	17,5	762,34 — 17,0	10,00	735,39 — 0	1817,848
»	17	Mardi.....	18,7	759,17 — 18,5	10,00	730,88 — 0	1799,255
»	18	Mercredi..	18,7	759,50 — 20,0	9,00	732,02 — 0	1802,057
»	19	Jeudi.....	16,0	759,00 — 15,0	8,00	735,65 — 0	1827,777
»	20	Vendredi..	16,0	761,05 — 15,0	8,00	735,69 — 0	1827,952
»	21	Samedi ...	17,0	762,48 — 16,0	10,00	736,11 — 0	1822,771
»	22	Dimanche.	17,0	763,35 — 18,0	10,50	736,23 — 0	1823,068
»	23	Lundi	17,2	765,80 — 18,0	10,00	738,99 — 0	1828,640
»	24	Mardi	22,0	764,28 — 20,0	8,00	734,17 — 0	1789,113
»	25	Mercredi..	22,1	763,20 — 22,0	15,00	725,73 — 0	1766,120
»	26	Jeudi.....	17,4	761,85 — 18,0	9,00	735,85 — 0	1819,613
»	27	Vendredi..	19,0	765,40 — 20,0	7,00	739,59 — 0	1818,822
»	28	Samedi ...	17,0	763,00 — 17,5	10,00	736,44 — 0	1823,588
»	29	Dimanche.	18,0	765,10 — 19,0	10,00	737,41 — 0	1819,705
»	30	Lundi.....	19,2	762,90 — 20,0	10,00	733,90 — 0	1803,592
»	31	Mardi.....	22,5	764,35 — 21,5	10,00	732,82 — 0	1793,138
Septembre..	1	Mercredi..	19,0	766,03 — 20,0	10,00	737,22 — 0	1812,994
»	2	Jeudi.....	16,0	765,15 — 14,0	7,00	742,90 — 0	1845,765
»	3	Vendredi..	20,5	766,80 — 21,0	10,00	736,29 — 0	1801,629
»	4	Samedi ...	16,5	762,15 — 18,0	8,00	747,97 — 0	1855,344
»	5	Dimanche.	14,0	760,07 — 15,0	10,00	736,33 — 0	1842,213
							59739,133

Volume de l'air............................ 59739^{lit},133

Poids de l'air.............................. 77253^{gr},820

Poids excédant de l'acide carbonique.......... 451^{gr},503

Poids total................... 77705^{gr},323

Expérience de 1852.

Volumes d'air qui ont passé chaque jour dans les cloches.

Aspirateur n° 1. $V = 1998^{lit},916$ à 12°. $P = 0^m,760$.

MOIS.	DATES.	JOURS.	TEMPÉRATURE intérieure de l'Aspirateur.	BAROMÈTRE.	MANOMÈTRE.	PRESSION calculée.	VOLUME à 0°. P = 760mm.
			°	°	mm	°	lit
Septembre..	6	Lundi.....	15,2	760,06 — 16,5	8,00	737,19 — 0	1836,671
»	7	Mardi.....	15,0	759,40 — 15,2	8,00	736,85 — 0	1837,102
»	8	Mercredi..	12,0	758,20 — 14,0	7,00	739,04 — 0	1861,781
» ...	9	Jeudi.....	15,0	755,82 — 16,0	10,00	731,18 — 0	1822,966
»	10	Vendredi..	15,2	759,30 — 16,0	12,00	732,54 — 0	1825,086
»	11	Samedi ...	18,1	762,18 — 19,0	7,50	736,81 — 0	1817,598
»	12	Dimanche.	15,0	760,05 — 16,0	12,00	733,40 — 0	1828,500
»	13	Lundi	16,0	759,45 — 18,0	12,00	741,73 — 0	1842,858
»	14	Mardi.....	17,2	755,99 — 18,0	10,60	728,53 — 0	1802,756
»	15	Mercredi..	15,4	756,40 — 17,0	9,00	732,19 — 0	1822,947
»	16	Jeudi.....	13,5	755,00 — 15,0	12,00	729,51 — 0	1827,064
»	17	Vendredi..	14,1	757,58 — 15,0	12,00	731,77 — 0	1830,166
»	18	Samedi ...	14,0	753,00 — 14,5	8,00	731,33 — 0	1829,704
»	19	Dimanche.	18,2	751,00 — 20,0	10,00	722,94 — 0	1782,769
»	20	Lundi	12,0	760,25 — 14,0	7,00	741,08 — 0	1866,933
»	21	Mardi.....	12,0	765,10 — 10,0	9,00	744,05 — 0	1874,406
»	22	Mercredi..	13,0	770,60 — 14,0	9,00	748,71 — 0	1879,549
»	23	Jeudi.....	10,2	773,01 — 9,0	9,00	753,59 — 0	1910,334
»	24	Vendredi..	10,4	772,10 — 11,0	7,00	754,33 — 0	1910,868
»	25	Samedi ...	10,1	765,15 — 12,0	8,00	746,45 — 0	1892,904
»	26	Dimanche.	10,2	759,35 — 11,0	9,00	739,70 — 0	1875,123
»	27	Lundi	10,1	745,84 — 16,0	4,00	730,70 — 0	1852,964
»	28	Mardi.....	10,2	745,99 — 14,0	6,00	729,03 — 0	1848,074
»	29	Mercredi..	10,1	746,91 — 12,0	8,00	728,24 — 0	1846,726
»	30	Jeudi.....	10,3	749,65 — 11,0	7,00	721,98 — 0	1855,552
Octobre	1	Vendredi..	10,1	741,35 — 13,0	7,00	723,58 — 0	1834,917
»	2	Samedi ...	11,3	749,65 — 11,0	7,00	721,98 — 0	1848,557
»	3	Dimanche.	15,0	743,37 — 14,0	2,00	726,77 — 0	1811,972
»	4	Lundi	10,1	749,35 — 15,0	7,00	731,32 — 0	1854,536
»	5	Mardi.....	10,5	743,92 — 14,0	6,00	726,78 — 0	1840,615
»	6	Mercredi..	10,3	751,18 — 11,0	4,00	736,31 — 0	1862,084
»	7	Jeudi.....	10,2	753,45 — 9,0	3,00	740,05 — 0	1876,011
»	8	Vendredi..	10,5	758,05 — 11,0	4,00	743,24 — 0	1882,100
»	9	Samedi ...	5,2	759,11 — 7,0	4,00	747,69 — 0	1929,301
»	10	Dimanche.	5,7	759,95 — 6,0	4,00	748,36 — 0	1927,559
»	11	Lundi	10,1	762,47 — 10,0	5,00	747,02 — 0	1894,349
							66743,402

Volume de l'air............................. $66743^{lit},402$

Poids de l'air.............................. $86311^{gr},693$

Poids excédant de l'acide carbonique......... $492^{gr},548$

Poids total .... $86804^{gr},241$

DEUXIÈME SÉRIE.

VÉGÉTATION DANS L'AIR AMMONIACAL.

EXPÉRIENCE DE 1850.

Données numériques.

— Pour l'analyse des semences, voir la première série, page 136. —

RÉCOLTES.

Après la première dessiccation à 90°, les récoltes pesaient :

	Récoltes	
	vertes.	desséchées à 90°.
	gr	gr
Colzas............................	443,20	71,00
Blé...............................	99,00	21,38
Seigle............................	119,50	20,41
Maïs.............................	55,20	6,09

Dosage de l'eau.

	gr
Colzas desséchés de 100° à 105°...................	1,00
Colzas desséchés à 120°.........................	0,944
Eau pour 100..................................	5,6
Maïs desséché à 90°............................	1,00
Maïs desséché à 120°...........................	0,88
Eau pour 100..................................	11,5

Dosage de l'eau.

	gr
Blé desséché à 90°	1,00
Blé desséché à 120°	0,902
Eau pour 100	9,8
Seigle desséché à 90°	1,00
Seigle desséché à 120°	0,914
Eau pour 100	8,6

Dosage de l'azote.

	I.	II.
	gr	gr
Colzas desséchés à 90°	1,187	0,7525
Titre de l'acide normal	26,9	19,55
Titre de l'acide après l'analyse	19,1	4,50
Azote pour 100	4,01	3,91

	Azote.
10ᶜᶜ de l'acide de l'analyse I	0gr,0156
10ᶜᶜ de l'acide de l'analyse II	0gr,0383
Azote en moyenne	3,96 pour 100

Dosage de l'azote.

	I.	II.
	gr	gr
Blé desséché à 90°	0,224	0,513
Titre de l'acide normal	15,85	19,9
Titre de l'acide après l'analyse	8,00	10,9
Azote pour 100	3,44	3,37

	Azote.
10ᶜᶜ de l'acide de l'analyse I	0gr,0156
10ᶜᶜ de l'acide de l'analyse II	0gr,0383
Azote en moyenne	3,40 pour 100

Dosage de l'azote.

	I.	II.
	gr	gr
Seigle desséché à 90°	0,269	0,2675
Titre de l'acide normal	16,15	16,35
Titre de l'acide après l'analyse	8,3	8,45
Azote pour 100	2,81	2,81

	Azote.
10ᶜᶜ de l'acide de l'analyse I	0gr,0156
10ᶜᶜ de l'acide de l'analyse II	0gr,0156
Azote en moyenne	2,81 pour 100

Dosage de l'azote.

	I.	II.
	^{gr}	^{gr}
Maïs desséché à 90°......................	0,323	0,4745
Titre de l'acide normal................	16,15	15,10
Titre de l'acide après l'analyse........	4,9	9,00
Azote pour 100......................	3,36	3,26

	Azote.
10^{cc} de l'acide de l'analyse I................	0^{gr},0156
10^{cc} de l'acide de l'analyse II...............	0^{gr},0383

Azote en moyenne........ 3,31 pour 100

Expérience de 1850.

Volumes d'air qui ont passé chaque jour dans les cloches.

Aspirateur n° 2 = 640^{lit},918 à 21°. P = 0^m,760.

MOIS.	DATES.	JOURS.	TEM-PÉRATURE intérieure de l'Aspirateur.	BAROMÈTRE.	MANO-MÈTRE.	PRESSION calculée.	VOLUME à 0°. P = 760^{mm}.
			°	°	mm	°	lit
Juillet......	2	Mardi.....	18,6	762,70 — 19,0	18,60	725,83 — 0	572,988
»	3	Mercredi..	22,7	762,55 — 23,0	7,80	730,50 — 0	575,884
»	4	Jeudi.....	19,0	764,30 — 20,0	15,00	731,42 — 0	569,381
»	5	Vendredi..	20,1	766,55 — 20,0	9,40	737,19 — 0	578,973
»	6	Samedi ...	19,5	766,30 — 20,0	8,50	738,47 — 0	581,170
»	7	Dimanche.	20,0	755,50 — 20,5	9,00	726,63 — 0	570,874
»	8	Lundi	18,0	766,00 — 19,0	8,00	740,31 — 0	584,269
»	9	Mardi.....	17,4	762,95 — 18,0	6,75	739,21 — 0	585,967
»	10	Mercredi..	16,0	764,12 — 18,0	9,00	739,38 — 0	588,946
»	11	Jeudi.....	15,9	764,50 — 18,0	5,00	743,85 — 0	592,712
»	12	Vendredi..	18,4	764,50 — 19,0	4,50	741,92 — 0	586,093
»	13	Samedi ...	17,9	761,30 — 20,0	4,00	739,60 — 0	585,266
»	14	Dimanche.	21,5	762,30 — 23,5	7,00	733,35 — 0	573,214
»	15	Lundi.....	25,5	760,30 — 27,0	15,00	727,74 — 0	561,193
»	16	Mardi.....	26,2	760,55 — 27,0	5,00	726,97 — 0	559,285
»	17	Mercredi..	24,6	756,00 — 26,5	7,00	722,76 — 0	559,032
							9225,247

Volume de l'air............................... 9225^{lit},247

Poids de l'air............................... 11929^{gr},966

Poids excédant de l'acide carbonique............. 295^{gr},529

Poids total..................... 12225^{gr},495

Ammoniaque ajoutée.................... 5^{gr},088

Rapport de l'ammoniaque à l'air.......... 0,00042

Expérience de 1850.

Volumes d'air qui ont passé chaque jour dans les cloches.

Aspirateur n° 2. V = 640^{lit},918 à 21°. P = 0^{m},760.

MOIS.	DATES.	JOURS.	TEM-PÉRATURE intérieure de l'Aspirateur.	BAROMÈTRE.	MANO-MÈTRE.	PRESSION calculée.	VOLUME à 0°. P = 760^{mm}.
			°	°	mm	°	lit
Juillet........	18	Jeudi	21,1	760,00 — 21,5	12,00	726,77 — 0	568,845
»	19	Vendredi..	21,0	763,00 — 21,5	6,00	735,88 — 0	576,172
»	20	Samedi ...					
»	21	Dimanche.					
»	22	Lundi.....	22,5	761,00 — 24,0	9,00	728,80 — 0	567,726
»	23	Mardi.....	21,0	759,30 — 22,5	7,00	731,07 — 0	572,406
»	24	Mercredi..	19,7	762,30 — 19,5	3,00	739,84 — 0	581,859
»	25	Jeudi	18,2	760,55 — 18,5	4,00	738,74 — 0	583,982
»	26	Vendredi..	18,7	757,55 — 19,0	4,00	735,19 — 0	580,178
»	27	Samedi ...	20,0	759,30 — 21,0	5,00	734,35 — 0	576,939
»	28	Dimanche.	15,7	757,00 — 15,0	4,00	737,90 — 0	588,293
»	29	Lundi.....	18,7	761,05 — 19,0	4,00	738,68 — 0	582,932
»	30	Mardi.....	18,0	764,30 — 19,0	4,50	742,12 — 0	587,088
»	31	Mercredi..	17,6	765,70 — 17,0	4,00	744,64 — 0	589,864
Août........	1	Jeudi	19,8	765,00 — 22,0	10,00	721,11 — 0	548,170
»	2	Vendredi..	19,8	764,65 — 21,5	10,55	734,29 — 0	577,288
»	3	Samedi ...	19,0	765,10 — 21,0	10,50	735,67 — 0	579,959
»	4	Dimanche.	20,0	762,75 — 22,0	16,00	726,67 — 0	570,906
»	5	Lundi.....	19,0	759,70 ... 20,0	15,00	725,91 — 0	572,265
»	6	Mardi.....	21,4	754,10 — 22,0	15,75	716,73 — 0	560,414
»	7	Mercredi..	17,4	762,00 — 19,0	17,00	727,89 — 0	576,993
»	8	Jeudi	18,5	761,10 — 20,0	15,00	727,81 — 0	574,719
»	9	Vendredi..	18,5	762,00 — 20,0	14,00	729,71 — 0	576,249
»	10	Samedi ...	19,2	763,10 — 20,0	15,00	729,09 — 0	574,378
»	11	Dimanche.	18,2	762,00 — 17,5	16,00	728,31 — 0	575,737
»	12	Lundi.....	20,0	755,80 — 21,0	14,00	721,87 — 0	567,135
»	13	Mardi.....	17,5	757,30 — 19,0	15,00	725,10 — 0	574,584
»	14	Mercredi..	17,7	757,00 — 18,0	15,75	723,99 — 0	573,309
»	15	Jeudi	17,3	762,30 — 17,5	13,50	731,96 — 0	580,420
»	16	Vendredi..	16,4	759,00 — 18,0	10,00	732,92 — 0	582,992
»	17	Samedi ...	15,4	764,00 — 17,5	12,00	736,83 — 0	588,138
							16709,970

Volume de l'air.............................. 16709^{lit},970

Poids de l'air.............................. 21609^{gr},115

Poids excédant de l'acide carbonique............. 535^{gr},647

Poids total.................... 22144^{gr},762

Ammoniaque ajoutée.................... 9^{gr},222

Rapport de l'ammoniaque à l'air.......... 0,00042

174 APPENDICE.

Expérience de 1850.

Volumes d'air qui ont passé chaque jour dans les cloches.

Aspirateur n° 2. V = 640^{lit},918 à 21°. P = 0^m,760.

MOIS.	DATES.	JOURS.	TEM-PÉRATURE intérieure de l'Aspirateur.	BAROMÈTRE.	MANO-MÈTRE.	PRESSION calculée.	VOLUME à 0°. P = 760^{mm}.
			°	°	mm	°	lit
Août.......	18	Dimanche.	17,1	764,20 — 17,0	13,00	734,61 — 0	582,924
»	19	Lundi.....	15,8	764,15 — 17,0	12,00	732,71 — 0	584,038
»	20	Mardi.....	17,7	759,30 — 17,5	13,00	729,09 — 0	577,347
»	21	Mercredi..	15,0	754,50 — 15,0	13,00	726,99 — 0	581,091
»	22	Jeudi.....	14,0	760,55 — 14,5	20,00	726,87 — 0	583,023
»	23	Vendredi..	16,2	763,65 — 17,0	14,00	733,86 — 0	584,136
»	24	Samedi ...	13,9	763,20 — 16,0	15,00	734,42 — 0	589,285
»	25	Dimanche.	19,4	762,20 — 20,0	15,00	728,00 — 0	573,126
»	26	Lundi.....	15,8	764,55 — 15,5	15,00	734,28 — 0	585,289
»	27	Mardi.....	15,0	769,35 — 15,5	7,00	747,74 — 0	597,677
»	28	Mercredi..	18,0	765,20 — 20,0	5,00	742,49 — 0	587,351
»	29	Jeudi.....	14,0	760,50 — 15,7	4,00	742,68 — 0	595,704
»	30	Vendredi..	13,4	767,10 — 13,0	10,50	743,54 — 0	597,646
»	31	Samedi ...	14,0	769,20 — 15,0	4,00	751,44 — 0	602,731
Septembre..	1	Dimanche.	15,0	772,50 — 15,5	3,75	754,13 — 0	602,784
»	2	Lundi.....	11,7	772,55 — 11,0	4,00	756,94 — 0	612,056
»	3	Mardi.....	16,7	768,30 — 17,0	3,00	749,05 — 0	595,204
»	4	Mercredi..	14,7	762,00 — 15,5	4,00	743,65 — 0	595,029
»	5	Jeudi.....	14,0	758,20 — 15,0	4,00	740,47 — 0	593,932
»	6	Vendredi..	14,0	768,15 — 15,0	4,00	750,39 — 0	601,889
»	7	Samedi ...					
»	8	Dimanche.	11,2	770,00 — 13,0	3,70	754,77 — 0	611,377
»	9	Lundi.....	11,4	770,00 — 11,0	3,00	755,58 — 0	611,602
»	10	Mardi.....	12,0	769,21 — 13,0	4,00	753,15 — 0	608,359
»	11	Mercredi..	11,9	768,20 — 11,0	4,00	752,46 — 0	608,006
»	12	Jeudi.....	14,5	766,55 — 15,0	4,00	748,41 — 0	599,255
»	13	Vendredi..	14,0	763,20 — 15,0	4,00	745,46 — 0	597,934
»	14	Samedi ...	13,2	763,00 — 14,0	4,00	745,98 — 0	600,027
»	15	Dimanche.	12,0	764,25 — 14,0	3,80	748,28 — 0	604,416
»	16	Lundi.....	14,3	765,20 — 14,7	13,50	737,76 — 0	591,139
»	17	Mardi.....	15,2	765,00 — 15,4	14,00	736,24 — 0	588,076
»	18	Mercredi..	13,0	762,00 — 13,4	3,00	746,20 — 0	600,624
»	19	Jeudi.....	12,2	758,00 — 10,5	4,00	742,12 — 0	599,571
»	20	Vendredi..	12,0	752,80 — 11,5	4,00	736,95 — 0	595,264
»	21	Samedi ...	14,1	758,10 — 16,0	4,00	740,17 — 0	593,484
							20231,396

Volume de l'air............................... 20231^{lit},396

Poids de l'air................................. 26162^{gr},990

Poids excédant de l'acide carbonique............. 628^{gr},000

Poids total..................... 26790^{gr},990

Ammoniaque ajoutée..................... 10^{gr},812

Rapport de l'ammoniaque à l'air.......... 0,00041

Expérience de 1850.

Volumes d'air qui ont passé chaque jour dans les cloches.

Aspirateur n° 2. V = 640^{lit},918 à 21°. P = 0^m,760.

MOIS.	DATES.	JOURS.	TEM-PÉRATURE intérieure de l'Aspirateur.	BAROMÈTRE.	MANO-MÈTRE.	PRESSION calculée.	VOLUME à 0°. P = 760^{mm}.
			°	°	mm	°	lit
Septembre..	22	Dimanche.	16,8	762,55 — 19,0	2,75	743,24 — 0	590,383
»	23	Lundi.....	14,5	756,00 — 17,0	5,00	736,64 — 0	589,830
»	24	Mardi.....	14,3	756,00 — 17,0	4,00	737,80 — 0	591,171
»	25	Mercredi..	15,0	759,30 — 17,0	4,00	740,53 — 0	591,914
»	26	Jeudi	14,0	761,30 — 14,0	4,00	743,68 — 0	596,507
»	27	Vendredi..	14,0	762,05 — 13,5	3,00	745,49 — 0	597,958
»	28	Samedi ...	15,0	759,55 — 16,0	4,00	740,91 — 0	592,218
»	29	Dimanche.	12,0	762,30 — 12,0	4,00	746,37 — 0	602,873
»	30	Lundi	13,7	755,00 — 15,5	4,00	737,44 — 0	592,122
Octobre	1	Mardi.....	12,1	751,10 — 13,5	3,75	735,19 — 0	593,634
»	2	Mercredi..	12,0	755,50 — 12,0	4,00	739,79 — 0	597,558
»	3	Jeudi	11,0	759,80 — 12,0	4,00	744,55 — 0	603,524
»	4	Vendredi..	11,4	759,20 — 12,0	4,20	743,48 — 0	601,808
»	5	Samedi ...	12,0	757,20 — 13,0	5,00	740,16 — 0	597,857
»	6	Dimanche.	10,0	759,20 — 12,0	4,00	744,58 — 0	605,685
»	7	Lundi	11,7	755,20 — 15,0	5,00	738,12 — 0	596,839
»	8	Mardi.....	13,0	757,15 — 14,5	5,00	739,23 — 0	595,014
»	9	Mercredi..	13,0	761,30 — 13,5	4,75	743,75 — 0	598,652
»	10	Jeudi	11,0	761,35 — 11,0	7,00	743,21 — 0	602,521
»	11	Vendredi..	10,0	758,25 — 11,5	4,00	743,69 — 0	604,961
»	12	Samedi ...	8,0	768,50 — 9,0	3,75	755,62 — 0	619,050
»	13	Dimanche.	7,6	770,10 — 10,0	5,00	756,06 — 0	620,294
»	14	Lundi.....	9,9	762,00 — 12,0	4,00	747,43 — 0	608,219
»	15	Mardi.....	8,7	764,30 — 10,5	3,75	750,86 — 0	613,618
»	16	Mercredi..	9,7	766,20 — 10,5	5,00	750,92 — 0	611,492
»	17	Jeudi	8,2	765,00 — 8,0	5,00	750,90 — 0	614,744
»	18	Vendredi..	10,0	767,00 — 10,0	4,00	752,61 — 0	612,218
»	19	Samedi ...	9,0	763,20 — 10,5	5,00	748,35 — 0	610,915
»	20	Dimanche.	10,0	760,55 — 11,5	4,50	745,49 — 0	606,426
»	21	Lundi.....	10,0	756,15 — 10,5	5,00	740,71 — 0	602,537
»	22	Mardi... .	6,7	752,30 — 6,5	4,00	740,18 — 0	609,223
»	23	Mercredi..	4,6	747,00 — 5,0	5,00	735,04 — 0	609,578
							19281,343

Volume de l'air............................... 19281^{lit},343

Poids de l'air.................................. 24934^{gr},390

Poids excédant de l'acide carbonique............ 985^{gr},098

Poids total...................... 25919^{gr},488

Ammoniaque ajoutée.................... 10^{gr},176

Rapport de l'ammoniaque de l'air.......... 0,00040

EXPÉRIENCE DE 1851.

Données numériques.

— Pour l'analyse des semences, voir la première série, page 143. —

RÉCOLTES.

Après la première dessiccation à 90°, les récoltes pesaient :

	Récoltes	
	vertes.	desséchées à 90°.
	gr	gr
Soleils...............................	145,30	37,75
Tabac (T')...........................	255,05	56,42
Tabac (t')...........................	207,00	48,55

Dosage de l'eau.

	gr
Soleils desséchés à 90°...........................	0,2355
Après dessiccation à 120°........................	0,2155
Eau pour 100.....................................	8,5
Graines de soleil desséchées à 60°................	0,220
Après dessiccation à 120°........................	0,193
Eau pour 100.....................................	12,2

Dosage de l'eau.

	gr
Tabac desséché à 90°.............................	1,00
Après dessiccation à 120°........................	0,926
Eau pour 100.....................................	7,4
Capsules de tabac desséchées à 60°...............	0,284
Après dessiccation à 120°........................	0,243
Eau pour 100.....................................	14,40

Dosage des cendres.

Soleils desséchés à 90°	0,872
Cendres solubles	0,036
Cendres insolubles	0,034
Cendres pour 100	7,82
Graines de soleils desséchées à 60°	0,22
Cendres	0,01
Cendres pour 100	4,5

Dosage des cendres.

Tabac desséché à 90°	1,216
Cendres solubles	0,036
Cendres insolubles	0,036
Cendres pour 100	5,77
Capsules de tabac desséchées à 90°	0,287
Cendres	0,027
Cendres pour 100	9,40

Balance des cendres.

	Semences.	Récoltes.
Soleil	0,005	3,019
Tabac (T')	0,017	3,495
Tabac (t')	0,017	2,791

Dosage de l'azote.

	I.	II.
Soleils desséchés à 90°	0,6795	1,2645
Titre de l'acide normal	14,9	15,3
Titre de l'acide après l'analyse	8,1	10,4
Azote pour 100	1,04	0,98

	Azote.
10cc de l'acide de l'analyse I	0gr,0156
10cc de l'acide de l'analyse II	0gr,0383
Azote en moyenne	1,01 pour 100

Dosage de l'azote.

Graines de soleils desséchées à 60°.....................	0,163 gr
Titre de l'acide normal..........................	15,6
Titre de l'acide après l'analyse....................	13,3
Azote pour 100................................	1,40
	Azote.
10ᶜᶜ de l'acide de l'analyse....................	0gr,0156

Dosage de l'azote.

	I.	II.
Tabac desséché à 90°....................	0,3825 gr	0,6405 gr
Titre de l'acide normal..............	16,7	15,15
Titre de l'acide après l'analyse........	12,5	12,7
Azote pour 100.....................	1,02	0,96
		Azote.
10ᶜᶜ de l'acide de l'analyse I...................		0gr,0156
10ᶜᶜ de l'acide de l'analyse II..................		0gr,0383
Azote en moyenne....... 0,99 pour 100		

Dosage de l'azote.

Graines de tabac desséchées à 60°....................	0,188 gr
Titre de l'acide normal..........................	15,6
Titre de l'acide après l'analyse..................	11,0
Azote pour 100.................................	2,45
	Azote.
10ᶜᶜ de l'acide de l'analyse.....................	0gr,0156

Expérience de 1851.

Volumes d'air qui ont passé chaque jour dans les cloches.

Aspirateur n° 3. V = 1106^{lit},450 à 21°. P = 0^m,760.

MOIS.	DATES.	JOURS.	TEM-PÉRATURE intérieure de l'Aspirateur.	BAROMÈTRE.	MANO-MÈTRE.	PRESSION calculée.	VOLUME à 0°. P = 760^{mm}.
			°	°	mm	°	lit
Juin........	13	Vendredi..	20,5	761,39 — 19,5	2,00	739,08 — 0	1000,706
»	14	Samedi ...	16,1	765,05 — 15,0	4,00	745,54 — 0	1024,874
»	15	Dimanche.					
»	16	Lundi.....	14,6	761,95 — 14,0	3,00	744,97 — 0	1029,411
»	17	Mardi.....	13,9	766,08 — 12,5	4,00	748,72 — 0	1037,121
»	18	Mercredi..	12,0	771,75 — 11,5	10,00	749,88 — 0	1045,666
»	19	Jeudi.....	16,0	768,75 — 15,0	2,00	751,37 — 0	1033,216
»	20	Vendredi..	19,1	765,85 — 19,0	0,00	747,07 — 0	1016,381
»	21	Samedi ...	18,1	760,85 — 17,0	0,00	743,23 — 0	1014,636
»	22	Dimanche.	18,4	767,79 — 18,0	6,00	743,82 — 0	1014,395
»	23	Lundi.....	14,5	764,07 — 12,0	10,00	740,30 — 0	1023,314
»	24	Mardi.....	11,8	766,15 — 10,0	6,20	748,10 — 0	1043,918
»	25	Mercredi..	12,5	769,15 — 11,0	8,00	749,00 — 0	1042,506
»	26	Jeudi.....	17,5	767,65 — 12,5	6,00	745,23 — 0	1019,472
»	27	Vendredi..	18,8	765,57 — 18,0	2,00	745,22 — 0	1014,908
»	28	Samedi ...	18,2	763,85 — 17,5	3,00	743,16 — 0	1014,192
»	29	Dimanche.	19,0	763,87 — 19,5	2,50	742,64 — 0	1010,700
»	30	Lundi.....	17,8	762,45 — 16,5	12,00	733,26 — 0	1002,060
							17387,476

Volume de l'air.............................. 17387^{lit},476

Poids de l'air.............................. 22485^{gr},252

Poids excédant de l'acide carbonique.... .... 232^{gr},593

Poids total.................... 22717^{gr},845

Ammoniaque ajoutée.................... 8^{gr},586

Rapport de l'ammoniaque à l'air........... 0,00038

Expérience de 1851.

Volumes d'air qui ont passé chaque jour dans les cloches.

Aspirateur n° 3. V = 1106^{lit},450 à 21°. P = 0^m,760.

MOIS.	DATES.	JOURS.	TEMPÉRATURE intérieure de l'Aspirateur.	BAROMÈTRE.	MANOMÈTRE.	PRESSION calculée.	VOLUME à 0°. P = 760^{mm}.
			°	°	mm	°	lit
Juillet......	1	Mardi.....	20,0	761,45 — 18,0	2,00	739,86 — 0	1003,474
»	2	Mercredi..	17,5	756,65 — 17,5	10,00	729,65 — 0	998,153
»	3	Jeudi.....	15,4	756,15 — 16,0	10,00	731,18 — 0	1007,548
»	4	Vendredi..	14,8	758,43 — 15,0	7,00	737,07 — 0	1017,788
»	5	Samedi ...	15,4	760,31 — 15,0	12,50	732,95 — 0	1009,987
»	6	Dimanche.	14,3	762,25 — 14,0	3,50	744,90 — 0	1030,391
»	7	Lundi.....	14,5	763,35 — 14,5	6,00	743,28 — 0	1027,433
»	8	Mardi.....	16,5	757,95 — 11,5	5,00	737,57 — 0	1012,484
»	9	Mercredi..	15,4	753,57 — 15,0	7,00	731,72 — 0	1009,392
»	10	Jeudi.....	14,0	754,47 — 17,0	7,00	733,51 — 0	1015,698
» (¹).....	11	Vendredi..	12,5	763,35 — 13,0	5,00	746,08 — 0	1040,697
»	12	Samedi ...	13,0	764,17 — 15,0	12,00	739,57 — 0	1029,810
»	13	Dimanche.	16,0	759,85 — 11,5	6,00	738,92 — 0	1018,205
»	14	Lundi.....	14,2	754,55 — 11,5	4,00	737,10 — 0	1022,074
»	15	Mardi.....	14,0	758,13 — 14,5	4,00	740,46 — 0	1027,450
»	16	Mercredi..	14,6	755,77 — 14,0	4,00	737,80 — 0	1021,620
»	17	Jeudi.....	13,2	755,00 — 11,5	4,00	738,30 — 0	1027,322
»	18	Vendredi..	13,0	758,68 — 12,5	4,00	742,00 — 0	1033,193
»	19	Samedi ...	15,2	763,23 — 15,0	3,00	745,54 — 0	1030,184
»	20	Dimanche.	13,8	762,50 — 13,0	4,00	745,15 — 0	1034,680
»	21	Lundi.....	12,8	759,40 — 12,0	3,00	743,92 — 0	1036,593
»	22	Mardi.....	14,0	761,50 — 14,0	4,00	743,88 — 0	1032,196
»	23	Mercredi..	21,0	749,59 — 22,0	4,00	724,46 — 0	981,272
»	24	Jeudi.....	16,9	751,77 — 17,0	12,50	732,89 — 0	993,018
»	25	Vendredi..	17,0	749,00 — 19,0	2,00	730,30 — 0	1002,850
»	26	Samedi ...	19,0	753,77 — 18,0	4,00	731,25 — 0	997,265
»	27	Dimanche.	17,2	760,53 — 17,0	4,00	739,86 — 0	1015,277
» (²).....	28	Lundi.....	14,1	763,02 — 14,0	3,00	746,32 — 0	1034,570
»	29	Mardi.....	18,7	757,65 — 18,5	4,00	735,36 — 0	1003,273
»	30	Mercredi..	16,2	757,25 — 16,0	2,00	739,60 — 0	1017,796
»	31	Jeudi.....	20,0	759,37 — 18,0	4,00	735,79 — 0	999,391
							31530,984

(¹) On remplace l'aspirateur n° 3 par le n° 2. V = 1108^{lit},747 à 21°.
(²) On remplace l'aspirateur n° 2 par le n° 1. V = 1108^{lit},050 à 21°.

Volume de l'air............................... 31 530^{lit},984

Poids de l'air............................... 40 775^{gr},447

Poids excédant de l'acide carbonique............. 424^{gr},139

Poids total..................... 41 199^{gr},586

Ammoniaque ajoutée..................... 14^{gr},787

Rapport de l'ammoniaque à l'air........... 0,00036

Expérience de 1851.

Volumes d'air qui ont passé chaque jour dans les cloches.

Aspirateur n° 1. $V = 1108^{lit},050$ à $21°$. $P = 0^m,760$.

MOIS.	DATES.	JOURS.	TEMPÉRATURE intérieure de l'Aspirateur.	BAROMÈTRE.	MANOMÈTRE.	PRESSION calculée.	VOLUME à 0°. $P = 760^{mm}$.
			°	°	mm	°	lit
Août.......	1	Vendredi..	21,5	764,20 — 21,5	4,00	738,56 — 0	998,041
»	2	Samedi ...	19,0	765,00 — 18,0	4,00	742,45 — 0	1011,903
»	3	Dimanche.	21,0	765,00 — 20,0	14,00	741,16 — 0	1003,261
»	4	Lundi.....	16,5	763,65 — 16,0	2,50	745,22 — 0	1024,465
»	5	Mardi.....	19,5	763,05 — 20,0	2,00	741,74 — 0	1009,204
»	6	Mercredi..	20,0	764,00 — 18,5	4,00	740,34 — 0	1005,577
»	7	Jeudi	19,4	760,29 — 18,5	4,00	737,28 — 0	1003,480
»	8	Vendredi..	19,0	758,85 — 18,0	3,00	737,31 — 0	1004,898
»	9	Samedi ...	16,9	760,14 — 15,8	4,00	739,89 — 0	1015,732
»	10	Dimanche.	18,5	761,45 — 17,5	2,00	741,47 — 0	1012,302
»	11	Lundi.....	15,0	763,65 — 16,0	2,00	746,99 — 0	1032,257
»	12	Mardi.....	19,0	765,00 — 20,0	3,00	743,19 — 0	1013,612
»	13	Mercredi..	19,7	761,89 — 20,0	4,00	738,38 — 0	1003,945
»	14	Jeudi	20,1	763,15 — 20,0	3,00	740,30 — 0	1004,944
»	15	Vendredi..	21,8	761,29 — 21,0	3,00	736,31 — 0	993,986
»	16	Samedi ...	20,2	763,35 — 20,0	4,50	738,79 — 0	1002,786
»	17	Dimanche.	20,3	764,30 — 20,0	4,00	740,13 — 0	1004,262
»	18	Lundi.....	18,9	767,20 — 19,5	3,00	745,55 — 0	1016,477
»	19	Mardi.....	20,6	768,80 — 21,0	4,50	743,66 — 0	1008,019
»	20	Mercredi..	21,0	770,05 — 21,0	4,50	744,46 — 0	1007,728
»	21	Jeudi	14,7	765,20 — 15,0	3,00	717,90 — 0	1034,594
»	22	Vendredi..	21,0	763,05 — 22,0	4,00	737,86 — 0	998,790
»	23	Samedi ...	11,1	761,60 — 15,5	3,00	743,93 — 0	1027,671
»	24	Dimanche.	16,0	762,80 — 17,0	3,00	744,19 — 0	1024,822
»	25	Lundi.....	14,0	764,80 — 15,0	3,00	744,35 — 0	1032,060
»	26	Mardi.....	14,9	760,35 — 14,5	3,00	742,96 — 0	1027,045
»	27	Mercredi..	16,0	757,30 — 17,0	3,50	738,21 — 0	1016,587
»	28	Jeudi	18,5	753,15 — 19,0	3,00	732,02 — 0	999,402
»	29	Vendredi..	14,7	754,75 — 14,0	3,00	737,60 — 0	1020,345
»	30	Samedi ...	13,3	761,09 — 12,5	4,00	741,19 — 0	1034,505
»	31	Dimanche.	15,2	767,55 — 14,5	3,00	749,91 — 0	1035,571
							31448,271

Volume de l'air...................................... $31448^{lit},271$

Poids de l'air...................................... $40668^{gr},494$

Poids excédant de l'acide carbonique.............. $424^{gr},139$

Poids total...................................... $41092^{gr},633$

Ammoniaque ajoutée...................... $14^{gr},787$

Rapport de l'ammoniaque à l'air............ 0,00036

     APPENDICE.

Expérience de 1851.

Volumes d'air qui ont passé chaque jour dans les cloches.

Aspirateur n° 1. $V = 1107^{\text{lit}},171$ à 12°. $P = 0^{\text{m}},760$.

MOIS.	DATES.	JOURS.	TEM-PÉRATURE intérieure de l'Aspirateur.	BAROMÈTRE.	MANO-MÈTRE.	PRESSION calculée.	VOLUME à 0°. P = 760^{mm}.
			°	°	mm	°	lit
Septembre..	1	Lundi	14,0	766,85 — 15,5	3,00	750,04 — 0	1039,264
»	2	Mardi.....	15,8	765,00 — 15,0	4,00	745,79 — 0	1026,923
»	3	Mercredi..	15,8	764,00 — 15,5	4,00	744,73 — 0	1025,463
»	4	Jeudi	14,8	762,35 — 15,0	3,00	744,98 — 0	1029,378
»	5	Vendredi..	19,7	764,35 — 20,0	4,00	740,83 — 0	1006,477
»	6	Samedi ...	17,2	765,15 — 17,5	2,00	746,40 — 0	1022,796
»	7	Dimanche.	10,2	766,43 -- 11,0	3,00	752,79 — 0	1057,096
»	8	Lundi	17,5	772,20 — 18,0	3,00	752,10 --- 0	1029,540
»	9	Mardi.....	15,3	771,00 — 15,0	2,00	754,20 — 0	1040,307
»	10	Mercredi..	15,0	771,40 — 15,6	2,00	754,77 — 0	1042,180
»	11	Jeudi.....	17,6	771,50 — 18,0	2,00	752,39 — 0	1029,937
»	12	Vendredi..	14,5	768,00 — 15,0	2,00	751,86 — 0	1039,971
»	13	Samedi ...	16,2	767,20 — 17,0	4,00	747,40 — 0	1027,714
							13417,046

Volume de l'air............................ 13417^{lit},046

Poids de l'air.................................. 17350^{gr},744

Poids excédant de l'acide carbonique............. 177^{gr},865

Poids total...................... 17528^{gr},609

Ammoniaque ajoutée..................... 6^{gr},201

Rapport de l'ammoniaque à l'air........... 0,00035

EXPÉRIENCE DE 1852.

Données numériques.

— Pour l'analyse des semences, voir la première série, page 150. —

RÉCOLTES.

Après la première dessiccation à 90°, les récoltes pesaient :

	Récoltes	
	vertes.	desséchées à 90°.
Colzas d'automne...................	609,15	121,98
Blé de mars (paille)................	65,10	24,61
Blé de mars (grains)...............		2,15 (¹)
Soleils...........................	260,00	77,80
Deuxièmes colzas d'été.............	870,00	163,60

Dosage de l'eau.

	I.	II.
Colzas d'automne desséchés à 90°........	0,254	0,316
Après dessiccation à 120°..............	0,241	0,298
Eau pour 100.........................	5,1	5,7
Deuxièmes colzas d'été desséchés à 90°...	0,7580	0,6975
Après dessiccation à 120°..............	0,7270	0,6685
Eau pour 100........................	4,09	4,16

(¹) Les grains de blé ont été desséchés au soleil.

Dosage de l'eau.

	gr
Blé (grains)..	0,1295
Après dessiccation à 120°........................	0,115
Eau pour 100..	11,2
Blé (paille desséchée à 90°)......................	0,468
Après dessiccation à 120°.........................	0,418
Eau pour 100..	10,68

Dosage de l'eau.

	I.	II.
	gr	gr
Soleils desséchés à 90°..................	0,5010	0,4520
Après dessiccation à 120°..............	0,4780	0,4320
Eau pour 100...........................	4,59	4,42

Dosage des cendres.

	gr
Colzas d'automne desséchés à 90°..................	1,225
Cendres solubles...............................	0,046
Cendres insolubles............................	0,033
Cendres pour 100..............................	6,30
Blé (paille desséchée à 90°)......................	0,751
Cendres solubles...............................	0,029
Cendres insolubles............................	0,029
Cendres pour 100..............................	7,68

Dosage des cendres.

	gr
Soleils desséchés à 90°...........................	1,1835
Cendres solubles...............................	0,1225
Cendres insolubles............................	0,0600
Cendres pour 100..............................	15,42
Deuxièmes colzas d'été, desséchés à 90°..........	1,525
Cendres solubles...............................	0,061
Cendres insolubles............................	0,070
Cendres pour 100..............................	8,59

Balance des cendres.

	Cendres dans	
	semences.	récoltes.
	gr	gr·
Colzas d'automne	0,234	7,684
Blé de mars	0,025	1,890
Soleils	0,016	11,996
Premiers colzas d'été	0,900	14,053

Dosage de l'azote.

	I.	II.
	gr	gr
Colzas d'automne desséchés à 90°	0,5485	1,029
Titre de l'acide normal	20,4	17,8
Titre de l'acide après l'analyse	13,4	13,2
Azote pour 100	0,97	0,96

Azote.

10^{cc} de l'acide de l'analyse I................... 0^{gr},0156

10^{cc} de l'acide de l'analyse II.................. 0^{gr},0383

Azote en moyenne....... 0,96 pour 100

Dosage de l'azote.

	gr
Blé (paille desséchée à 90°)	1,08
Titre de l'acide normal	16,55
Titre de l'acide après l'analyse	8,8
Azote pour 100	0,67

Azote.

10^{cc} de l'acide de l'analyse.................... 0^{gr},0156

Dosage de l'azote.

	I.	II.
	gr	gr
Blé (grains)	0,232	0,221
Titre de l'acide normal	16,55	16,75
Titre de l'acide après l'analyse	9,0	9,5
Azote pour 100	3,06	3,04

Azote.

10^{cc} de l'acide de l'analyse I.................. 0^{gr},0156

10^{cc} de l'acide de l'analyse II................. 0^{gr},0156

Azote en moyenne....... 3,05 pour 100

Dosage de l'azote.

	I.	II.	III.
Soleils desséchés à 90°..............	0,234 (gr)	0,224 (gr)	0,3075 (gr)
Titre de l'acide normal........	11,5	14,65	8,4
Titre de l'acide après l'analyse..	10,6	13,50	7,5
Azote pour 100	1,28	1,34	1,33

	Azote. (gr)
10cc de l'acide de l'analyse I.................	0,0383
10cc de l'acide de l'analyse II................	0,0383
10cc de l'acide de l'analyse III...............	0,0383
Azote en moyenne.......	1,32 pour 100

Dosage de l'azote.

	I.	II.	III.
Deuxièmes colzas d'été.............	0,3605 (gr)	0,28 (gr)	0,387 (gr)
Titre de l'acide normal..........	11,5	8,4	8,55
Titre de l'acide après l'analyse....	9,9	7,5	7,15
Azote pour 100................	1,47	1,46	1,43

	Azote. (gr)
10cc de l'acide de l'analyse I.................	0,0383
10cc de l'acide de l'analyse II................	0,0383
10cc de l'acide de l'analyse III...............	0,0383
Azote en moyenne.......	1,45 pour 100

Expérience de 1852.

Volumes d'air qui ont passé chaque jour dans les cloches.

1851   Aspirateur de fer n° 2. V = 1973^{lit},250 à 12°. P = 0^m,760.

MOIS.	DATES.	JOURS.	TEM-PÉRATURE intérieure de l'Aspirateur.	BAROMÈTRE.	MANO-MÈTRE.	PRESSION calculée.	VOLUME à 0°. P = 760^{mm}.
			o	o	mm	o	lit
Octobre ...	4	Samedi ...	11,7	755,90 — 12,0	2,50	741,70 — 0	1846,451
» ...	5	Dimanche.	9,9	756,50 — 10,5	2,50	743,63 — 0	1863,056
» ...	6	Lundi	11,1	759,75 — 12,5	3,10	744,88 — 0	1858,290
» ...	7	Mardi.....	13,4	758,15 — 13,5	5,00	740,05 — 0	1831,213
» ...	8	Mercredi..	13,8	758,75 — 13,5	3,00	742,35 — 0	1834,708
» ...	9	Jeudi	10,6	761,65 — 10,0	4,50	746,40 — 0	1865,362
» ...	10	Vendredi..	14,5	764,53 — 15,0	5,50	744,90 — 0	1836,520
» ...	11	Samedi ...	14,0	769,15 — 14,0	6,00	749,52 — 0	1851,135
» ...	12	Dimanche.	11,5	770,10 — 10,5	6,00	752,68 — 0	1875,106
» ...	13	Lundi	10,6	768,00 — 10,5	3,00	754,18 — 0	1884,816
» ...	14	Mardi.....	12,4	764,45 — 12,0	2,00	750,25 — 0	1863,146
» ...	15	Mercredi..	13,6	755,35 — 13,0	3,00	739,18 — 0	1828,151
» ...	16	Jeudi	10,6	751,15 — 10,0	3,50	736,92 — 0	1841,680
» ...	17	Vendredi..	8,8	754,65 — 8,0	6,50	738,72 — 0	1857,795
» ...	18	Samedi ...	7,0	764,55 — 6,0	5,00	751,33 — 0	1901,475
» ...	19	Dimanche.		764,25 — 10,0	5,00	748,86 — 0	1875,296
» ...	20	Lundi.....	11,5	765,00 — 13,0	2,50	750,79 — 0	1870,397
» ...	21	Mardi.....	11,3	761,00 — 10,0	4,00	745,79 — 0	1859,252
» ...	22	Mercredi..	8,8	761,00 — 8,0	3,00	748,56 — 0	1882,542
» ...	23	Jeudi	8,5	765,05 — 8,0	8,00	747,778 — 0	1882,583
» ...	24	Vendredi..	10,0	767,05 — 10,0	4,00	752,655 — 0	1884,800
» ...	25	Samedi ...	11,2	768,00 — 11,0	15,00	741,720 — 0	1849,755
» ...	26	Dimanche.	10,5	764,55 — 10,5	6,00	747,786 — 0	1869,496
» ...	27	Lundi.....	8,2	761,66 — 8,0	10,25	742,307 — 0	1870,807
» ...	28	Mardi.....	10,6	773,85 — 10,0	2,50	760,570 — 0	1900,785
» ...	29	Mercredi..	11,2	744,64 — 11,0	6,00	727,403 — 0	1814,051
» ...	30	Jeudi	6,7	745,75 — 6,0	7,50	730,191 — 0	1849,962
» ...	31	Vendredi..	6,9	748,39 — 6,0	8,00	732,228 — 0	1853,795
Novembre .	1	Samedi ...	6,0	753,15 — 6,0	20,00	725,428 — 0	1842,261
» ...	2	Dimanche.	5,8	754,43 — 5,0	2,50	744,421 — 0	1896,476
» ...	3	Lundi	6,0	755,25 — 6,0	7,00	741,126 — 0	1882,386
							57723,548

Volume de l'air................................. 57723^{lit},548

Poids de l'air................................. 74647^{gr},330

Poids excédant de l'acide carbonique............. 424^{gr},139

Poids total..................... 75071^{gr},469

Ammoniaque ajoutée..................... 9^{gr},920

Rapport de l'ammoniaque à l'air.......... 0,00013

                    APPENDICE.

Expérience de 1852.

Volumes d'air qui ont passé chaque jour dans les cloches.

1851   Aspirateur de fer n° 2. V = 1973^{lit},250 à 12°. P = 0^m,760.

MOIS.	DATES.	JOURS.	TEMPÉRATURE intérieure de l'Aspirateur.	BAROMÈTRE.	MANO-MÈTRE.	PRESSION calculée.	VOLUME à 0°. P = 760^{mm}.
			°	°	mm	°	lit
Novembre ..	4	Mardi.....					
» ...	5	Mercredi..	5,0	759,55 — 5,0	3,00	749,408 — 0	1910,281
» ...	6	Jeudi.....	7,1	753,25 — 7,0	7,50	737,362 — 0	1865,467
» ...	7	Vendredi..	8,0	744,02 — 7,8	6,00	739,242 — 0	1864,411
» ...	8	Samedi ...	7,3	754,90 — 7,0	6,00	740,406 — 0	1871,820
» ...	9	Dimanche.	5,0	755,20 — 4,0	4,50	743,381 — 0	1895,683
» ...	10	Lundi.....	4,7	755,19 — 3,5	8,00	740,364 — 0	1889,274
» ...	11	Mardi.....	4,1	757,45 — 3,5	5,00	745,885 — 0	1907,285
» ...	12	Mercredi..	5,0	764,20 ··· 4,0	6,00	751,176 — 0	1914,788
» ...	13	Jeudi.....	5,0	724,20 — 4,5	12,00	755,307 — 0	1925,318
» ...	14	Vendredi..	5,1	764,35 — 4,0	7,00	750,280 — 0	1911,815
» ...	15	Samedi ...	4,0	760,18 — 3,0	7,00	746,717 — 0	1910,103
» ...	16	Dimanche.	5,0	762,20 — 4,3	12,00	743,141 — 0	1994,306
» ...	17	Lundi... .	4,3	760,80 — 2,5	8,00	746,145 — 0	1906,571
» ...	18	Mardi.....	3,7	756,40 — 3,0	10,00	740,062 — 0	1895,136
» ...	19	Mercredi..	1,0	757,20 — 0,0	3,00	749,260 — 0	1937,426
» ...	20	Jeudi.....	3,5	753,10 — 3,0	4,00	742,846 — 0	1903,643
» ...	21	Vendredi..	3,0	762,20 — 2,0	5,00	751,269 — 0	1928,723
» ...	22	Samedi ...	5,0	757,30 ··· 4,5	8,00	742,220 — 0	1891,959
» ...	23	Dimanche.	3,7	762,40 — 3,0	8,00	748,060 — 0	1915,617
» ...	24	Lundi.....	4,1	752,20 — 3,0	6,00	739,099 — 0	1891,466
» ...	25	Mardi.....	4,2	747,80 — 4,0	10,00	731,138 — 0	1868,900
» ...	26	Mercredi..	4,1	748,10 — 3,0	7,00	734,600 — 0	1878,428
» ...	27	Jeudi.....	4,0	754,58 — 3,0	5,00	743,120 — 0	1901,901
» ...	28	Vendredi..	4,1	755,17 — 3,5	5,00	743,649 — 0	1901,567
» ...	29	Samedi ...	4,0	756,80 — 3,0	7,00	743,339 — 0	1901,462
» ...	30	Dimanche.	4,6	764,00 — 4,0	5,00	752,151 — 0	1920,046
Décembre ..	1	Lundi.....		760,20 — 3,0	5,50	754,334 — 0	1936,522
» ...	2	Mardi.....	5,0	762,48 — 4,8	6,00	749,361 — 0	1910,162
» ...	3	Mercredi..	5,8	763,12 — 5,5	6,00	749,543 ··· 0	1905,134
							55255,214

Volume de l'air............................... 55255^{lit},214

Poids de l'air................................. 71455^{gr},330

Poids excédant de l'acide carbonique............ 396^{gr},776

Poids total...................... 71852^{gr},106

Ammoniaque ajoutée.................... 9^{gr},600

Rapport de l'ammoniaque à l'air.......... 0,00013

Expérience de 1852.

Volumes d'air qui ont passé chaque jour dans les cloches.

1851-52   Aspirateur de fer n° 2. V = 1973^{lit},250 à 12°. P = 0^m,760.

MOIS.	DATES.	JOURS.	TEM-PÉRATURE intérieure de l'Aspirateur.	BAROMÈTRE.	MANO-MÈTRE.	PRESSION calculée.	VOLUME à 0°. P = 760^{mm}.
			°	°	mm	°	lit
Décembre ..	4	Jeudi	7,0	772,20 — 8,0	6,50	757,219 — 0	1916,379
»	5	Vendredi..	8,2	773,00 — 7,0	9,00	755,005 — 0	1902,810
»	6	Samedi ...	7,3	769,20 — 8,0	7,50	753,079 — 0	1903,858
»	7	Dimanche.	7,2	772,40 — 8,0	7,00	756,714 — 0	1913,732
»	8	Lundi.....	4,2	769,40 — 4,0	7,00	755,723 — 0	1931,742
»	9	Mardi.....	6,2	770,20 — 5,0	5,00	757,427 — 0	1922,561
»	10	Mercredi..	8,2	772,30 — 8,0	6,00	757,183 — 0	1908,298
»	11	Jeudi	7,5	769,00 — 7,0	5,00	755,395 — 0	1908,150
»	12	Vendredi..	7,0	772,00 — 8,0	4,50	759,019 — 0	1920,935
»	13	Samedi ...	3,0	770,00 — 2,0	10,00	754,066 — 0	1935,904
»	14	Dimanche.	3,5	772,00 — 3,0	7,80	757,937 — 0	1942,317
»	15	Lundi.....	4,1	772,80 — 3,5	8,00	758,228 — 0	1938,846
»	16	Mardi.....	3,1	769,80 — 4,0	5,20	758,331 — 0	1946,147
»	17	Mercredi..	0,0	759,00 — 0,0	4,50	759,900 — 0	1972,150
»	18	Jeudi					
»	19	Vendredi..					
»	20	Samedi ...	2,5	765,20 — 2,0	8,00	751,461 — 0	1932,725
»	21	Dimanche.					
»	22	Lundi	4,0	769,50 — 5,0	5,00	757,787 — 0	1938,420
»	23	Mardi.....					
»	24	Mercredi..	3,0	770,15 — 3,5	7,00	757,031 — 0	1943,516
»	25	Jeudi	2,0	770,01 — 3,0	4,00	760,338 — 0	1959,145
»	26	Vendredi..					
»	27	Samedi ...	3,0	766,04 — 3,5	8,00	751,923 — 0	1930,428
»	28	Dimanche.	2,0	765,50 — 2,0	7,00	752,913 — 0	1952,271
»	29	Lundi.....					
»	30	Mardi					
»	31	Mercredi..					
Janvier.....	1	Jeudi					
»	2	Vendredi..					
»	3	Samedi ...					38620,334

Volume de l'air.............................. 38620^{lit},334

Poids de l'air................................. 49943^{gr},320

Poids excédant de l'acide carbonique............. 273^{gr},638

Poids total..................... 50216^{gr},958

Ammoniaque ajoutée..................... 6^{gr},400

Rapport de l'ammoniaque à l'air.......... 0,00013

Expérience de 1852.

Volumes d'air qui ont passé chaque jour dans les cloches.

Aspirateur de fer n° 2. V = 1973^{lit},250 à 12°. P = 0^{m},760.

MOIS.	DATES.	JOURS.	TEM- PÉRATURE Intérieure do l'Aspirateur.	BAROMÈTRE.	MANO- MÈTRE.	PRESSION calculée.	VOLUME à 0°. P = 760^{mm}
Janvier....	4	Dimanche.					
»	5	Lundi.....	3,5	768,00 — 3,2	10,00	751,714 — 0	1926,413
»	6	Mardi.....					
»	7	Mercredi..	6,0	756,20 — 5,6	6,00	741,525 — 0	1883,396
»	8	Jeudi.....					
»	9	Vendredi..	5,4	756,20 — 5,0	4,50	744,370 — 0	1894,723
»	10	Samedi ...	9,5	744,80 — 9,0	5,00	729,858 — 0	1830,952
»	11	Dimanche.	10,2	747,20 — 10,0	4,00	732,714 — 0	1833,565
»	12	Lundi	10,0	747,20 — 10,0	4,00	732,837 — 0	1835,161
»	13	Mardi.....					
»	14	Mercredi..	11,5	755,24 — 11,0	5,00	738,784 — 0	1840,487
»	15	Jeudi.....	11,5	761,80 — 11,0	6,00	744,335 — 0	1854,316
»	16	Vendredi..	11,4	759,18 — 11,0	4,00	743,783 — 0	1853,593
»	17	Samedi ...	8,5	763,77 — 8,0	5,00	749,497 — 0	1886,911
»	18	Dimanche.	4,0	770,00 — 3,5	6,00	749,471 — 0	1937,680
»	19	Lundi	2,0	760,75 — 1,0	6,00	749,326 — 0	1930,743
»	20	Mardi.....					
»	21	Mercredi..	7,0	765,20 — 8,5	6,00	750,666 — 0	1899,795
»	22	Jeudi.....	8,4	750,10 — 8,0	5,10	735,500 — 0	1852,332
»	23	Vendredi..	5,2	753,10 — 10,0	5,25	750,109 — 0	1910,691
»	24	Samedi ...	8,0	763,20 — 8,2	6,00	748,181 — 0	1886,955
»	25	Dimanche.	5,9	761,40 — 5,5	8,30	745,479 — 0	1894,123
»	26	Lundi	5,4	765,97 — 7,0	5,80	752,593 — 0	1915,638
»	27	Mardi.....	5,2	756,79 — 4,2	5,50	744,155 — 0	1895,125
»	28	Mercredi..	3,0	753,30 — 4,5	5,00	742,066 — 0	1905,106
»	29	Jeudi.....	2,4	761,62 — 3,0	5,50	750,297 — 0	1930,432
»	30	Vendredi..	2,7	762,27 — 2,0	6,00	750,458 — 0	1928,741
»	31	Samedi ..	8,0	764,15 — 7,9	9,00	746,167 — 0	1881,876
Février....	1	Dimanche.	9,5	765,19 — 9,0	15,00	740,219 — 0	1856,944
»	2	Lundi	7,0	765,04 — 7,0	6,00	750,690 — 0	1899,855
»	3	Mardi.....	5,0	759,10 — 5,0	8,00	753,950 — 0	1821,859
							48987,412

Volume de l'air................................. 48987^{lit},412

Poids de l'air.................................... 63349^{gr},880

Poids excédant de l'acide carbonique............. 355^{gr},729

Poids total...................... 63705^{gr},609

Ammoniaque ajoutée.................... 8^{gr},320

Rapport de l'ammoniaque à l'air.......... 0,00013

Expérience de 1852.

Volumes d'air qui ont passé chaque jour dans les cloches.

Aspirateur de fer n° 2. V = 1973^{lit},250 à 12°. P = 0^m,760.

MOIS.	DATES.	JOURS.	TEM-PÉRATURE intérieure de l'Aspirateur	BAROMÈTRE.	MANO-MÈTRE.	PRESSION calculée.	VOLUME à 0°. P = 760^{mm}.
			o	o	mm	o	lit
Février. ..	4	Mercredi..	7,0	768,07 — 7,5	5,00	754,656 — 0	1909,850
»	5	Jeudi	10,1	762,20 — 9,5	8,00	743,875 — 0	1862,153
»	6	Vendredi..	7,0	767,42 — 8,5	6,00	752,884 — 0	1905,398
»	7	Samedi ...	10.4	770,20 — 12,0	6,00	751,308 — 0	1878,766
»	8	Dimanche.	7,6	743,52 — 7,0	8,00	726,883 — 0	1835,860
»	9	Lundi.....	6,5	747,34 — 5,0	8,00	731,462 — 0	1854,511
»	10	Mardi.....	3,8	757,26 — 2,5	6,00	744,942 — 0	1906,942
»	11	Mercredi..	2,5	759,95 — 0,5	8,00	746,395 — 0	1919,694
»	12	Jeudi	2,0	750,00 — 0,0	7,00	747,698 — 0	1926,549
»	13	Vendredi..					
»	14	Samedi ...	3,0	758,65 — 2,0	5,00	747,720 — 0	1919,612
»	15	Dimanche.					
»	16	Lundi.....	5,8	765,83 — 5,0	6,00	752,312 — 0	1912,170
»	17	Mardi.....	8,2	758,95 — 8,0	4,00	745,850 — 0	1879,737
»	18	Mercredi..	5,0	751,60 — 4,0	8,00	736,584 — 0	1877,594
»	19	Jeudi	3,8	752,75 — 2,5	7,50	738,934 — 0	1991,563
»	20	Vendredi..	3,1	758,63 — 2,5	8,00	744,598 — 0	1910,903
»	21	Samedi ...	2,0	766,39 — 0,0	13,00	748,088 — 0	1927,553
»	22	Dimanche.	5,0	769,75 — 4,0	7,00	755,723 — 0	1926,378
»	23	Lundi.....	2,2	770,01 — 1,2	10,00	754,484 — 0	1942,618
»	24	Mardi.....	5,1	765,35 — 4,5	12,00	746,265 — 0	1901,585
»	25	Mercredi..	8,0	763,41 — 4,5	24,00	730,843 — 0	1843,228
»	26	Jeudi	8.0	763,41 — 4,5	24,00	730,843 — 0	1843,228
»	27	Vendredi..	5,6	760,61 — 4,5	29,00	724,252 — 0	1842,184
»	28	Samedi ...	6,0	749.48 — 5,0	29,00	712,882 — 0	1810,649
»	29	Dimanche.	6,0	759,36 — 4,5	26,00	725,815 — 0	1843,490
Mars.	1	Lundi.....	8,0	764,45 — 6,5	25,00	740,637 — 0	1867,929
»	2	Mardi.....	8,8	754,27 — 7,0	12,00	732,962 — 0	1843,315
»	3	Mercredi..	7,7	762,15 — 5,0	15,50	738,184 — 0	1863,736
»	4	Jeudi	6,6	766,65 — 3,5	13,00	749,924 — 0	1900,637
							52847,832

Volume de l'air............................... 52847^{lit},832

Poids de l'air................................ 68342^{gr},129

Poids excédant de l'acide carbonique............. 383^{gr},093

Poids total...................... 68725^{gr},222

Ammoniaque ajoutée...................... 8^{gr},960

Rapport de l'ammoniaque à l'air........... 0,00013

Expérience de 1852.

Volumes d'air qui ont passé chaque jour dans les cloches.

Aspirateur de fer n° 2. V = 1973^{lit},250 à 12°. P = 0^m,760.

MOIS.	DATES.	JOURS.	TEM-PÉRATURE intérieure de l'Aspirateur.	BAROMÈTRE.	MANO-MÈTRE.	PRESSION calculée.	VOLUME à 0°. P = 760^{mm}.
			°	°	mm	°	lit
Mars......	5	Vendredi..	7,6	774,33 — 5,0	21,00	744,903 — 0	1881,372
»	6	Samedi....	7,6	775,59 — 5,5	18,00	749,101 — 0	1891,964
»	7	Dimanche.	12,8	771,45 — 10,5	30,00	729,149 — 0	1808,203
»	8	Lundi.....	15,2	768,11 — 12,8	23,00	730,638 — 0	1796,975
»	9	Mardi.....	16,1	766,65 — 12,5	29,00	722,581 — 0	1771,398
»	10	Mercredi..	12,0	764,80 — 9,0	18,00	735,242 — 0	1828,430
»	11	Jeudi	7,5	763,80 — 6,0	14,00	741,313 — 0	1872,575
»	12	Vendredi..	10,4	765,47 — 8,5	19,90	735,113 — 0	1838,268
»	13	Samedi....	9,2	767,15 — 6,5	16,00	741,659 — 0	1862,538
»	14	Dimanche.	9,3	767,75 — 6,0	14,00	744,262 — 0	1868,412
»	15	Lundi.....	11,2	768,65 — 3,5	41,00	717,294 — 0	1788,840
»	16	Mardi.....	8,8	765,80 — 8,0	30,00	726,357 — 0	1826,704
»	17	Mercredi..	13,3	765,37 — 10,5	20,00	732,697 — 0	1813,826
»	18	Jeudi	11,0	761,51 — 8,0	36,00	714,743 — 0	1883,736
»	19	Vendredi..	12,6	760,47 — 10,0	26,00	722,371 — 0	1792,654
»	20	Samedi ...	14,5	763,20 — 12,0	28,00	731,429 — 0	1778,653
»	21	Dimanche.	14,8	764,05 — 10,5	15,00	735,292 — 0	1810,937
»	22	Lundi.....	17,2	759,75 — 13,0	12,00	731,561 — 0	1786,988
»	23	Mardi.....					
»	24	Mercredi..	20,9	754,59 — 18,5	0,00	733,972 — 0	1770,478
»	25	Jeudi	15,1	756,79 — 12,5	12,00	730,576 — 0	1797,447
»	26	Vendredi..	8,9	752,59 — 7,5	15,00	728,165 — 0	1830,600
»	27	Samedi ...	14,7	749,00 — 10,2	14,00	721,320 — 0	1777,146
»	28	Dimanche.	13,5	749,95 — 11,0	20,00	717,092 — 0	1774,143
»	29	Lundi.....	13,0	746,20 — 12,0	12,00	721,603 — 0	1788,240
»	30	Mardi.....	19,0	748,30 — 16,0	15,00	715,036 — 0	1736,540
»	31	Mercredi..	14,0	754,52 — 13,0	12,00	729,041 — 0	1800,557
Avril......	1	Jeudi	14,7	763,50 — 13,0	14,50	734,949 — 0	1810,725
»	2	Vendredi..	13,1	764,50 — 10,0	12,00	740,113 — 0	1863,468
»	3	Samedi ...	12,5	763,40 — 12,0	12,00	739,123 — 0	1834,870
							52686,687

Volume de l'air............................ 52686^{lit},687

Poids de l'air............................ 68133^{gr},732

Poids excédant de l'acide carbonique............. 396^{gr},775

Poids total..................... 68530^{gr},507

Ammoniaque ajoutée ;................... 9^{gr},280

Rapport de l'ammoniaque à l'air........... 0,00013

Expérience de 1852.

Volumes d'air qui ont passé chaque jour dans les cloches.

Aspirateur de fer n° 2. $V = 1973^{lit},250$ à 12°. $P = 0^m,760$.

MOIS.	DATES.	JOURS.	TEM-PÉRATURE intérieure de l'Aspirateur.	BAROMÈTRE.	MANO-MÈTRE.	PRESSION calculée.	VOLUME à 0°. $P = 760^{mm}$.
			°	°	mm	°	lit
Avril......	4	Dimanche.	13,0	761,52 — 11,0	12,00	737,016 — 0	1826,435
»	5	Lundi.....	14,0	763,40 — 13,0	13,00	736,902 — 0	1819,912
»	6	Mardi.....	22,6	761,40 — 18,0	12,00	726,810 — 0	1743,288
»	7	Mercredi..	17,2	761,64 — 12,0	5,00	740,560 — 0	1809,014
»	8	Jeudi.....	16,0	764,20 — 14,0	13,00	735,950 — 0	1805,020
»	9	Vendredi..	12,5	763,00 — 11,0	12,00	738,845 — 0	1834,180
»	10	Samedi ...	14,2	754,84 — 11,0	8,00	733,444 — 0	1810,168
»	11	Dimanche.	16,9	762,40 — 14,0	10,00	736,358 — 0	1800,595
»	12	Lundi.....	21,0	765,10 — 19,0	5,00	739,277 — 0	1782,667
»	13	Mardi.....	23,0	767,00 — 20,0	10,00	733,652 — 0	1757,316
»	14	Mercredi..	22,0	761,25 — 19,0	10,00	728,275 — 0	1750,174
»	15	Jeudi.....	22,0	760,42 — 20,0	10,00	728,323 — 0	1750,290
»	16	Vendredi..	20,0	754,20 — 18,0	10,00	724,645 — 0	1753,359
»	17	Samedi ...	6,7	754,20 — 5,0	10,00	736,253 — 0	1865,320
»	18	Dimanche.	11,0	755,40 — 10,0	10,00	734,181 — 0	1832,243
»	19	Lundi.....	10,0	760,70 — 8,0	12,00	738,57 — 0	1849,524
»	20	Mardi.....	18,8	764,80 — 14,0	8,00	738,91 — 0	1795,123
»	21	Mercredi..	21,6	761,40 — 11,0	23,00	717,97 — 0	1727,756
»	22	Jeudi.....	23,0	756,57 — 19,0	23,00	710,37 — 0	1701,548
»	23	Vendredi..	16,2	757,50 — 13,0	12,00	730,21 — 0	1789,701
»	24	Samedi ...	17,0	752,80 — 15,0	11,00	725,58 — 0	1773,627
»	25	Dimanche.	15,0	753,20 — 14,0	6,00	732,82 — 0	1803,595
»	26	Lundi	19,0	762,39 — 17,0	14,00	729,97 — 0	1772,114
»	27	Mardi.....	24,5	762,80 — 19,0	10,00	727,63 — 0	1730,688
»	28	Mercredi..	23,0	763,78 — 18,0	11,00	729,70 — 0	1747,849
»	29	Jeudi.....	14,0	758,80 — 14,0	7,00	738,19 — 0	1823,153
»	30	Vendredi..	17,5	754,95 — 16,5	30,00	708,04 — 0	1727,767
Mai	1	Samedi ...	12,8	755,10 — 12,0	14,00	728,62 — 0	1806,895
»	2	Dimanche.	12,0	756,40 — 11,0	10,00	734,60 — 0	1826,847
»	3	Lundi.....	14,6	760,19 — 12,0	10,00	736,65 — 0	1815,351
»	4	Mardi.....	19,2	760,55 — 16,0	10,00	732,05 — 0	1775,945
							55407,467

Volume de l'air................................. $55407^{lit},467$

Poids de l'air.................................... $71652^{gr},220$

Poids excédant de l'acide carbonique............. $410^{gr},457$

Poids total...................... $72062^{gr},677$

Ammoniaque ajoutée.................... $9^{gr},600$

Rapport de l'ammoniaque à l'air.......... $0,00013$

Expérience de 1852.

Volumes d'air qui ont passé chaque jour dans les cloches.

Aspirateur de fer n° 2. V = 1973^{lit},250 à 12°. P = 0^{m},760.

MOIS.	DATES.	JOURS.	TEM-PÉRATURE intérieure do l'Aspirateur.	BAROMÈTRE.	MANO-MÈTRE.	PRESSION calculée.	VOLUME à 0°. P = 760^{mm}.
			°	°	mm	°	lit.
Mai	5	Mercredi..	20,9	763,35 — 13,0	16,00	727,39 — 0	1754,601
»	6	Jeudi	21,0	764,05 — 16,0	13,00	730,61 — 0	1760,146
»	7	Vendredi..	24,0	762,15 — 18,0	12,00	725,78 — 0	1732,597
»	8	Samedi ...	24,0	763,65 — 21,0	14,00	724,91 — 0	1729,512
»	9	Dimanche.					
»	10	Lundi.....	25,4	760,65 — 29,0	40,00	793,93 — 0	1648,189
»	11	Mardi.....	18,8	763,25 — 14,0	28,00	721,78 — 0	1753,435
»	12	Mercredi..	16,6	758,35 — 15,0	5,00	727,36 — 0	1780,438
»	13	Jeudi	16,2	760,15 — 16,0	8,00	736,49 — 0	1805,092
»	14	Vendredi..	14,6	747,45 — 14,0	10,00	723,49 — 0	1783,113
»	15	Samedi ...	23,2	764,15 — 20,0	18,00	722,57 — 0	1729,600
»	16	Dimanche.	19,9	759,15 — 16,0	12,00	727,93 — 0	1761,885
»	17	Lundi.....	27,5	756,65 — 24,0	15,00	711,44 — 0	1678,726
»	18	Mardi.....	23,5	753,00 — 20,5	10,00	716,27 — 0	1712,783
»	19	Mercredi..	17,6	758,25 — 17,0	15,00	726,60 — 0	1772,447
»	20	Jeudi	12,5	750,85 — 13,0	8,00	730,49 — 0	1813,439
»	21	Vendredi..	20,7	757,35 — 10,0	8,00	729,74 — 0	1761,473
»	22	Samedi ...	25,5	759,15 — 23,0	18,00	714,09 — 0	1696,109
»	23	Dimanche.	23,2	760,00 — 22,1	13,00	733,18 — 0	1731,060
»	24	Lundi.....	23,8	758,10 — 24,0	8,00	725,26 — 0	1732,524
»	25	Mardi.....	28,4	755,55 — 25,0	8,00	715,75 — 0	1683,845
»	26	Mercredi..	18,0	758,55 — 18,0	6,00	735,00 — 0	1790,468
»	27	Jeudi	20,0	756,30 — 17,5	10,00	726,59 — 0	1758,065
»	28	Vendredi..	17,9	755,55 — 16,0	7,00	732,27 — 0	1790,598
»	29	Samedi ...	21,0	755,65 — 21,0	10,00	724,60 — 0	1747,276
»	30	Dimanche.	15,8	753,61 — 14,0	15,00	723,56 — 0	1775,862
»	31	Lundi.....	14,0	758,75 — 11,0	11,00	734,51 — 0	1814,064
Juin........	1	Mardi.....	22,6	759,95 — 17,0	10,00	727,49 — 0	1744,918
»	2	Mercredi..	21,6	760,73 — 18,0	8,00	731,35 — 0	1759,954
»	3	Jeudi	13,4	759,70 — 14,0	5,00	741,53 — 0	1835,050
							50837,269

Volume de l'air................................. 50837^{lit},269

Poids de l'air.................................... 65742^{gr},090

Poids excédant de l'acide carbonique............. $\underline{\quad 396^{\text{gr}},775\quad}$

Poids total...................... 66138^{gr},865

Ammoniaque ajoutée.................... 9^{gr},280

Rapport de l'ammoniaque à l'air 0,00014

Expérience de 1852.

Volumes d'air qui ont passé chaque jour dans les cloches.

Aspirateur de fer n° 2. V = 1973^{lit},250 à 12°. P = 0^m,760.

MOIS.	DATES.	JOURS.	TEMPÉRATURE intérieure de l'Aspirateur.	BAROMÈTRE.	MANOMÈTRE.	PRESSION calculée.	VOLUME à 0°. P = 760^{mm}.
			°	°	mm	°	lit
Juin........	4	Vendredi..	14,2	755,05 — 15,0	7,00	734,73 — 0	1813,342
»	5	Samedi ...	15,2	760,75 — 16,0	8,00	737,93 — 0	1814,908
»	6	Dimanche.	16,0	757,41 — 17,0	8,00	733,81 — 0	1799,771
»	7	Lundi.....	19,0	751,61 — 16,0	10,00	723,34 — 0	1756,019
»	8	Mardi.....	16,0	750,15 — 16,0	8,00	742,15 — 0	1820,226
»	9	Mercredi..	15,3	752,95 — 16,0	4,00	734,33 — 0	1805,427
»	10	Jeudi.....	15,0	750,25 — 14,0	20,00	715,87 — 0	1761,878
»	11	Vendredi..	14,0	751,43 — 12,5	7,00	733,03 — 0	1810,409
»	12	Samedi ...	12,9	754,00 — 15,0	5,00	736,11 — 0	1824,829
»	13	Dimanche.	11,6	756,65 — 12,0	18,00	727,00 — 0	1810,493
»	14	Lundi.....	12,1	748,35 — 13,0	8,00	728,26 — 0	1810,444
»	15	Mardi.....	13,0	751,00 — 12,0	25,00	713,40 — 0	1771,987
»	16	Mercredi..	13,0	751,00 — 13,5	7,00	731,26 — 0	1840,319
»	17	Jeudi.....	12,5	770,50 — 12,5	14,00	753,88 — 0	1900,351
»	18	Vendredi..	14,0	753,60 — 14,0	10,00	740,02 — 0	1827,673
»	19	Samedi ...	15,6	755,50 — 13,5	10,00	732,26 — 0	1811,036
»	20	Dimanche.	14,0	758,50 — 13,5	12,00	732,96 — 0	1810,236
»	21	Lundi.....	15,7	754,80 — 25,0	7,00	732,72 — 0	1798,968
»	22	Mardi.....					
»	23	Mercredi..	16,6	754,45 — 16,0	4,00	734,47 — 0	1797,842
»	24	Jeudi.....	14,3	762,35 — 15,0	8,00	740,38 — 0	1826,649
»	25	Vendredi..	13,2	764,00 — 13,0	7,00	744,24 — 0	1843,243
»	26	Samedi ...	15,5	756,50 — 13,0	5,00	736,79 — 0	1810,217
»	27	Dimanche.	16,0	757,85 — 15,0	4,00	740,32 — 0	1815,738
»	28	Lundi.....	12,0	757,65 — 11,0	8,00	737,85 — 0	1834,930
»	29	Mardi.....	15,0	760,00 — 14,0	8,00	737,59 — 0	1815,335
»	30	Mercredi..	17,5	760,80 — 17,0	8,00	735,85 — 0	1795,629
Juillet......	1	Jeudi.....	16,0	763,55 — 15,0	10,00	738,19 — 0	1810,514
»	2	Vendredi..	14,0	766,81 — 15,0	3,00	750,06 — 0	1852,469
»	3	Samedi ...	15,0	766,00 — 14,0	5,00	747,57 — 0	1839,897
							52630,978

Volume de l'air............................... 52630^{lit},978

Poids de l'air.................................. 68061^{gr},700

Poids excédant de l'acide carbonique.......... ... 396^{gr},776

Poids total..................... 68458^{gr},476

Ammoniaque ajoutée..................... 9^{gr},280

Rapport de l'ammoniaque à l'air.......... 0,00014

Expérience de 1852.

Volumes d'air qui ont passé chaque jour dans les cloches.

Aspirateur de fer n° 2. $V = 1973^{lit},250$ à $12°$. $P = 0^m,760$.

MOIS.	DATES.	JOURS.	TEM-PÉRATURE intérieure de l'Aspirateur.	BAROMÈTRE.	MANO-MÈTRE.	PRESSION calculée.	VOLUME à 0°. $P = 760^{mm}$.
			°	°	mm	°	lit
Juillet......	4	Dimanche.	17,0	768,20 — 18,0	7,00	744,56 — 0	1820,022
»	5	Lundi.....	16,0	767,40 — 17,0	9,00	742,77 — 0	1821,746
»	6	Mardi.....	30,0	757,71 — 27,0	8,00	714,87 — 0	1673,057
»	7	Mercredi..	19,0	760,10 — 17,0	10,00	733,68 — 0	1781,121
»	8	Jeudi.....	18,0	758,40 — 17,0	7,00	733,97 — 0	1787,959
»	9	Vendredi..	19,5	759,15 — 18,0	5,00	735,10 — 0	1781,512
»	10	Samedi ...	21,0	760,95 — 20,0	4,00	736,02 — 0	1774,813
»	11	Dimanche.	23,5	762,35 — 24,0	8,00	729,90 — 0	1745,376
»	12	Lundi.....	31,0	769,49 — 29,0	9,00	723,51 — 0	1687,698
»	13	Mardi.....	27,0	768,30 — 25,0	7,00	731,73 — 0	1729,483
»	14	Mercredi..	21,0	761,00 — 20,0	8,00	732,02 — 0	1765,168
»	15	Jeudi.....	24,0	761,22 — 21,0	10,00	726,58 — 0	1734,506
»	16	Vendredi..	21,5	759,10 — 21,0	7,00	730,47 — 0	1758,435
»	17	Samedi ...	23,4	756,39 — 23,0	7,00	717,83 — 0	1717,093
»	18	Dimanche.	18,7	757,85 — 19,0	6,00	733,50 — 0	1782,519
»	19	Lundi.....	20,8	760,22 — 21,0	7,00	732,39 — 0	1767,264
»	20	Mardi.....	18,5	760,36 — 20,0	8,00	735,03 — 0	1785,164
»	21	Mercredi..	20,0	760,45 — 20,0	8,00	732,62 — 0	1772,655
»	22	Jeudi.....	16,8	764,79 — 17,0	7,00	741,48 — 0	1813,745
»	23	Vendredi..	15,3	764,78 — 15,0	12,00	737,99 — 0	1814,426
»	24	Samedi ...	22,0	760,23 — 20,0	10,00	728,13 — 0	1749,826
»	25	Dimanche.	19,0	757,05 — 19,0	8,00	731,19 — 0	1775,076
»	26	Lundi.....	19,0	759,22 — 19,6	8,00	732,49 — 0	1778,232
»	27	Mardi.....	21,6	756,45 — 22,0	9,00	725,59 — 0	1746,093
»	28	Mercredi..	22,0	762,35 — 21,0	10,00	730,03 — 0	1754,394
»	29	Jeudi.....					
»	30	Vendredi..	19,0	760,18 — 18,0	6,00	734,64 — 0	1783,451
»	31	Samedi ...	19,6	760,23 — 19,0	8,00	733,56 — 0	1777,336
Août......	1	Dimanche.	16,5	762,21 — 17,0	6,00	740,16 — 0	1812,204
»	2	Lundi.....	17,0	758,40 — 19,0	13,00	728,67 — 0	1781,180
»	3	Mardi.....	16,5	751,55 — 18,0	8,00	727,40 — 0	1781,152
							53052,706

Volume de l'air............................... $53052^{lit},706$

Poids de l'air............................... $68607^{gr},063$

Poids excédant de l'acide carbonique............. $410^{gr},458$

Poids total..................... $69017^{gr},521$

Ammoniaque ajoutée..................... $9^{gr},600$

Rapport de l'ammoniaque à l'air........... $0,00014$

Expérience de 1852.

Volumes d'air qui ont passé chaque jour dans les cloches.

Aspirateur de fer n° 2. $V = 1973^{lit},250$ à 12°. $P = 0^m,760$.

MOIS.	DATES.	JOURS.	TEM-PÉRATURE Intérieure de l'Aspirateur.	BAROMÈTRE.	MANO-MÈTRE.	PRESSION calculée.	VOLUME à 0°. $P = 760^{mm}$.
			°	°	mm	°	lit
Août........	4	Mercredi..	18,0	752,17 — 19,0	8,00	726,62 — 0	1770,064
»	5	Jeudi.....	17,2	751,15 — 18,0	6,50	727,88 — 0	1778,010
»	6	Vendredi..	18,1	752,10 — 18,0	7,00	727,09 — 0	1770,590
»	7	Samedi ...	18,0	755,40 — 19,0	10,00	727,74 — 0	1772,783
»	8	Dimanche.	17,0	754,09 — 16,0	12,00	725,74 — 0	1774,018
»	9	Lundi	18,0	758,20 — 19,0	12,00	728,53 — 0	1774,707
»	10	Mardi.....	17,0	760,04 — 17,0	12,00	731,55 — 0	1788,220
»	11	Mercredi..	17,2	752,60 — 18,0	8,00	727,83 — 0	1777,898
»	12	Jeudi.....	18,0	754,80 — 17,0	10,50	726,88 — 0	1770,688
»	13	Vendredi..	19,0	756,40 — 18,0	8,00	729,97 — 0	1772,114
»	14	Samedi ...	16,0	753,22 — 17,0	8,00	729,64 — 0	1789,543
»	15	Dimanche.	18,0	752,20 — 18,0	8,00	726,67 — 0	1770,176
»	16	Lundi	17,4	762,34 — 17,0	8,00	737,48 — 0	1800,238
»	17	Mardi.....	19,0	759,17 — 18,5	11,00	730,57 — 0	1773,570
»	18	Mercredi..	19,0	759,50 — 20,0	10,00	730,71 — 0	1773,911
»	19	Jeudi.....	16,0	759,00 — 15,0	7,00	736,65 — 0	1806,737
»	20	Vendredi..	16,4	761,05 — 15,0	10,00	735,34 — 0	1801,026
»	21	Samedi ...	16,8	762,48 — 16,0	9,00	737,29 — 0	1803,492
»	22	Dimanche.	17,2	763,35 — 18,0	12,00	734,55 — 0	1794,314
»	23	Lundi	17,0	765,80 — 18,0	7,00	742,17 — 0	1814,180
»	24	Mardi.....	22,4	764,28 — 20,0	11,00	730,69 — 0	1753,596
»	25	Mercredi..	22,2	763,20 — 28,0	10,00	730,61 — 0	1754,590
»	26	Jeudi.....	16,8	762,00 — 19,0	10,00	735,34 — 0	1798,727
»	27	Vendredi..	19,0	765,40 — 20,0	12,00	734,60 — 0	1783,354
»	28	Samedi ...	17,2	763,10 — 17,5	10,00	736,36 — 0	1798,739
»	29	Dimanche.	18,1	765,10 — 19,0	12,00	735,22 — 0	1790,388
»	30	Lundi	19,0	762,90 — 20,0	8,00	736,10 — 0	1786,995
»	31	Mardi.....	21,0	764,25 — 21,5	12,00	731,26 — 0	1763,335
Septembre..	1	Mercredi..	18,7	766,03 — 20,0	10,00	737,53 — 0	1792,312
»	2	Jeudi.....	16,0	765,15 — 14,0	12,00	737,80 — 0	1809,557
»	3	Vendredi..	20,0	766,80 — 21,0	10,00	736,83 — 0	1782,842
»	4	Samedi ...	17,0	762,15 — 18,0	5,00	740,53 — 0	1810,171
»	5	Dimanche.	15,0	760,07 — 15,0	8,00	737,54 — 0	1815,212
							58916,087

Volume de l'air........................... $58916^{lit},087$

Poids de l'air............................. $76189^{gr},500$

Poids excédant de l'acide carbonique............ $451^{gr},503$

Poids total...................... $76641^{gr},003$

Ammoniaque ajoutée...................... $10^{gr},560$

Rapport de l'ammoniaque à l'air........... $0,00014$

APPENDICE.

Expérience de 1852.

Volumes d'air qui ont passé chaque jour dans les cloches.

Aspirateur de fer n° 2. $V = 1973^{lit},250$ à 12°. $P = 0^m,760$

MOIS.	DATES.	JOURS.	TEMPÉRATURE intérieure de l'Aspirateur.	BAROMÈTRE.	MANO-MÈTRE.	PRESSION calculée.	VOLUME à 0°. $P = 700^{mm}$.
			°	°	mm	°	lit
Septembre..	6	Lundi	15,0	760,06 — 16,5	10,00	735,35 — 0	1809,822
»	7	Mardi.....	15,0	759,40 — 15,2	10,00	734,85 — 0	1808,591
»	8	Mercredi..	13,0	758,20 - 14,0	9,00	736,34 — 0	1824,760
»	9	Jeudi	14,7	755,82 — 16,0	5,00	735,42 — 0	1811,884
»	10	Vendredi..	15,0	759,30 — 16,0	8,00	736,70 — 0	1813,144
»	11	Samedi ...	17,4	762,18 — 19,0	10,50	735,07 — 0	1794,345
»	12	Dimanche.	14,0	760,00 — 15,5	15,00	732,20 — 0	1808,359
»	13	Lundi	16,2	759,45 — 18,0	8,00	735,55 — 0	1802,788
»	14	Mardi.....	17,0	755,91 — 18,0	9,00	730,31 — 0	1785,189
»	15	Mercredi..	15,0	756,40 — 17,0	10,00	731,52 — 0	1800,395
»	16	Jeudi	14,0	755,00 — 15,0	13,00	729,28 — 0	1801,148
»	17	Vendredi..	14,0	757,40 — 15,0	10,00	733,67 — 0	1811,990
»	18	Samedi ...	14,0	753,00 — 14,5	12,00	727,33 — 0	1796,331
»	19	Dimanche.	18,0	751,00 — 20,0	12,00	722,23 — 0	1759,360
»	20	Lundi.....	17,7	760,25 — 14,0	9,00	739,29 — 0	1840,451
»	21	Mardi.....	12,4	765,10 — 13,0	8,00	744,78 — 0	1849,363
»	22	Mercredi..	13,5	770,60 — 14,0	10,00	747,34 — 0	1848,782
»	23	Jeudi	9,2	773,49 — 10,0	7,00	758,63 — 0	1905,157
»	24	Vendredi..	10,4	772,01 — 11,0	7,00	754,33 — 0	1886,323
»	25	Samedi ...	10,8	765,15 — 12,0	7,00	747,02 — 0	1865,604
»	26	Dimanche.	10,2	758,20 — 16,0	4,00	742,94 — 0	1859,154
»	27	Lundi	10,1	745,84 — 16,0	7,00	727,70 — 0	1821,662
»	28	Mardi.....	10,7	745,99 — 14,0	4,00	730,72 — 0	1825,542
»	29	Mercredi..	10,9	746,91 — 13,0	7,00	728,54 — 0	1818,810
»	30	Jeudi.....	10,2	755,17 — 14,0	5,00	738,94 — 0	1849,145
Octobre	1	Vendredi..	10,5	741,35 — 13,0	7,00	723,34 — 0	1808,189
»	2	Samedi ...	10,2	755,17 — 14,0	5,00	738,94 — 0	1849,342
»	3	Dimanche.	10,2	750,87 — 13,0	5,00	735,08 — 0	1839,485
»	4	Lundi.....	10,1	741,35 — 13,0	7,00	723,58 — 0	1811,357
»	5	Mardi.....	10,6	743,92 — 13,0	5,00	727,59 — 0	1818,363
»	6	Mercredi..	10,7	751,18 — 11,0	3,00	737,26 — 0	1841,879
»	7	Jeudi	5,2	753,45 — 9,0	5,00	740,72 — 0	1886,096
»	8	Vendredi..	10,1	758,65 — 11,0	4,00	743,12 — 0	1851,605
»	9	Samedi ...	5,2	759,11 — 7,5	5,00	746,69 — 0	1902,667
»	10	Dimanche.	5,9	759,93 — 6,0	4,00	747,25 — 0	1898,622
»	11	Lundi	10,3	762,47 — 10,0	5,00	746,90 — 0	1868,403
							65974,107

Volume de l'air.............................. $65974^{lit},107$

Poids de l'air.............................. $85316^{gr},840$

Poids excédant de l'acide carbonique............. $493^{gr},549$

Poids total.................... $85810^{gr},389$

Ammoniaque ajoutée...................... $11^{gr},520$

Rapport de l'ammoniaque à l'air.......... $0,00013$

UNE DERNIÈRE REMARQUE SUR LES EFFETS DE L'AMMONIAQUE.

I.

Les deux propositions suivantes résument ce que j'ai dit des effets de l'ammoniaque :

1° A la dose de 0,0002, et surtout à celle de 0,0004, l'ammoniaque ajoutée à l'air exerce une influence extraordinaire sur la végétation;

2° Les plantes venues dans l'air ammoniacal contiennent plus d'azote que celles venues dans l'air pur.

Voici quelques exemples :

En 1850.

PLANTES VENUES DANS

L'AIR PUR.	Azote pour 100.	L'AIR AMMONIACAL.	Azote pour 100.
Colzas....................	1,99	Colzas....................	4,20
Blé......................	1,10	Blé......................	3,77
Seigle...................	1,18	Seigle...................	3,07

En 1851.

	Azote (') pour 100.		Azote (' pour 100.
Soleils................	0,67	Soleils................	1,22

(') Les cendres déduites.

En 1852.

PLANTES VENUES DANS

L'AIR PUR.	Azote (¹) pour 100.	L'AIR AMMONIACAL.	Azote (¹) pour 100.
Colzas d'automne.......	0,94	Colzas d'automne.......	1,08
Paille.................	0,41	Paille.................	0,82
Grains de blé..........	2,16	Grains de blé.........	3,40
Soleils................	0,77	Soleils................	1,64
Premiers colzas d'été ...	1,18	Premiers colzas d'été ...	1,66

On a sans doute remarqué qu'à partir de 1851 les plantes contiennent moins d'azote qu'en 1849 et en 1850. La raison de cet abaissement dans la proportion de l'azote est bien simple. A partir de 1851 on a réduit la dose de l'ammoniaque. En 1850, l'air en contenait 0,041 pour 100, en 1851, 0,036, et seulement 0,015 en 1852.

Même observation pour l'acide carbonique dont la proportion, qui était en 1850 de 5 à 7 pour 100, n'a plus été que de 2 et de 1 pour 100 les années suivantes.

Ainsi, tant qu'on compare les résultats des expériences d'une même année, on trouve que dans l'air pur les récoltes sont plus faibles que dans l'air additionné d'ammoniaque et qu'elles contiennent moins d'azote.

Mais si l'on compare les récoltes de deux années différentes, les résultats perdent leur caractère de simplicité, et il se manifeste des différences.

(¹) Les cendres déduites.

II.

Nous remarquerons d'abord qu'en 1850 la récolte de blé venue dans l'air pur contient 1,10 pour 100 d'azote, alors que la récolte de 1852 obtenue dans l'air additionné d'ammoniaque n'en contient que 0,96 pour 100 (¹).

Cette différence s'explique d'elle-même. En 1850, le blé a été semé au mois de juillet; la saison étant trop avancée pour avoir une végétation régulière, il ne s'est formé qu'une touffe d'herbe et, en définitive, 18 grains ont produit $2^{gr},81$ de récolte dans laquelle l'analyse accuse $0^{gr},031$ d'azote. En 1852, les choses se sont passées bien différemment : le blé a été semé en mars, il a produit un beau chaume et donné du grain. Dans ces nouvelles conditions, 18 grains de semence ont produit $14^{gr},33$ de récolte, dans laquelle il y a $0^{gr},138$ d'azote.

Ainsi, en 1852, il y a eu beaucoup plus d'azote absorbé qu'en 1850; mais la récolte de 1850, dans 100 parties, contient plus d'azote que la récolte de 1852. Cela vient de deux causes : premièrement, de ce que la paille contient moins d'azote que les parties herbacées et que, en 1850, le blé, ayant été semé trop tard, n'a produit qu'une touffe d'herbe et pas du tout de paille; secondement, de ce que la

---

(¹) La paille et les grains étant confondus.

quantité d'azote fournie par les semences étant la même dans les deux cas, et se trouvant répartie dans des poids inégaux de récolte, augmente d'autant plus la proportion d'azote que le poids de la récolte est lui-même plus faible.

En effet, si l'on déduit, dans les deux cas, l'azote de la semence, on trouve que la récolte de 1852 (paille et grains confondus), venue dans l'air additionné d'ammoniaque, contient 0,844 pour 100 d'azote, tandis que celle de 1850, obtenue dans l'air pur, n'en contient que $0^{gr},54$.

III.

En 1852, les colzas d'automne venus dans l'air ammoniacal contiennent 1,08 pour 100 d'azote, alors que les colzas d'été, venus dans les mêmes conditions, en contiennent $1^{gr},66$. Nous avons signalé une différence du même ordre entre les colzas d'automne et les colzas d'été venus dans l'air pur (¹). Dans les deux cas, les colzas semés en été ont produit plus de récolte que les colzas semés en automne et, dans 100 parties, les colzas semés en été contiennent plus d'azote.

La cause de cette différence n'est pas difficile à découvrir, elle tient à ce que les colzas semés en automne ont été repiqués au mois d'octobre et que, sur les six mois que l'expérience a duré, il y en a eu au moins trois pendant lesquels la végétation a été

(¹) *Voir* p. 68.

suspendue à cause du froid; elle tient, de plus, à ce que les mêmes colzas ont fleuri, ce que n'ont pas fait les colzas d'été. Ainsi, dans l'air pur comme dans l'air ammoniacal, la floraison coïncide avec un ralentissement dans l'absorption de l'azote de l'air, ce qui se présente toujours.

IV.

Enfin, si l'on étend la comparaison aux colzas de 1850 venus dans l'air pur, et aux colzas d'été de 1852, venus dans l'air ammoniacal, on trouve que les premiers contiennent 1,99 pour 100 d'azote, et les seconds 1,66.

Mais, d'un autre côté, si l'on compare la totalité des récoltes et la totalité de l'azote qu'elles contiennent, alors la culture en 1852 reprend l'avantage dans une mesure considérable. En effet :

$$\text{Azote.}$$
En 1850, la récolte desséchée à 120° pèse 53^{gr},76 et contient... 1^{gr},070
En 1852, la récolte desséchée à 120° pèse 156^{gr},86 et contient... 2^{gr},372

Ici encore, si la richesse centésimale est moindre c'est parce que l'azote se trouve réparti dans un poids de récolte trois fois plus fort.

J'ai dit déjà (page 72) qu'en 1852 on avait ajouté trop de cendres au sable qui servait à la culture des colzas; j'ai reconnu depuis, par une expérience directe, que cette circonstance suffit pour abaisser beaucoup les rendements, et changer notablement la composition des deux récoltes.

APPAREIL PLUS SIMPLE

POUR DÉMONTRER L'ABSORPTION DE L'AZOTE DE L'AIR
PAR LES PLANTES.

———

Du moment qu'on fait passer l'air sur la pierre ponce imbibée d'acide sulfurique, il n'est pas nécessaire de tenir compte du volume d'air qui traverse la cloche, et si l'on néglige cette donnée, on peut disposer l'appareil beaucoup plus simplement que je ne l'ai fait, et rendre l'expérience moins pénible.

Il suffit, en effet, de prendre une cloche de $0^m,80$ de hauteur sur $0^m,60$ de large, dans laquelle on fait passer un courant d'air au moyen d'un petit ventilateur qui est commandé par une machine électro-magnétique. Six éléments de Bunsen suffisent amplement pour le service du ventilateur. Avant d'entrer dans la cloche, l'air passe sur de la ponce imbibée d'acide sulfurique, puis sur de la ponce imbibée de carbonate de soude pour arrêter l'acide sulfurique entraîné; il faut employer de la ponce en fragments gros comme des noisettes.

Le cresson se prête merveilleusement à ce genre

d'expérience. En deux mois une expérience est terminée. Voici comment il faut la disposer :

On verse dans l'intérieur de la cloche une nappe d'eau distillée de 2 centimètres, on met au milieu de la cloche trois petites cales de brique sur lesquelles on pose un pot qui a 3o centimètres de large et 8 centimètres de profondeur. Le fond du pot est criblé de trous comme une écumoire; il faut que le fond du pot touche à peine la surface de l'eau. On met alors dans le pot une couche de brique en gros fragments, puis, au-dessus de celle-ci, une couche de sable de 4 centimètres d'épaisseur; il faut ajouter au sable 3 grammes de cendres de cresson frittée pour 8oo grammes de sable. On sème alors le cresson. Il faut laisser environ 1 centimètre d'espace entre chaque graine, et il faut tasser à peine le sable dont on recouvre les graines.

Au moyen d'un vase de Mariotte, qui laisse dégoutter de l'acide sulfurique dans une dissolution de bicarbonate de soude, on ajoute un petit excès d'acide carbonique à l'air; on opère le mélange dans le manchon qui est rempli de ponce imbibée de carbonate de soude. Une expérience disposée comme je viens de le dire, mais dans laquelle j'ai continué de produire le courant d'air au moyen d'un aspirateur, a produit les résultats suivants :

Expérience de vérification faite en 1853.

SEMENCES.	DES-séchées à 120°.	AZOTE.	RÉCOLTES.	VERTES.	DES-séchées à 120°.	AZOTE.
	gr	gr		gr	gr	gr
Cresson pot O......	0,308	0,013	Cresson pot O......	60,00	9,394	0,176
Cresson pot + (¹)..	0,355	0,015	Cresson pot +......	42,00	5,446	0,102
Azote de la semence...	0,028		Azote de la récolte...........			0,278
D'où azote absorbé...................... 0gr,250						

(¹) N'ayant pas assez de cendres de cresson pour les deux pots, on a mis de la cendre de choux (5 grammes pour 800 grammes de sable) dans le pot +. La végétation de ce pot a été inférieure à celle du pot O.

Sur la totalité de la récolte, on a choisi les deux plus beaux pieds de cresson, et voici alors comment les phénomènes se présentent :

2 grains de cresson desséchés à 120° pèsent 0gr,0043 et contiennent 0gr,00018 Az.

2 pieds de cresson verts pèsent 2gr,50; desséchés à 120°, 0gr,3630, et contiennent 0gr,00680 Az.

D'où azote absorbé..................... 0gr,0066

Enfin, si l'on cherche le rapport de l'azote de la récolte à celui de la semence, on trouve :

Pot O.. 13,53
Pot +.. 6,80
Deux pieds séparés............................. 37,77

On a fait les semis le 14 juillet, et la récolte le 1er octobre. Les plantes ont fleuri, mais n'ont pas fructifié (¹).

(¹) Voici tous les éléments analytiques de l'expérience :

La graine de cresson employée contient 6,64 pour 100 d'eau et 4,07 pour 100 d'azote.

La récolte du pot O, verte, pèse 60gr,00; desséchée à 100°, 9gr,78.

La récolte du pot +, verte, pèse 42gr,00; desséchée à 100°, 5gr,67.

Desséchée à 100°, la récolte contient 3,95 pour 100 d'eau, 1,80 pour 100 d'azote.

DES RAPPORTS ACADÉMIQUES

DONT LES ÉTUDES QUI PRÉCÈDENT ONT ÉTÉ L'OBJET.

L'origine de l'azote dans les végétaux a été
en France l'objet d'une longue controverse, entre
M. Boussingault et l'auteur de ces études. Après
avoir introduit dans la Science, contrairement aux
opinions de de Saussure, cette donnée nouvelle que
l'azote élémentaire est assimilé par les végétaux et
que, dans cet ordre d'idées, l'azote atmosphérique
joue un rôle de premier ordre dans la nutrition végétale, M. Boussingault, par un revirement d'opinion
dont il a gardé pour lui seul le secret, en vint tout
à coup à défendre la thèse contraire. Il n'a jamais
répudié cependant ses premiers travaux, et il semble
que ses efforts tendent aujourd'hui à concilier les
anciens avec les nouveaux.

Ce n'est pas seulement pour défendre mes travaux
contre des critiques passionnées et sans valeur que je
me livrerai à cette histoire rétrospective, c'est surtout
pour asseoir la première assise de la Science de la
production végétale.

Tant que l'on est pas fixé sur l'origine de l'azote dans les végétaux, sur les formes variables sous lesquelles il est assimilé, sur les sources différentes dont il provient, il est impossible de comprendre, dans la variété de ses manifestations, le travail de la production végétale et de s'élever à une théorie générale, rationnelle et sensée de la production agricole. C'est donc un point qu'il faut mettre en pleine lumière, et il est d'autant plus urgent de le faire qu'on semble avoir pris à tâche d'embrouiller comme à plaisir le sujet. Ce travail, facile au fond, est pourtant infiniment délicat, à cause des questions personnelles qui s'y rattachent. J'ai eu le tort de ne pas présenter dès l'origine une réfutation en règle et détaillée de tout ce que M. Boussingault a écrit là-dessus; de relever, à mesure qu'elles se sont produites, les incroyables variations par lesquelles il a passé; mais mon silence aura eu cependant cet avantage de laisser MURIR la question. Aujourd'hui, on peut l'embrasser dans son ensemble, ce qu'on n'aurait pas pu faire autrefois. Les arguments de circonstance se sont réfutés d'eux-mêmes : la discussion y gagnera en clarté et en précision.

Mais comme anticipation des résultats de cette discussion, je crois dès à présent devoir publier les rapports dont ces recherches ont été l'objet. J'appelle sur eux l'attention toute spéciale des esprits sérieux et indépendants. Comme question de fait, ils y trou-

veront la preuve que mes conclusions sont justes et
légitimes; que, si les questions qui s'y rattachent ont
été obscurcies ou dénaturées par l'esprit d'une coterie
bruyante, qui a toujours réglé ses opinions sur ses
intérêts, le moment est enfin venu de faire la lumière.
La discussion rétrospective que j'annonce ne peut
plus être ajournée. Les questions agricoles ont pris
dans ces derniers temps une importance inattendue.
Cette importance est appelée à grandir tous les jours.
Or, tant que la question de l'azote n'est pas résolue,
il est impossible de comprendre le jeu des influences
qui règlent la production des végétaux et d'asseoir
sur une base certaine une Science d'ensemble com-
prenant les moyens d'exploiter le sol.

Les recherches qui précèdent forment deux séries
distinctes. La première s'étend de 1849 à 1852 (').
Elle a fait l'objet de mes premières publications, qui
embrassent trois questions principales : le dosage de
l'ammoniaque contenu dans l'air; — l'assimilation
de l'azote élémentaire de l'air par les végétaux; —
l'étude des effets produits par une addition d'ammoniaque aux éléments naturels de l'atmosphère (p. 75
et suivantes).

De ces trois questions, la seconde, c'est-à-dire l'as-

(') Ces recherches ont été publiées sous forme d'extraits dans les *Comptes
rendus* de l'Académie des Sciences, 1850, t. XXIX, p. 578; 1852, t. XXXV, p. 464;
1852, t. XXXV, p. 650; 1853, *Recherches expérimentales sur la végétation*.
Petit in-folio, chez Victor Masson; 1854, *Comptes rendus* de l'Académie des
Sciences, t. XXXVIII, p. 705 et 723.

similation de l'azote de l'air, est devenue, au sein de
l'Académie des Sciences, l'objet d'un Rapport de
l'honorable M. Chevreul, portant la parole au nom
d'une Commission composée de MM. Dumas, Regnault, Payen, Peligot, Decaisne. J'appelle très
expressément l'attention du lecteur sur cet important document.

Quand on sait combien les Corps savants soutien-
nent leurs membres contre les dissentiments étran-
gers, ce Rapport acquiert une extrême importance.
S'il n'a pas dit tout ce qu'on aurait pu dire, il prouve
du moins que, lorsqu'on sert la cause de la vérité avec
désintéressement, on obtient des adhésions qui suffisent pour nous faire attendre sans défaillance le jour
de la pleine justice.

RAPPORT DE M. CHEVREUL (¹).

L'Académie nous a chargés, MM. Dumas, Regnault, Payen, Decaisne, Peligot et moi, d'examiner un travail d'après lequel M. Georges Ville a conclu que l'azote élémentaire des plantes ne provient pas seulement de l'ammoniaque que contiennent les engrais, l'atmosphère et les eaux, mais encore de l'azote libre de l'air. Ce simple énoncé fait sentir l'importance du sujet que M. Ville a traité, et l'opinion contraire à la sienne professée par des savants distingués en accroît encore l'intérêt.

S'il était nécessaire de montrer les difficultés de travaux dont l'objet se rattache à la question de l'origine de l'azote dans les végétaux, il suffirait de rappeler sans doute le résumé rapide de ces travaux, soit que leurs auteurs aient recherché directement cette origine, ou qu'ils ne s'en soient occupés qu'à l'occasion de travaux entrepris dans un tout autre but.

Priestley, en soumettant des plantes au contact de différents gaz, crut observer l'absorption de l'azote par quelques-unes, et principalement par l'*Epilobium hirsutum* (²) (1779). Priestley avait reconnu, dès le 17 d'août 1771, qu'une menthe rétablit la pureté de l'air qui a été vicié par la combustion d'une bougie ou la respiration (³); mais il n'avait pas observé la nécessité de la lumière solaire pour que cette purification ait lieu. Ce fut Ingenhousz qui la reconnut en 1779, et, comme Priestley, il pensa que les plantes absorbent le gaz azote avec lequel on les met en contact.

Mais Théodore de Saussure, dans ses nombreuses recherches sur la végétation, n'ayant jamais observé cette absorption, combattit l'opinion de Priestley, comme au reste l'avaient fait déjà Senebier et Woodhouse.

Théodore de Saussure attribua l'origine de l'azote des végétaux à l'ammoniaque des engrais, de l'air, des eaux, et à celui d'autres composés azotés solubles; il fit, de plus, la remarque importante que les

---

(¹) *Comptes rendus* de l'Académie des Sciences, t. XLI, p. 757; 1855.

(²) *Expériences et observations sur différentes branches de la Physique*, t. II, p. 84, et t. III, p. 8. (Traduction de GIBELIN.)

(³) *Expériences et observations sur différentes espèces d'air*, t. I, p. 63, 111, etc.

plantes qui végètent dans une atmosphère non renouvelée, à l'aide
d'une petite quantité d'eau pure, n'acquièrent pas d'azote; seulement
les parties qui se développent dans cette condition absorbent l'azote
des parties qui s'étaient formées antérieurement à l'expérience ([1]).

M. Boussingault présenta à l'Académie, le 22 de janvier 1838, un
Mémoire dont l'objet était de démontrer que l'azote de l'air peut
être ASSIMILÉ AUX PLANTES DURANT LA VÉGÉTATION.

Il fit deux séries d'expériences sur le trèfle. Dans la première série,
les plantes végétaient dans du sable calciné humecté que contenaient
des vases de porcelaine déposés dans un pavillon situé à l'extrémité
d'un grand jardin.

Après une végétation de trois mois, le poids de la récolte sèche et
privée de cendre était $4^{gr},106$; le poids des semences privées de
cendre était $1^{gr},586$. Donc la semence était à la récolte :: 1 : $2^{gr},59$.
La quantité d'azote de la récolte surpassait celle de l'azote des semences de $0^{gr},042$.

M. Boussingault, craignant que l'on n'attribuât l'excès de l'azote
à des poussières transmises au trèfle par l'air, et qui auraient agi
comme un engrais azoté, procéda à la seconde série d'expériences. Il
opéra dans un appareil muni d'un aspirateur, où les poussières s'ar-
rêtaient avant d'arriver à la cloche. La végétation ne dura que le
mois d'octobre. Cette fois, l'excès de l'azote de la récolte sur celui
de la semence ne fut que de $0^{gr},008$; mais M. Boussingault considéra
ce résultat comme confirmatif du premier.

Dans un second Mémoire, M. Boussingault fit voir que les pois se
comportaient comme le trèfle.

M. Liebig, de 1839 à 1840, n'admit pas la fixation de l'azote de
l'air par les plantes : conformément à l'opinion de Th. de Saussure, il
considéra l'ammoniaque comme la source de l'azote dans les végétaux. Évidemment, à ses yeux, ce composé est, pour la source de
l'azote, ce que l'acide carbonique est pour celle du carbone.

De 1851 à 1855, M. Boussingault se livra à de nouvelles expériences
sur l'origine de l'azote dans les végétaux, et cette fois il conclut que
les plantes n'augmentent point la quantité d'azote de leurs semences,
lorsqu'elles se développent dans des atmosphères confinées desquelles
l'ammoniaque et les engrais azotés sont exclus. En définitive, il revient
à l'opinion de Th. de Saussure et de Liebig. Voici le résumé de ces
deux derniers Mémoires.

Premier Mémoire ([2]). — Il décrit un appareil où une plante vit

---

([1]) *Recherches sur la végétation*, p. 207.
([2]) *Annales de Chimie et de Physique*, 3ᵉ série, t. XLI, p. 5.

dans une atmosphère qui n'est pas renouvelée. Il insiste sur la nécessité, pour déterminer la quantité d'azote, de soumettre la récolte entière à l'analyse. Il fait remarquer qu'il a toujours obtenu un nombre de plantes égal au nombre de graines qu'il a semées.

Il conclut d'une première série de deux expériences faites en 1851, d'une deuxième série de trois expériences faites en 1852, et d'une troisième série de huit expériences faites en 1853, que le gaz azote n'a pas été assimilé pendant la végétation des haricots, de l'avoine, du cresson et des lupins.

Second Mémoire ([1]). — M. Boussingault décrit une expérience dont le but est de démontrer que la végétation d'une plante peut être normale dans une atmosphère limitée, lorsque le sol renferme les éléments nécessaires à la végétation.

Enfin il recherche si, dans une atmosphère continuellement renouvelée, il y a fixation du gaz azote. Il expose les précautions qu'il a prises, le choix du sol et des cendres, la purification de l'air et de l'acide carbonique, la pureté de l'eau, etc.

Il conclut, d'après sept expériences faites sur le lupin, les haricots nains, le cresson alénois, qu'il n'y a pas eu fixation de gaz azote.

M. G. Ville commença ses recherches sur l'origine de l'azote des plantes à partir de l'année 1849, et depuis il n'a pas cessé de s'en occuper.

En 1850, en annonçant à l'Académie qu'il avait obtenu une belle végétation dans un sol stérile, il insista sur la probabilité de la fixation de l'azote par les végétaux pour former leurs principes immédiats organiques quaternaires, et il invita les savants que ce sujet intéresse à venir voir, dans le jardin des Carmes, deux appareils servant à des expériences comparatives.

Des plantes végétaient dans une cage vitrée où l'air atmosphérique parvenait au moyen d'un aspirateur, mêlé de 3 à 4 d'acide carbonique pour 100.

Un second appareil, absolument semblable au premier et placé à côté, mais ne renfermant pas de plantes, servait à doser l'ammoniaque de l'atmosphère qui parvenait à la cloche, et donnait par conséquent celle qui était parvenue aux plantes de la première cage.

Eh bien, en ajoutant l'azote de cette ammoniaque à l'azote contenu dans les semences avant leur germination, on avait une quantité inférieure à celle de l'azote des plantes provenues de ces semences. Donc

---

([1]) *Annales de Chimie et de Physique*, 3ᵉ série, t. XLIII, p. 149.

l'excès de ce dernier provenait de l'azote qui avait pénétré dans la cage à l'état d'air atmosphérique.

L'expérience dont nous parlons dura un an; mais l'auteur n'en communiqua les résultats à l'Académie qu'en 1852, après les avoir constatés dans un appareil monté à Grenelle, où cette fois l'air ne pénétrait dans la cage vitrée où se trouvaient les semences mises en expérience qu'après avoir perdu son ammoniaque.

M. Ville publia, en 1853, ses expériences dans un petit Volume in-folio, avec les plus grands détails.

Dans une première partie, il décrit ses expériences pour le dosage de l'ammoniaque de l'air.

Dans une seconde, il décrit celles qui ont trait à la fixation de l'azote atmosphérique par les plantes.

Une troisième et une quatrième partie sont consacrées à l'influence des vapeurs de sous-carbonate d'ammoniaque sur la végétation, et de son emploi dans les serres.

Enfin un Appendice renferme tout ce qui concerne la construction des appareils, ainsi que les méthodes et les procédés qu'il a suivis.

En définitive, M. Ville conclut :

1° Que, dans une atmosphère stagnante, la quantité d'azote d'une récolte ne présente au plus que l'azote des semences.

En cela il partage l'opinion de Th. de Saussure et de M. Boussingault lui-même.

2° Mais qu'en opérant le développement des semences dans une cage vitrée plus ou moins grande, où l'air, privé d'ammoniaque, se renouvelle lentement après avoir reçu 2 volumes de gaz acide carbonique environ pour 98 volumes d'air, le résultat diffère tout à fait du précédent; car, dans le premier cas, le poids de la semence est à celui de la récolte séchée :: 1 : 1,5 : 3,1, tandis que dans le second il peut être :: 1 : 40 et plus.

Comme nous l'avons vu, M. Boussingault ayant communiqué à l'Académie de 1851 à 1853 des recherches dans lesquelles il concluait, contrairement à l'opinion de M. Ville, que les plantes ne fixent pas le gaz azote de l'atmosphère, ce jeune savant présenta à l'Académie une Note dans laquelle il combattait, à son tour, l'opinion de M. Boussingault en s'appuyant sur de nouveaux faits, notamment sur celui de l'identité de poids des récoltes obtenues en faisant usage, d'une part, d'eau distillée dépourvue d'azote, et, d'une autre part, de l'eau de pluie. Il offrit à l'Académie de répéter ses expériences devant une Commission qu'elle nommerait.

La Commission à laquelle le travail de M. Ville fut renvoyé se décida à suivre une expérience que M. Ville ferait au Muséum d'Histoire naturelle, assisté de M. Cloëz, préparateur du cours de Chimie appliquée aux corps organiques. Elle prit toutes les précautions qu'elle jugea nécessaires pour qu'on pût connaître la vérité. Mais dans une expérience aussi compliquée, qui s'est prolongée des mois entiers en plein air, et où les circonstances ont été les moins favorables à cause de variations fréquentes de température, des vents et de violents orages, il ne faudra pas s'étonner de ce que ce Rapport pourra laisser à désirer sur quelques points : quoi qu'il en soit, rien, absolument rien de ce qui s'est passé ne sera dissimulé.

L'appareil que M. G. Ville monta au Muséum ressemblait à celui qu'il a décrit dans son Ouvrage.

Une cage de verre de 150 litres de capacité recevait trois pots de terre cuite percés de trous. Le fond de chacun d'eux était garni de gros fragments de brique recouverte d'une couche de sable d'Étampes, faute de sable de Fontainebleau, qui est le plus convenable à l'expérience.

Dans ce sable on mit un nombre déterminé de graines de cresson. Les pots étaient placés au-dessus d'une couche d'eau qui, par capillarité, pénétrait le sable.

La cage de verre communiquait d'une part avec un aspirateur de 500 litres, et d'une autre part avec l'air de l'atmosphère et un réservoir de gaz acide carbonique. Mais l'air n'arrivait pas directement dans la cage, il passait dans deux flacons remplis d'acide sulfurique concentré, puis dans deux flacons remplis de ponce imprégnée d'acide sulfurique concentré; enfin dans deux flacons de carbonate de soude. C'est à sa sortie de ces flacons qu'il recevait 2 volumes de gaz acide carbonique pour 98 volumes d'air.

L'air, en vingt-quatre heures, se renouvelait huit fois dans l'appareil.

L'eau distillée dont le sable était humecté fut essayée, comme nous le verrons, avant et après l'expérience. Elle provenait du Laboratoire du Muséum, elle avait été préparée par M. Cloëz.

Les pots, les fragments de brique et le sable, après avoir été rougis, subirent un examen avant d'être introduits dans la cloche, afin de savoir s'ils contenaient de l'ammoniaque. 40 grammes chauffés avec la *chaux sodée* n'en donnèrent pas sensiblement à l'acide sulfurique dilué normal.

Enfin, on ajouta au sable des cendres de graines de cresson.

Avant d'exposer les résultats de l'expérience commencée le 4 d'août 1854 et terminée le 12 d'octobre de la même année, nous dirons quelques mots d'une expérience préalable, à la date du 18 de juillet, qu'un accident arrêta douze jours après.

Le 18 de juillet, on mit dans la cage vitrée quatre pots avec des graines de cresson. Ces pots reposaient sur une feuille de plomb

placée au fond de la cage. Cette feuille avait été enduite d'une couche
de blanc de zinc à l'huile de lin additionnée d'un siccatif et d'essence
de térébenthine. Malheureusement, celle-ci n'étant pas complètement
évaporée, il se produisit dans l'atmosphère de la cage une quantité de
vapeur suffisante pour empêcher la germination de la plupart des
graines et pour tuer celles qui commencèrent à germer.

Nous nous assurâmes, par une expérience directe, qu'en mettant
dans une atmosphère limitée un chiffon imprégné de quelques gouttes
d'essence de térébenthine, on empêche la germination, et l'on tue des
graines qui viennent de germer. Nous en fîmes l'expérience, et depuis
nous avons trouvé que Huber, de Genève, avait déjà observé le même
fait ([1]).

Pour remédier à cet accident, on enleva la feuille de plomb, et sur
le fond même de fer-blanc de la cage on appliqua une couche de cire
fondue avec de l'huile de lin additionnée de litharge, puis on coula
dessus successivement jusqu'à cinq couches de cire blanche pesant
ensemble 3 kilogrammes. Malheureusement il se manifesta durant
l'expérience, dans l'eau qui était en contact avec les matières grasses
du fond de la cage, une odeur sensible de rance et un goût amer qui
persistèrent jusqu'à la fin de l'expérience, quoique M. G. Ville rem-
plaçât cette eau à diverses époques de l'expérience, comme nous allons
le voir. Toutes les eaux qui sortirent de la cloche furent conservées
pour être examinées à la fin de l'expérience.

4 d'août. — On met dans la cage vitrée trois pots : un grand n° 1
et deux autres petits n°s 2 et 3.

Le n° 1, outre les fragments de brique qui étaient au fond, reçut
2000 grammes de sable d'Étampes et 6 grammes de cendre de graines
de cresson. On y sema 158 graines de cresson pesant 0^{gr},319 et représentant 0^{gr},0099 d'azote.

Le n° 2, disposé comme le précédent, reçut 500 grammes de
sable et 2 grammes de cendre. On y sema 60 graines de cresson
pesant 0^{gr},124 et représentant 0^{gr},0038 d'azote.

Le n° 3, disposé comme les précédents, reçut 500 grammes de
sable et 2 grammes de cendre. On y sema 60 graines de cresson pesant
0^{gr},1275 et représentant 0^{gr},0039 d'azote.

7. Germination d'un grand nombre de graines.

8. Extraction de l'eau de la cage de verre au moyen d'un robinet
placé au fond de la cage. — Introduction de nouvelle eau distillée.

([1]) Mémoires sur l'influence de l'air et de diverses substances gazeuses dans
la germination de différentes graines, par F. Huber et J. Senebier, page 99.
(Paschoud, à Genève, 1801.)

9 et 10. Renouvellement de l'eau dans la cage. — Addition de 1 gramme de cendre de graines de cresson, et renouvellement de l'eau.

11. On ouvre la cage afin d'enfoncer un peu le pot n° 1, et relever légèrement les pots n°ˢ 2 et 3. On ajoute du sable sec.

La germination est satisfaisante, mais elle est plus belle dans les pots n°ˢ 2 et 3 que dans le pot n° 1. — Renouvellement de l'eau.

14. Renouvellement de l'eau.

16. Renouvellement de l'eau.

17. Renouvellement de l'eau.

19. Renouvellement de l'eau. — La cloche est ouverte, les feuilles inférieures commencent à jaunir sur plusieurs pieds.

21. Végétation meilleure dans les pots n°ˢ 2 et 3 que dans le pot n° 1.

26. Renouvellement de l'eau. — Plantes du n° 1, souffrantes; — plantes du n° 2, très belles; — plantes du n° 3, belles.

4 de septembre. — Plantes du n° 1, elles vont très mal; — plantes du n° 2, très belles, commencent à monter; — plantes du n° 3, médiocres.

13 de septembre. — Renouvellement de l'eau pour la dixième et dernière fois. — Plantes du n° 1, végétation manquée; — plantes du n° 2, floraison très belle; — plantes du n° 3, floraison médiocre.

14 de septembre. — Plantes du n° 1, quelques fleurs; — plantes du n° 2, les graines commencent à se former; — plantes du n° 3, floraison assez générale.

8 d'octobre. — La végétation est à sa fin dans les plantes les mieux venues.

12 d'octobre. — On met fin à l'expérience.

Pour ne pas interrompre le récit des phénomènes qui apparurent dans la cage vitrée, nous n'avons pas parlé d'une seconde expérience dont l'idée fut suggérée à M. G. Ville par l'un de nous, M. Peligot. Cette idée était d'interposer entre la cage et l'appareil d'aspiration une cloche de 25 litres environ avec un pot de graines de cresson n° 4.

Le 30 d'août, on posa sur une plaque de zinc, portée par une petite table, un vase renfermant un litre ½ d'eau distillée, qui ne communiquait avec l'atmosphère que par un tube de verre dont l'extrémité, tirée à la lampe, était courbée et renversée. L'eau du vase arrivait au pot n° 4 disposé comme les pots précédents, n°ˢ 1, 2 et 3. Sur les fragments de brique il y avait 700 grammes de sable avec 2 grammes de cendre de cresson, dans lequel on sema 100 graines de cette même plante, pesant 0ᵍʳ,206, et représentant 0ᵍʳ,0063 d'azote. On recouvrit le pot d'une cloche de verre de 25 litres environ de capacité, et celle-ci fut fixée à demeure sur la plaque de zinc au moyen du mastic de fontainier, de sorte que, jusqu'au 17 d'octobre, terme de l'expérience, l'intérieur de la cloche ne fut point en communication avec l'atmosphère extérieure autrement que par l'air de la cage vitrée, et cet air, avant d'y parvenir, avait passé dans un flacon d'acide sulfurique hydraté concentré et dans un flacon de carbonate de soude.

Le 5 de septembre, M. G. Ville plaça une seconde cloche, recouvrant un pot de sable ensemencé, après la cloche du pot n° 4. Un accident, arrivé le 18 de septembre, ayant interrompu cette troisième expérience, nous n'en reparlerons plus.

Nous revenons à la végétation des grains du pot n° 4, placé sous la cloche de verre le 30 d'août.

4 de septembre. — Les graines vont bien, la plupart commencent à germer.

9 de septembre. — Végétation uniforme satisfaisante.

13 de septembre. — Les feuilles se développent bien.

30 de septembre. — A partir de la germination, la végétation, dans les quinze premiers jours, a été très active; depuis lors elle s'est ralentie, les cotylédons et les premières feuilles ont jauni.

3 d'octobre. — La végétation a repris de l'activité; les plantes se disposent à monter.

17 d'octobre. — Les plantes montent en fleur.

Là on arrête l'expérience.

Nous ne parlerons de ses résultats qu'après avoir donné ceux de la première expérience.

RÉSULTATS DE L'EXPÉRIENCE FAITE DANS LA CAGE VITRÉE.

Récolte du pot n° 1. — Cette récolte était très inégale; une plante avait $0^m,1$ de hauteur avec deux graines, tandis que la grandeur des autres plantes n'était que de $0^m,02$ à $0^m,04$.

Les racines, en s'échappant dans l'eau par les trous du pot, s'y étaient excessivement ramifiées en formant ce qu'on appelle la *queue de renard*.

La récolte séchée dans le vide sec pesait $2^{gr},242$; elle représentait $0^{gr},0097$ d'azote.

Or, comme les semences en contenaient $0^{gr},0099$, on doit en conclure qu'il n'y a pas eu d'azote fixé dans les plantes, sauf celui des semences.

Ce résultat est remarquable en ce que le poids des semences est à celui de la récolte sèche :: 1 : 7.

Récolte du pot n° 2. — Cette récolte était plus uniforme et bien plus belle que la précédente.

Séchée dans le vide sec, elle pesait 6^{gr},021; conséquemment, le poids de la semence étant 1, celui de la récolte sèche était de 48,5.

$$
\begin{aligned}
\text{La récolte contenant} &\dots\dots\dots\dots \quad 0,\!0530 \text{ d'azote} \\
\text{Et les semences} &\dots\dots\dots\dots\dots \quad 0,\!0038 \\
\hline
&\qquad\qquad\qquad 0,\!0492
\end{aligned}
$$

il s'ensuit que les plantes avaient gagné 0^{gr},0492 d'azote.

Récolte du pot n° 3. — Cette récolte, quoique supérieure à celle du n° 1, était bien inférieure à la récolte du n° 2. En effet, séchée dans le vide, elle pesait 1^{gr},506; conséquemment, le poids de la semence étant 1, celui de la récolte était de 12.

$$
\begin{aligned}
\text{La récolte contenant} &\dots\dots\dots\dots \quad 0,\!0110 \text{ d'azote} \\
\text{Et les semences} &\dots\dots\dots\dots\dots \quad 0,\!0039 \\
\hline
&\qquad\qquad\qquad 0,\!0071
\end{aligned}
$$

il s'ensuit que les plantes avaient gagné 0^{gr},0071 d'azote.

Nous rappelons que avant l'expérience, les pots, les briques et le sable d'Étampes avaient été rougis au feu, et qu'on s'était assuré, avant de les introduire dans la cage vitrée et dans la cloche, qu'ils ne contenaient pas d'ammoniaque, du moins en chauffant 40 grammes de chacune de ces matières dans un tube avec de la *chaux sodée* et en recevant le produit dans de l'acide sulfurique dilué normal.

On se rappelle que toutes les eaux qui avaient séjourné dans la cage vitrée, réunies, représentaient 60 litres, et qu'on avait mis en réserve une quantité notable de l'eau distillée qui devait servir à l'expérience, afin d'examiner comparativement et en même temps après l'expérience ces deux portions d'eau.

Il avait été convenu que M. Peligot déterminerait la quantité d'ammoniaque qu'elles contenaient respectivement, dans son laboratoire du Conservatoire, et qu'on lui porterait les résidus obtenus de l'évaporation de 12 litres de chacune des eaux faite dans le laboratoire du Muséum, par M. Cloëz, auxquels 12 litres on avait ajouté avant l'évaporation 1 gramme d'acide oxalique.

Les évaporations durèrent, l'une quatre jours et l'autre trois jours. Elles furent commencées par M. Cloëz et M. Stoësner, préparateur de M. Ville. Malheureusement, M. Cloëz, ayant appris que son père était gravement malade, partit pour Lille, et c'est durant son absence que des jeunes gens qui travaillaient dans le laboratoire du Jardin des Plantes évaporèrent des liqueurs ammoniacales provenant de préparations de nickel. Les résidus des deux évaporations données à M. Peligot contenaient par litre :

$$
\begin{aligned}
1° \text{ L'eau distillée, } \textit{avant } \text{l'expérience} &\dots\dots \quad 0,\!0038 \\
2° \text{ L'eau distillée, } \textit{après } \text{l'expérience} &\dots\dots \quad 0,\!0013
\end{aligned}
$$

Dans l'intérêt de la vérité, nous rapportons en note une lettre dans laquelle M. Cloëz rend compte de cet incident à l'un de nous, M. Chevreul.

Quoi qu'il en soit, deux évaporations de 10 litres chacune des eaux furent faites au feu de charbon de bois à l'École Polytechnique par M. Cloëz.

Et deux nouvelles évaporations furent faites à la flamme du gaz par M. Cloëz, dans le laboratoire de M. Ville, à Grenelle, à l'aide d'un appareil tel que la capsule évaporatoire était à l'abri des poussières; le volume de chacun des liquides évaporés était de 5 litres.

L'azote des résidus de ces nouvelles évaporations fut déterminé par M. Peligot.

Résidus des eaux évaporées au feu de charbon de bois, à l'École Polytechnique, par M. Cloëz :

$$
\begin{array}{lr}
 & \text{gr} \\
\text{Eau distillée, } \textit{après} \text{ l'expérience} \ldots\ldots\ldots & 0,00130 \\
\text{Eau distillée, } \textit{avant} \text{ l'expérience} \ldots\ldots\ldots & 0,00066 \\
\hline
\text{Excès d'azote dans l'eau de la cage vitrée .} & 0,00064
\end{array}
$$

Résidus des eaux évaporées à la flamme du gaz, dans le laboratoire de M. G. Ville, par M. Cloëz :

$$
\begin{array}{lr}
 & \text{gr} \\
\text{Eau distillée, } \textit{après} \text{ l'expérience} \ldots\ldots & 0,000520 \\
\text{Eau distillée, } \textit{avant} \text{ l'expérience} \ldots\ldots & 0,000087 \\
\hline
\text{Excès d'azote dans l'eau de la cage vitrée.} & 0,000433
\end{array}
$$

Les eaux qui avaient séjourné dans la cage vitrée et l'eau distillée, réservée pour l'examiner comparativement avec elles, avaient été mises respectivement dans des flacons bouchés et scellés avec un cachet de cire.

RÉSULTATS ET CONSÉQUENCES DE L'EXPÉRIENCE FAITE DANS LA CAGE VITRÉE.

En multipliant par 60 la quantité d'azote de 1 litre d'eau, nous aurons celle que contenaient, avant et après l'expérience, les 60 litres employés à cette expérience.

D'après le résultat donné par les évaporations faites au laboratoire du Muséum, on a :

$$
\begin{array}{lr}
 & \text{gr} \\
\textit{Avant} \text{ l'expérience} \ldots\ldots\ldots\ldots\ldots & 0,228 \\
\textit{Après} \text{ l'expérience} \ldots\ldots\ldots \ldots\ldots\ldots & 0,078 \\
\hline
 & 0,150
\end{array}
$$

La différence $0^{gr},150$ suffirait pour expliquer l'augmentation de l'azote dans la récolte, puisque celle-ci n'a été, pour l'ensemble des récoltes des pots n° 2 et n° 3, que de 0^{gr},0563.

Mais les résultats sont contraires si l'on admet les déterminations faites au charbon et au gaz, puisque l'eau, *après l'expérience,* contenait plus d'ammoniaque qu'elle n'en contenait auparavant (*voir* p. 220).

Voilà les résultats et les conséquences de l'expérience, telle qu'elle a été faite dans la cage vitrée.

Passons à ceux de l'expérience faite dans la cloche de verre.

RÉSULTATS ET CONSÉQUENCES DE L'EXPÉRIENCE FAITE DANS LA CLOCHE DE VERRE.

Nous avons vu que, le 30 d'août, on commença une seconde expérience dans une cloche de verre placée entre la cage de verre et l'aspirateur.

Dans 700 grammes de sable d'Étampes, préalablement calciné et additionné de 2 grammes de cendre de cresson, on sema 100 grains de cette plante, pesant 0^{gr},206 et représentant 0^{gr},0063 d'azote. L'eau qui a humecté le sable s'élevait à 1 litre et demi.

La cloche de 25 litres qui couvrait le pot, lutée sur une plaque de zinc avec du mastic de fontainier, comme nous l'avons dit, ne fut enlevée que le 17 d'octobre, époque où les plantes avaient monté en fleur. L'eau ne fut pas renouvelée durant l'expérience; elle arrivait dans la terrine d'un réservoir placé hors de la cloche, comme nous l'avons dit.

Quels ont été les résultats de cette expérience?

Les voici :

La récolte, représentée par 91 plantes séchées dans le vide, pesait, avec les débris des graines non germées, 3^{gr},599; elle était donc au poids des semences comme 17,47 : 1.

$$\text{Elle contenait} \dots \dots \dots \dots \text{0,0350 d'azote}$$
$$\text{Les semences en contenaient} \dots \dots \text{0,0063}$$
$$\text{Donc, excès d'azote} \dots \dots \dots \text{0,0287 dans la récolte}$$

Maintenant, portons les choses à l'extrême : supposons que le litre et demi d'eau distillée contenait, *avant* et *après* l'expérience, les quantités d'ammoniaque trouvées en premier lieu dans l'eau qui avait servi à l'expérience de la cage vitrée : elle devait, conformément à cette supposition, contenir :

$$\text{Avant l'expérience} \dots \dots \dots \text{0,0057 d'azote}$$
$$\text{Après l'expérience} \dots \dots \dots \text{0,0020}$$
$$\text{0,0037}$$

Toujours, conséquemment à la supposition, l'eau aurait cédé à la plante o^{gr},0037 d'azote; dès lors, diminuant cette quantité de l'azote de la récolte, il en reste un excès de o^{gr},0250. Conséquemment, l'azote des semences sera à celui de la récolte, abstraction faite de l'ammoniaque de l'eau, comme 1 : 3,97, c'est-à-dire, en nombre rond, comme 1 : 4.

Il n'est pas inutile de faire remarquer que si le rapport de la récolte à la semence a été dans la cloche de 17,5 à 1, tandis que la récolte du n° 2, placée dans la cage vitrée, a donné le rapport de 48,5 à 1, la différence tient, en grande partie du moins, à ce que la durée de l'expérience faite dans la cloche a été du 30 d'août au 17 d'octobre, tandis que celle de l'expérience faite dans la cage vitrée a été du 4 d'août au 12 d'octobre.

Il n'est pas inutile encore de rappeler que dans la récolte du n° 1, de la cage vitrée, où il n'y a pas eu augmentation d'azote, le poids de la récolte était à celui de la semence comme 7 : 1.

Enfin, nous dirons à ceux qui admettraient que, dans l'expérience de la cage vitrée, l'eau n'a point exercé d'influence pour augmenter le poids de l'azote des récoltes des pots n° 3 et n° 2 :

1° Que dans la récolte du n° 3, qui était au poids de la semence comme 12 : 1,

Le poids de l'azote de la semence était à celui de la récolte comme 1 : 2,81 :

L'azote en excès à celui de la semence était donc comme 1,81 : 1;

2° Que dans la récolte du pot n° 2, qui était au poids de la semence comme 48,5 : 1,

Le poids de l'azote de la semence était à celui de la récolte comme 1 : 13,95 :

L'azote en excès à celui de la semence était donc comme 12,95 : 1;

3° Que dans la récolte du pot n° 4, qui était au poids de la semence comme 17,47 : 1,

Le poids de l'azote de la semence était à celui de la récolte comme 1 : 5,55;

L'azote en excès à celui de la semence était donc comme 4,55 : 1.

RÉFLEXIONS GÉNÉRALES.

Quelques réflexions ne seront point déplacées sur la manière de conduire les expériences auxquelles on soumet des corps vivants avec l'intention de découvrir la cause des phénomènes par lesquels ils se distinguent des corps bruts; car, plus ce sujet de recherches est intéressant, plus il importe d'insister sur des difficultés qui tendent à éloigner l'expérimentateur de la vérité, but constant de ses efforts.

La première règle à observer, dans toute recherche de ce genre, est que les conditions dans lesquelles on placera les corps vivants soumis à l'expérience ne troublent que le moins possible les fonctions qu'ils exécutent dans les circonstances ordinaires de leur vie ; autrement le résultat des expériences ne pourrait être considéré comme définitif.

Par exemple, pour ne pas sortir du sujet qui nous occupe, tel est le résultat des expériences faites dans des atmosphères limitées où l'on suit la végétation depuis la germination jusqu'à la fructification. Évidemment, si une graine dans une végétation normale donne une récolte sèche dont le poids peut être cent, deux cents, trois cents... fois plus grand que le sien (¹), IL NE SERA PAS PERMIS DE CONCLURE DU CAS OU LE POIDS DE LA RÉCOLTE NE DÉPASSERA CELUI DE LA GRAINE QUE DE 1, DE 2, DE 3, DE 4,... AU CAS OU LA VÉGÉTATION S'ACCOMPLIT DANS DES CIRCONSTANCES ORDINAIRES ; OR, C'EST PRÉCISÉMENT CE QUI ARRIVE LORSQUE LA GERMINATION S'OPÈRE DANS DU SABLE CALCINÉ ET DANS DES VAISSEAUX OU, L'AIR NE SE RENOUVELANT PAS, LES CIRCONSTANCES SONT SI DIFFÉRENTES DE CELLES OU SE TROUVENT LES PLANTES VÉGÉTANT A L'AIR LIBRE.

Pour bien apprécier les choses, suivons la végétation dans des circonstances diverses où elle peut s'opérer en agriculture, et de là il sera possible de déduire des conséquences propres à éclairer la théorie de ce qui se passe dans les deux cas que nous avons distingués, quant à la manière de résoudre par l'expérience la question de savoir si l'azote gazeux de l'atmosphère concourt à augmenter le poids des plantes.

Ces deux cas, nous les rappelons :

Le *premier* concerne des plantes placées dans une atmosphère très limitée qu'on ne renouvelle pas.

Le *second* concerne des plantes placées dans une atmosphère qui se renouvelle et qui, en outre, renferme proportionnellement plus d'acide carbonique que l'atmosphère.

CIRCONSTANCES DIVERSES OU LA VÉGÉTATION PEUT S'OPÉRER EN AGRICULTURE.

A. *Considération de l'étendue du terrain où plongent les racines.* — La capacité du sol, relativement aux racines des plantes qui

---

(¹) Le marquis de Turbilly a constaté que 1 grain de seigle qui avait germé dans une ancienne fourmillière a donné 1440 grains de seigle très beaux (*Mémoire sur les défrichements*, pages 217 et 218).

doivent s'y développer, est-elle sans influence sur ce développement?
On ne peut le penser quand on se rappelle l'ingénieuse expérience de
Tulle, prescrite pour juger l'étendue de terrain nécessaire au déve-
loppement d'une plante, expérience que Duhamel du Monceau a
trouvée assez importante pour l'exposer au commencement de ses
Éléments d'Agriculture.

Qu'on se représente une ligne de turneps dont les graines avaient
été semées à $1^m,33$ environ de distance l'une de l'autre, dans un
espace triangulaire faisant partie d'une terre en friche, espace qui
avait été soigneusement défoncé avant l'ensemencement, et que la
ligne de turneps partageait en deux moitiés. Après le développement
des turneps, on les arracha de terre, et l'on vit qu'à partir de la
pointe du triangle, ils augmentaient progressivement de grosseur
jusqu'au huitième inclusivement, et que de là jusqu'au dernier ils
étaient égaux au huitième. On en conclut qu'un cercle de $1^m,33$ de
diamètre représentait l'espace nécessaire au développement normal
des turneps, parce que le milieu du huitième turneps était éloigné
de $0^m,665$ de chacun des deux grands côtés du triangle du terrain
défoncé, et que les turneps qui s'étaient développés dans un cercle
plus grand n'étaient pas plus volumineux que le huitième.

Quand on fait végéter des plantes, il n'est donc pas indifférent de
savoir l'étendue nécessaire à l'extension de leurs racines pour que
celles-ci soient dans les conditions les plus favorables possibles à leur
développement.

B. *Considération du milieu aérien où la plante se développe.* —
Si la masse d'une plante est toujours considérable relativement au
poids des particules gazeuses qui sont en contact avec elle, ces particules, pouvant se renouveler, sont dès lors dans le cas de fournir à
la plante des corps susceptibles de concourir à l'accroissement de son
poids, tels que de l'oxygène, du gaz acide carbonique, des vapeurs
ammoniacales et toute autre matière susceptible de s'y assimiler. Sous
ce rapport, la masse d'atmosphère qui peut se renouveler à l'égard
d'une plante étant pour ainsi dire indéfinie, on voit combien la condition de cette plante dans l'atmosphère libre est avantageuse à son
développement.

Si, de la considération de la matière que le milieu aérien où croît
la plante peut lui céder pour en accroître le poids, nous passons à
l'examen de l'influence physique que ce milieu peut exercer sur elle,
nous arrivons à des résultats qui n'en sont pas moins intéressants.

1° L'atmosphère libre, en touchant la feuille, détermine l'évaporation d'une partie de l'eau des sucs qui s'y sont rendus ; dès lors la sève
se concentre dans ces organes si nécessaires à la vie du végétal, et la

transpiration, appelant la sève dans les feuilles, favorise le jeu des racines puisant dans le sol la matière nutritive.

2° La lumière solaire est nécessaire à la vie végétale; c'est par elle que les plantes émettent de l'oxygène au dehors, en même temps qu'elles fixent du carbonate et les éléments de l'eau pour constituer des principes immédiats. Mais si la lumière a tant d'efficacité pour produire ces effets, il ne faut pas que la plante soit exposée à une chaleur trop élevée. Eh bien, l'atmosphère en mouvement, facilitant la formation de la vapeur d'eau, devient une cause de refroidissement; en outre, elle agit encore comme telle en s'échauffant aux dépens du sol, de la tige de la plante et des feuilles, indépendamment de toute évaporation. Le mouvement de l'atmosphère modère donc l'action de la chaleur solaire.

3° Le vent qui agite les plantes paraît à beaucoup d'observateurs, quand il n'est ni trop brûlant ni trop desséchant, favoriser la végéta tion en favorisant le jeu des tissus constituant les organes des végétaux.

4° Enfin si, comme quelques personnes le pensent, les plantes exhalent des matières qui peuvent leur être nuisibles, si ce n'est comme poison, du moins comme empêchant le contact de matières gazeuses qui leur sont utiles, reconnaissons que, en ce cas, le mouvement d'une atmosphère libre à la surface de la plante contribue à maintenir la végétation en bon état.

Après l'exposé de ces faits, il sera facile de montrer la différence existant entre la végétation des plantes placées dans les circonstances ordinaires et la végétation des plantes placées dans des atmosphères limitées, et ce, dans le cas où l'atmosphère ne se renouvelle pas, et dans celui où l'atmosphère se renouvelle.

PREMIER CAS. — VÉGÉTATION DANS UNE ATMOSPHÈRE LIMITÉE
QUI NE SE RENOUVELLE PAS.

On fait germer des graines dans du sable calciné préalablement, et humecté ensuite avec de l'eau distillée renfermant des cendres de la même espèce de graine.

Certainement, pour le plus grand nombre des espèces de graines qu'on peut soumettre à cette expérience, leur germination n'exige

pas, dans les circonstances ordinaires; un sol constamment humide,
ni aussi fortement qu'il l'est dans l'expérience. Cette grande humidité change aussi la condition de la matière saline soluble eu égard à
la plante : car ordinairement la matière soluble n'arrive aux racines
que peu à peu, et en proportion plus faible que dans le cas qui nous
occupe.

Une fois la germination opérée, les conditions de la plante dans une
atmosphère limitée sont absolument différentes de celles où se trou-
verait cette plante dans une atmosphère libre; car non seulement la
masse du gaz est très faible relativement à celle de la plante, mais
cette atmosphère limitée est, en outre, saturée de vapeur d'eau et
stagnante.

Plus la cloche est petite, plus le développement de la plante est
compromis.

Dès lors, si les racines ne peuvent s'étendre convenablement, leur
fonction de puiser l'aliment soluble se trouve compromise, lors même
que l'espace limité aérien permettrait à la tige de se développer comme
elle le fait dans les circonstances ordinaires. Mais que sera-ce si cet
espace est limité comme le sol, si la vapeur d'eau le sature, et si l'on
est obligé, pour prévenir un trop grand échauffement de la plante, de
soustraire celle-ci aux rayons du soleil, sous l'influence desquels
s'opère à l'air libre la fixation du carbone de l'acide carbonique en
même temps que celle des éléments de l'eau? Nous l'avons dit, l'atmosphère libre, par une vapeur d'eau convenable, par son acide carbonique et d'autres corps encore, agit sur la végétation, et, comme
elle est toujours ou presque toujours généralement au-dessous de
l'humidité extrême, elle aide l'ascension de l'eau et la pénétration de
l'engrais du sol dans la plante en favorisant sa transpiration.

Ainsi que nous l'avons dit encore, l'atmosphère libre n'est pas utile
seulement à la plante par les corps qui la constituent et ceux qu'elle
peut tenir à l'état de vapeur ou en suspension, mais encore par son
volume, qui, à cause du renouvellement, peut être considéré comme
infini, et, sous ce rapport, l'atmosphère libre fournit à la plante tout
ce qu'elle est susceptible de lui fournir, et en outre, à cause de ce
renouvellement, elle prévient les inconvénients que pourrait avoir la
matière exhalée de la plante.

Qu'arrive-t-il maintenant dans une atmosphère plus ou moins limitée
et stagnante?

C'est que la plante a bientôt épuisé ce qu'elle peut prendre à cette
atmosphère, et il convient de rappeler qu'elle n'absorbe jamais la
totalité du fluide élastique sur lequel elle a de l'action, de même qu'un
animal n'use jamais tout l'oxygène de l'air qu'il inspire : par exemple,
Th. de Saussure, en parlant de l'aptitude du cactus à absorber l'oxy-

gène, a fait l'observation qu'il n'arrive au degré de saturation qu'autant qu'il est placé dans une atmosphère de ce gaz contenant un excès de la quantité nécessaire à sa saturation, de sorte que, ce terme atteint, le cactus est plongé dans du gaz oxygène, résultat analogue à ce qui a lieu pour un solide qui est mis en contact avec la solution d'un corps dissous dont l'affinité pour le solide a peu d'énergie. Pour que cette affinité soit efficace, il faut mettre le solide en contact avec un volume de solution renfermant une quantité du corps dissous beaucoup plus forte que celle qui peut s'unir au solide. Ce n'est qu'à cette condition, par exemple, qu'une étoffe peut prendre de l'alun à de l'eau qui tient ce sel en solution.

Dans ce cas, l'affinité du dissolvant pour le corps dissous, limitant la quantité de ce corps qui s'unit à une étoffe, produit un effet semblable à celui où le corps absorbé est à l'état gazeux, parce qu'alors l'équilibre est établi entre l'affinité du corps pour le gaz et la tension de celui-ci à rester gazeux en présence du corps absorbant.

Ces considérations expliquent pourquoi une plante ne croît pas dans une atmosphère limitée : par exemple, Priestley a observé qu'une menthe placée dans cette condition n'a pu s'y développer; elle s'y est maintenue quelque temps à la vérité, mais en dépérissant peu à peu, de manière que la partie qui avait cessé de vivre servait de nourriture à une partie qui se développait, mais sans atteindre au degré de celle qui l'avait précédée.

DEUXIÈME CAS. — VÉGÉTATION DANS UNE ATMOSPHÈRE LIMITÉE, MAIS QUI SE RENOUVELLE ET RENFERME PLUS D'ACIDE CARBONIQUE QUE L'ATMOSPHÈRE.

C'est conformément aux considérations que nous venons de développer que l'un de nous, M. Regnault, dans des recherches sur la respiration des animaux, qui lui sont communes avec M. Reiset, a placé les animaux soumis à l'expérience dans des conditions bien plus rapprochées de celles où ils vivent à l'air libre, qu'on ne l'avait fait auparavant. Aussi les résultats de ces observateurs diffèrent-ils de ceux qu'on avait obtenus en opérant dans des circonstances différentes de celles où ils ont expérimenté; et c'est à l'instar de ce mode d'opérer que M. Ville, en faisant végéter des plantes dans des espaces limités où l'air se renouvelle convenablement, a fait disparaître une partie des inconvénients que nous venons de signaler en parlant de la végétation opérée dans des espaces limités, où l'atmosphère est stagnante. Non seulement, dans l'appareil de M. Ville, la masse des particules gazeuses est augmentée, mais les 2 volumes d'acide carbonique et les 98 volumes d'air qui les constituent exercent-ils la plus heureuse influence sur la végétation.

Une preuve de l'avantage de ce mode d'expérience, c'est que, dans une atmosphère limitée où la récolte sèche n'est que trois fois le poids des semences, M. Ville a obtenu, dans la terrine n° 1 de la cage vitrée, où il n'y a pas eu de fixation d'azote, une récolte dont le poids était sept fois celui des semences; et nous rappelons que cette expérience est précisément celle qui a donné le moins bon résultat.

Si la végétation des plantes soumises à l'expérience, dans l'appareil de M. Ville, n'est pas aussi vigoureuse qu'à l'air libre; si l'atmosphère s'y trouve saturée de vapeur d'eau, et qu'il y ait nécessité de tempérer par des toiles la vivacité de la lumière solaire, cependant reconnaissons que le renouvellement de l'air avec la proportion d'acide carbonique qu'il renferme, outre l'aliment qu'il peut fournir aux plantes, a l'avantage de les préserver d'un trop grand échauffement.

D'après les considérations précédentes, les difficultés que l'expérimentateur rencontre dans la recherche de l'origine de l'azote des végétaux sont, en définitive, de deux sortes : les unes se présentent lorsque, voulant éloigner de la plante toutes les sources d'azote, celle de l'atmosphère exceptée, la plante est exposée à languir faute d'aliments; les autres se présentent, au contraire, dans le cas où, ne voulant s'écarter que le moins possible des conditions favorables à la végétation, on s'expose à ce que la plante puise de l'azote en dehors de l'atmosphère. Ces difficultés ont conduit la Commission à penser que, dans les expériences entreprises pour résoudre une question aussi difficile à traiter que celle qui nous occupe, il eût été opportun de faire, comparativement avec l'expérience où des plantes végètent dans le sable calciné et l'eau distillée que recouvre une cloche où l'air se renouvelle, une seconde expérience en tout semblable à la première, sauf qu'il n'y aurait pas eu de plante dans le sable calciné et l'eau distillée. Après l'expérience, on aurait examiné comparativement le sable et l'eau de chacun des appareils.

CONCLUSION.

L'EXPÉRIENCE FAITE AU MUSÉUM D'HISTOIRE NATURELLE PAR M. VILLE EST CONFORME AUX CONCLUSIONS QU'IL AVAIT TIRÉES DE SES TRAVAUX ANTÉRIEURS.

PROPOSITION.

Les recherches du genre de celles qui occupent M. Ville étant fort dispendieuses, nous avons l'honneur de proposer à l'Académie qu'elle veuille bien autoriser sa Commission administrative à payer les frais de l'expérience qui a été faite au Muséum d'Histoire naturelle.

Cette proposition, mise aux voix par M. le président, est adoptée.

ANNEXE AU RAPPORT.

LETTRE DE M. CLOEZ A M. CHEVREUL.

Les expériences de M. Ville, répétées sous les yeux de la Commission de l'Académie des Sciences, ont exigé accidentellement l'emploi d'une quantité d'eau beaucoup plus grande qu'on ne l'avait prévu d'abord.

L'eau distillée qu'on a employée pendant le cours des expériences provient de trois distillations faites au laboratoire du Muséum ; dès l'origine, on a prélevé sur le produit de chaque distillation 15 litres d'eau, qu'on a mis à part dans un flacon bouché, pour servir aux analyses que la Commission jugerait convenable de faire.

Les expériences terminées, on a mélangé les trois portions d'eau distillée qui avaient été mises à part; on a pris 12 litres du liquide résultant de ce mélange, on a ajouté 1 gramme d'acide oxalique pur, et l'on a soumis à l'évaporation à une douce chaleur.

Le résidu desséché devait contenir la totalité de l'ammoniaque existant dans ces eaux; mais par une circonstance toute fortuite, et que j'ai connue trop tard, il pouvait contenir aussi une certaine quantité de cet alcali qui s'est trouvé pendant un temps assez long dans l'atmosphère de la pièce où avait lieu l'évaporation.

J'avais assisté un matin au mesurage de la quantité d'eau destinée à l'évaporation, l'opération était commencée déjà depuis quelques heures, lorsque je reçus la nouvelle que mon père était dangereusement malade; je vous demandai la permission de m'absenter pendant quelques jours, et je partis immédiatement en laissant à un élève du laboratoire qui avait l'habitude des manipulations, et sur lequel je

15.

croyais pouvoir compter, le soin de surveiller l'évaporation, à laquelle assistait d'ailleurs le préparateur de M. Ville, M. Stoësner.

Pendant mon absence, on fit dans le laboratoire la séparation du nickel de fer au moyen d'un excès d'ammoniaque. Naturellement il s'est dégagé une assez grande quantité de cet alcali dans l'atmosphère du laboratoire, et il n'est pas douteux que l'*eau distillée acide* soumise dans le même temps à l'évaporation a dû en absorber une quantité plus ou moins considérable.

Le résidu desséché fut néanmoins remis avec d'autres produits à M. Peligot pour être soumis à l'analyse : la quantité d'azote trouvée étant beaucoup plus grande que celle que j'avais obtenue d'une autre portion d'eau distillée préparée également au laboratoire, j'ai pensé qu'il avait dû y avoir erreur ou accident pendant l'évaporation; je fis une espèce d'enquête sur la manière dont l'opération avait été conduite pendant mon absence. J'appris alors qu'elle avait duré trois jours, et je connus les circonstances que j'ai signalées, circonstances auxquelles est dû, sans aucun doute, l'excès d'azote trouvé par M. Peligot.

A LA DEMANDE DE M. VILLE, JE PRIS 10 LITRES DE L'EAU QUI RESTAIT ENCORE, ET JE L'ÉVAPORAI MOI-MÊME AU LABORATOIRE DE L'ÉCOLE POLYTECHNIQUE, en ayant soin de me mettre à l'abri des vapeurs ammoniacales; j'assistai également, dans le laboratoire particulier de M. Ville, à l'évaporation de 10 litres de la même eau. L'opération a été menée rapidement à bonne fin par l'emploi de la flamme d'un bec de gaz.

Les résidus de ces opérations ont dû être remis, comme les précédents, à M. Peligot. Ils doivent contenir une quantité d'azote beaucoup plus faible que celle qui a été trouvée dans le premier.

On a conservé au laboratoire environ 12 litres d'eau qui restent sur les 45 litres qu'on avait mis de côté. Cette quantité serait plus que suffisante pour répéter les analyses dans le cas où la Commission le jugerait indispensable.

Sur la proposition de la Commission administrative, l'Académie a voté à M. Ville une somme de 4000 francs, dont 2000 pour l'indemniser de l'expérience faite au Muséum d'Histoire naturelle, et 2000 pour l'aider à continuer ses travaux.

APPAREIL POUR DÉMONTRER L'ABSORPTION DE L'AZOTE DE L'AIR PAR LES PLANTES.

TABLE DES MATIÈRES.

PREMIÈRE PARTIE.

RECHERCHE ET DOSAGE DE L'AMMONIAQUE DE L'AIR.

DEUXIÈME PARTIE.

L'AZOTE DE L'AIR PEUT-IL SERVIR A LA NUTRITION DES PLANTES ?

TROISIÈME PARTIE.

INFLUENCE DE L'AMMONIAQUE SUR LA VÉGÉTATION.

APPENDICE.

TABLE DES PLANCHES.

21932 Paris. — Imprimerie GAUTHIER-VILLARS ET FILS, quai des Grands-Augustins, 55.

A, Aspirateur n° 1 = 1998^{lit},916 à 12°. P = 0^m,760.

R, Robinet d'aspiration pour la rentrée de l'air.

T, Thermomètre marquant les dixièmes de degré.

R′, Robinet pour faire échapper l'air lorsqu'on remplit l'aspirateur.

R″, Robinet pour empêcher la communication avec le manomètre pendant qu'on remplit l'aspirateur.

R‴, Robinet de remplissage.

T′, Tube de niveau pour indiquer la hauteur de l'eau dans l'aspirateur.

R^{IV}, R^{V}, Robinets pour intercepter la communication de l'intérieur de l'aspirateur avec le tube de niveau, en cas d'accident.

M, Manomètre pour mesurer la force élastique de l'air intérieur.

L, Lunette pour lire les divisions du manomètre.

E, Éprouvette remplie de pierre ponce imbibée d'acide sulfurique pour arrêter les poussières et l'ammoniaque de l'air.

F′, Flacon renversé pour empêcher l'eau de la pluie d'entrer dans l'éprouvette. Ce flacon est fixé sur un bouchon cannelé; l'air entre par les cannelures.

G, Flacon laveur contenant une dissolution de carbonate de soude pour arrêter l'acide sulfurique entraîné par le courant d'air.

H, Flacon laveur contenant une dissolution de carbonate de soude pour laver l'acide carbonique produit dans le flacon K.

K, Flacon dans lequel on produit l'acide carbonique qu'on ajoute à l'air. Cette production s'opère au moyen du bicarbonate de soude et de l'acide sulfurique.

N, Pipette remplie d'acide sulfurique titré dont l'écoulement est réglé au moyen de la pendule électrique P et de l'électro-aimant Q.

S, Tuyau qui amène l'air dans les cloches.

I, Flacon laveur contenant de l'acide sulfurique dilué.

J, Flacon laveur contenant une dissolution de bicarbonate de soude.

S′, S″, S‴, Conduit qui amène l'air des deux cloches dans l'aspirateur.

V, Flacon dans lequel se rassemble l'eau qui se condense dans le tube d'appel.

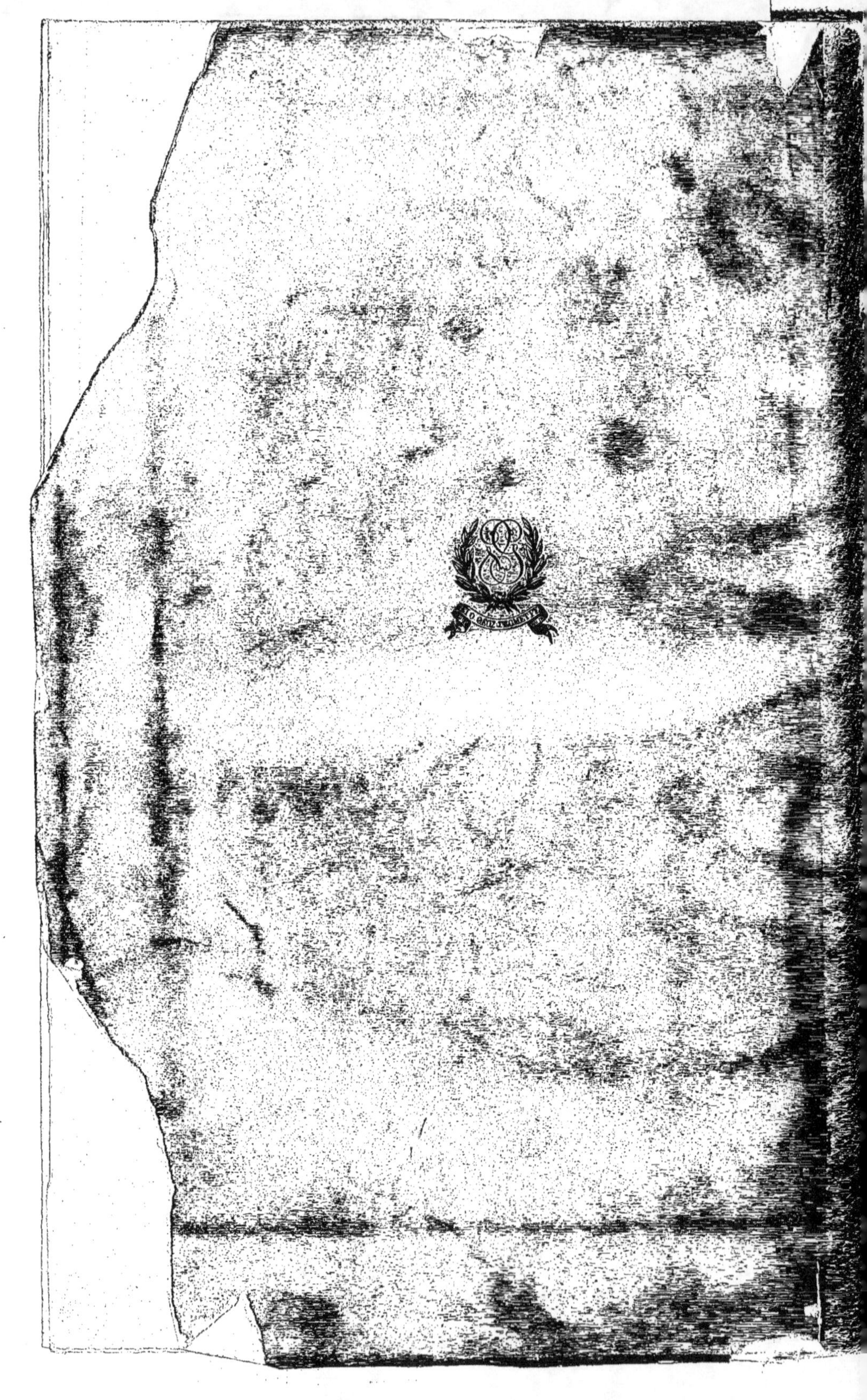

9 782019 999209